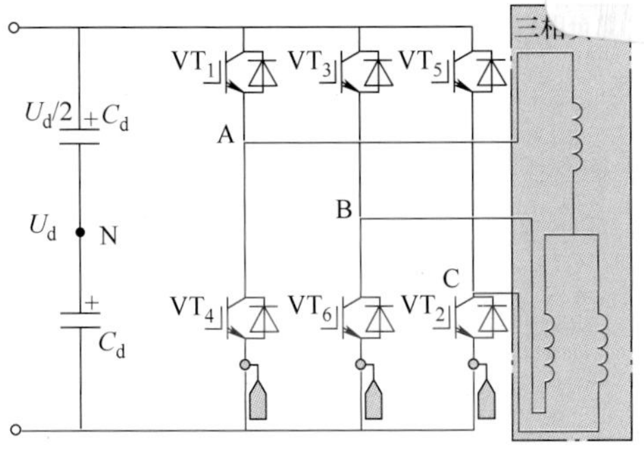

图 1-8　$\boldsymbol{V}_0$（000）作用时续流回路

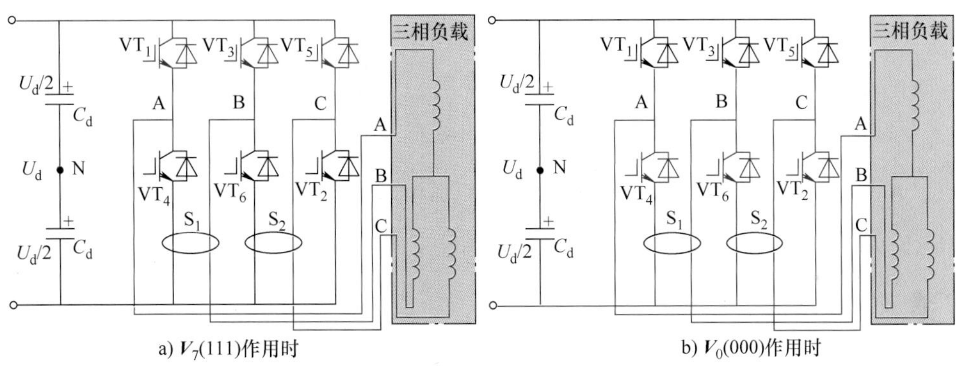

图 1-10　复合电流检测系统结构及电流路径

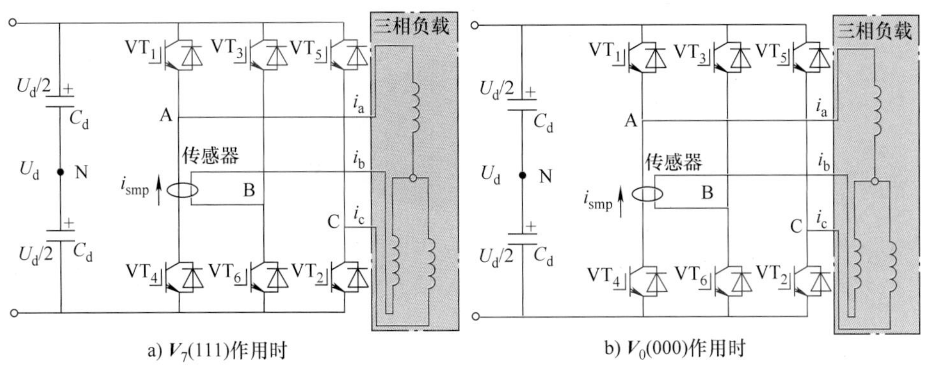

图 1-14　中间桥臂耦合单霍尔 / 磁通门电流检测电路及电流路径

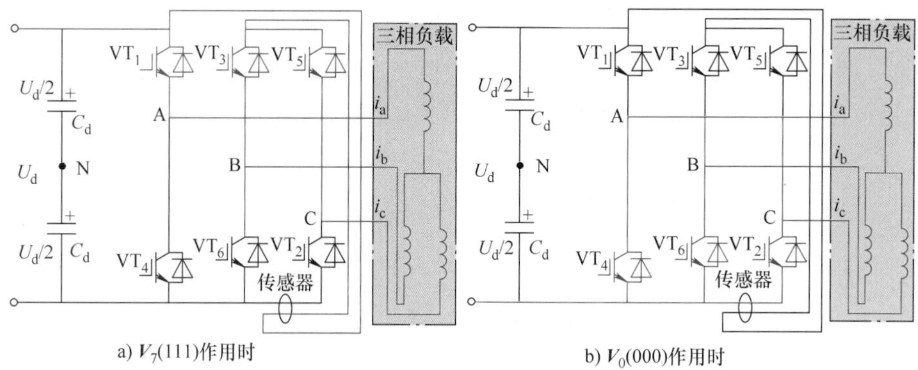

图 1-16　上下桥臂耦合单霍尔 / 磁通门电流检测电路及电流路径

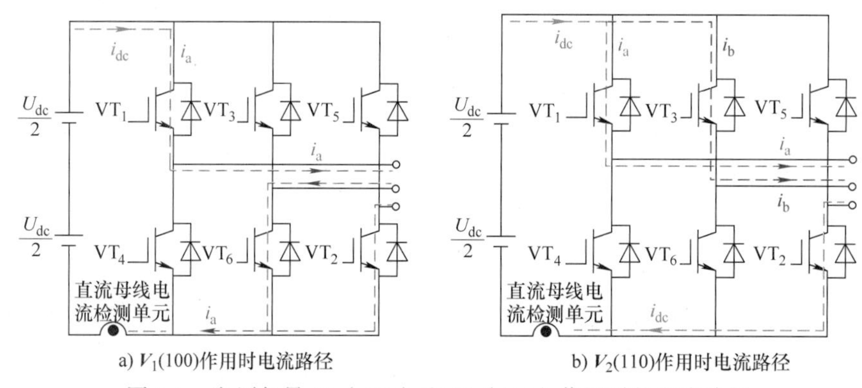

图 2-9　电压矢量 V_1（100）和 V_2（110）作用时的电流路径

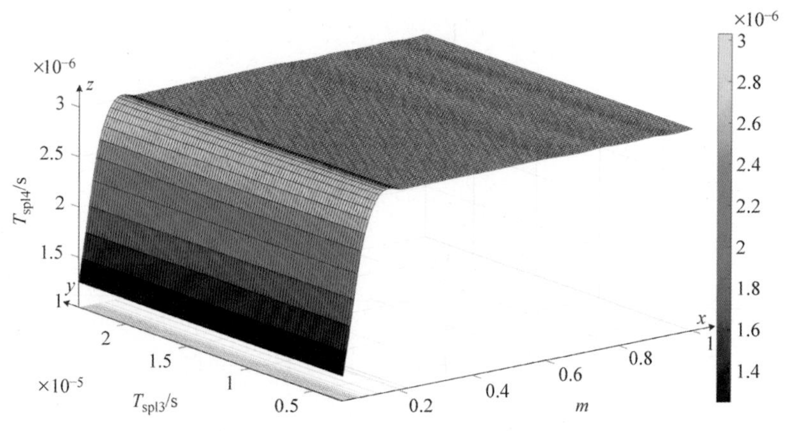

图 5-11　T_{spl3} 和 T_{spl4} 随 m 变化时的变化趋势

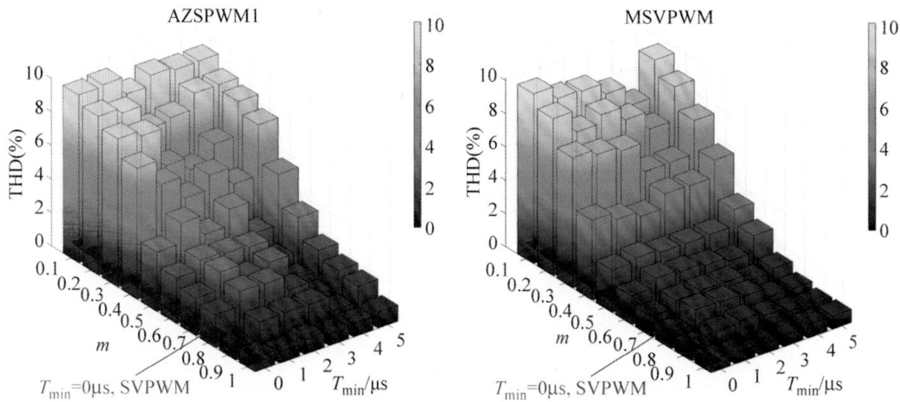

图 5-13　THD、调制度和 T_{min} 之间的关系

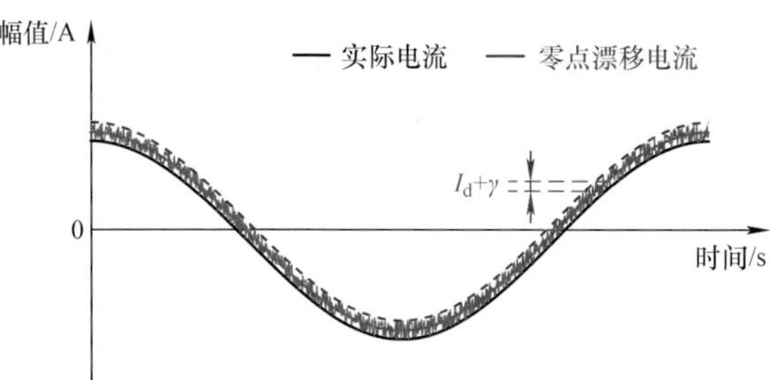

a) 多电流传感器时的零点漂移误差

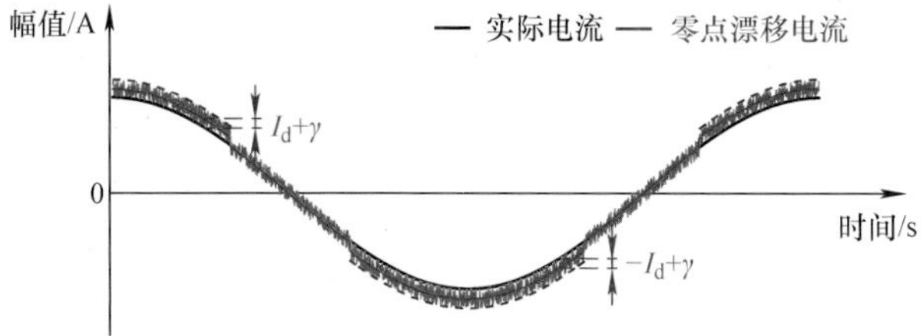

b) 直流母线单电流传感器电流采样系统的误差

图 6-2　直流母线单电流传感器电流采样系统的误差扩大效应

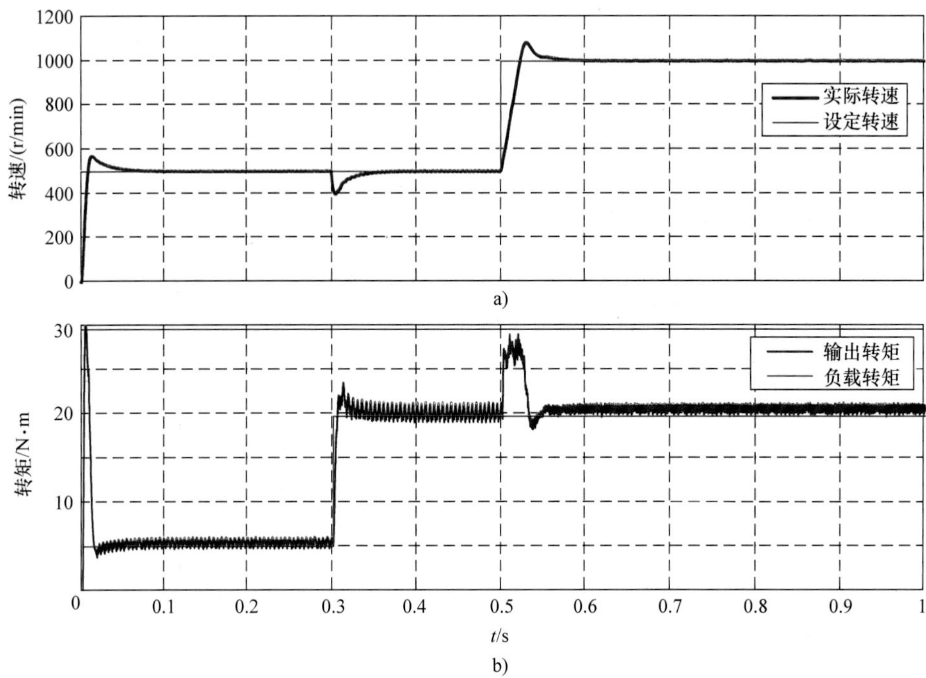

图 7-26　电机转速和转矩响应曲线

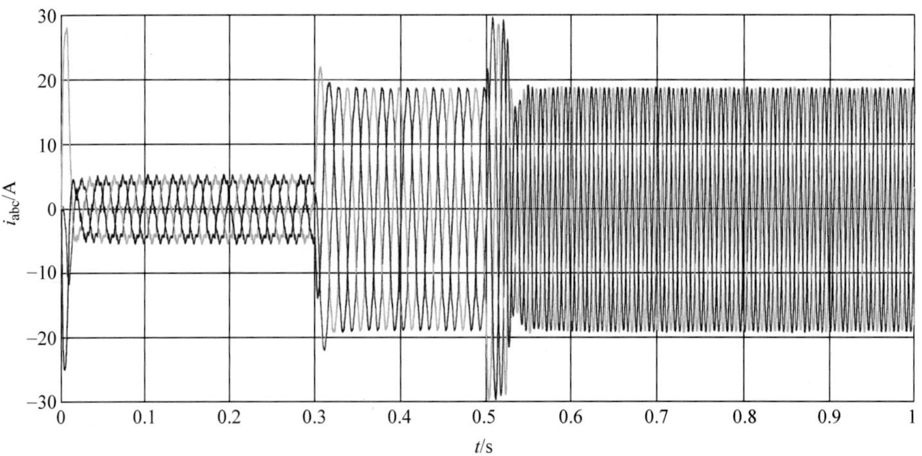

图 7-27　电机定子三相电流波形

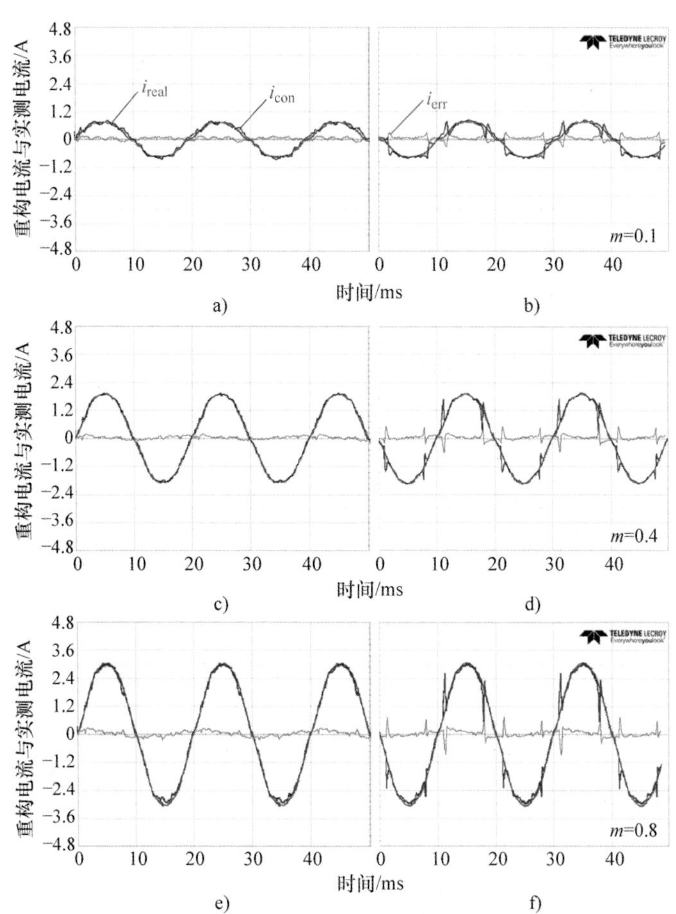

图 8-9　重构电流与实测电流

（a、c、e 为 CSVPWM；b、d、f 为传统 SVPWM）

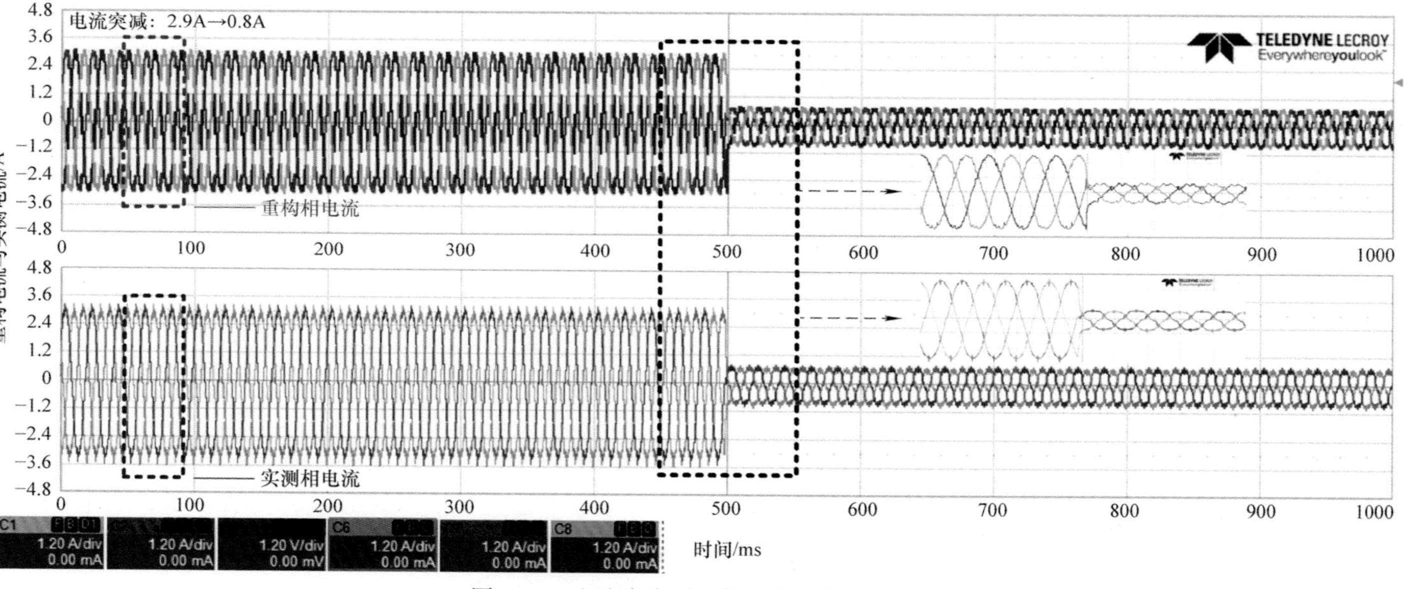

图 8-12　电流突变时重构电流与实测电流

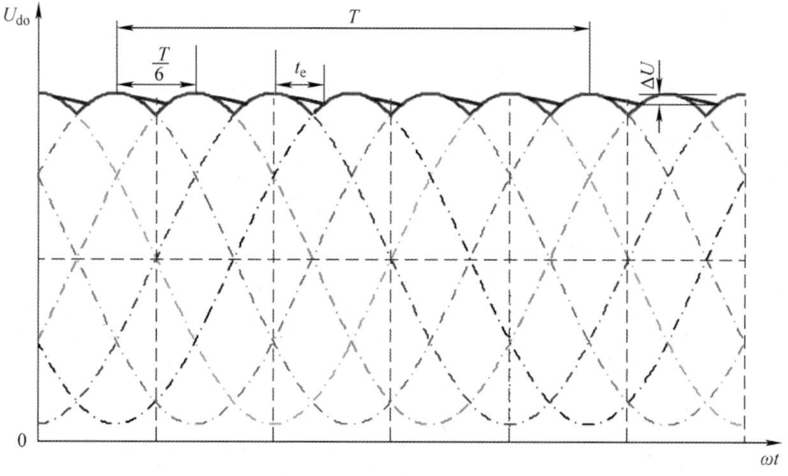

图 9-3　电容工作过程分析

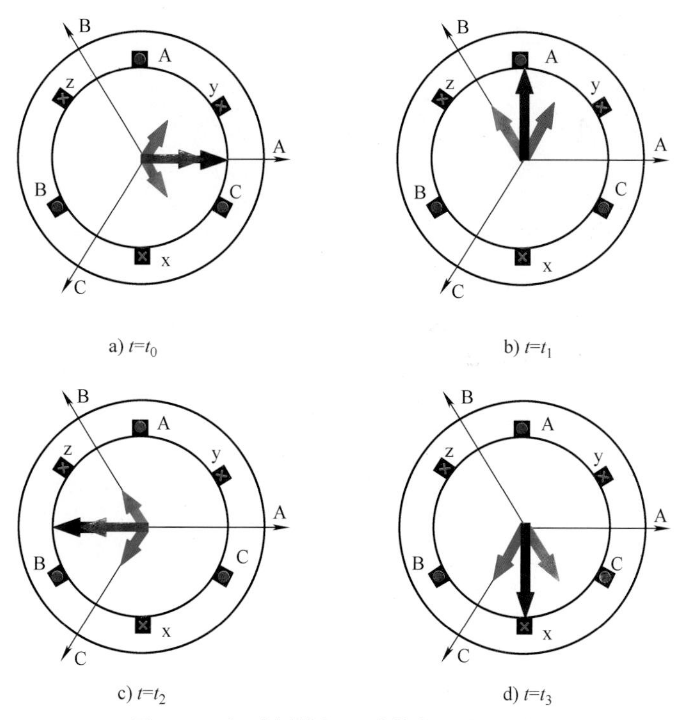

图 A-3　各时刻单相磁动势与三相磁动势

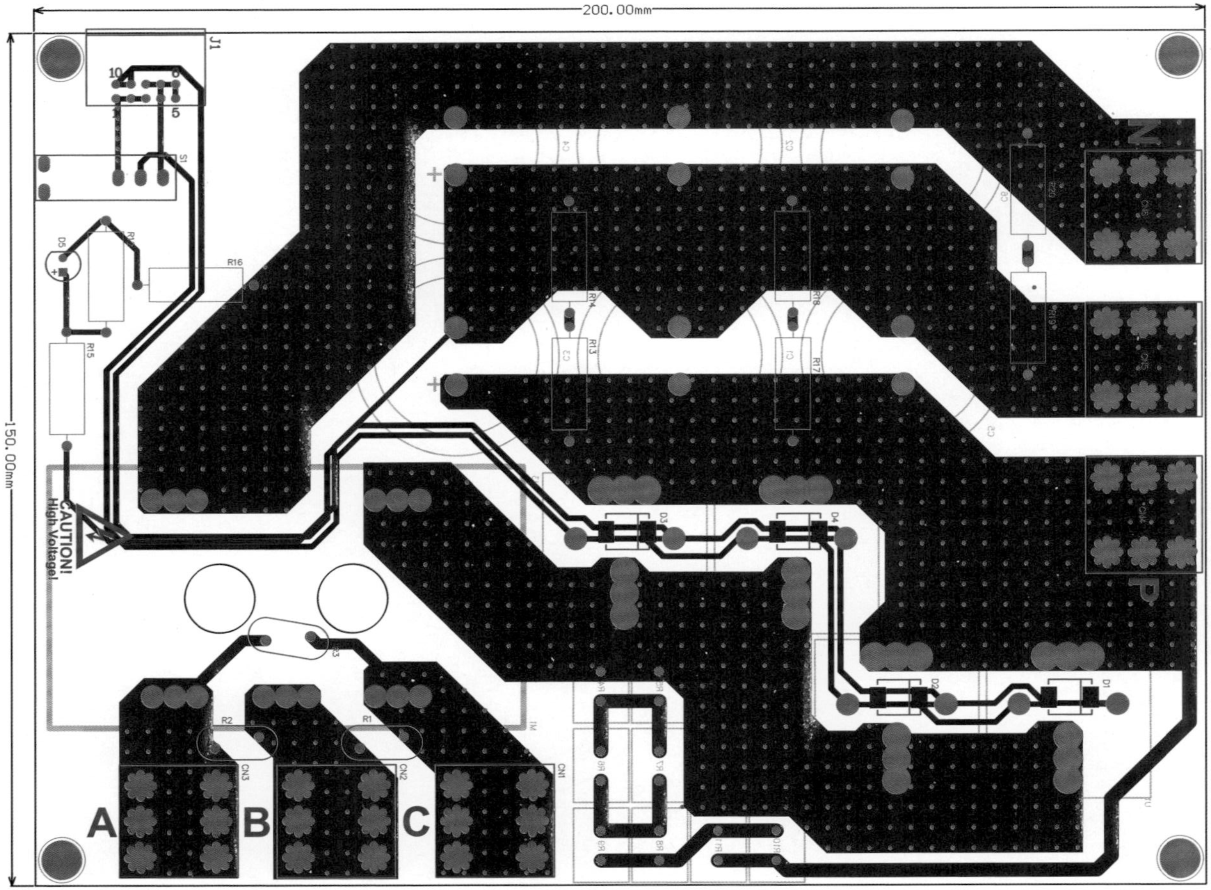

图 C-2　PCB 图

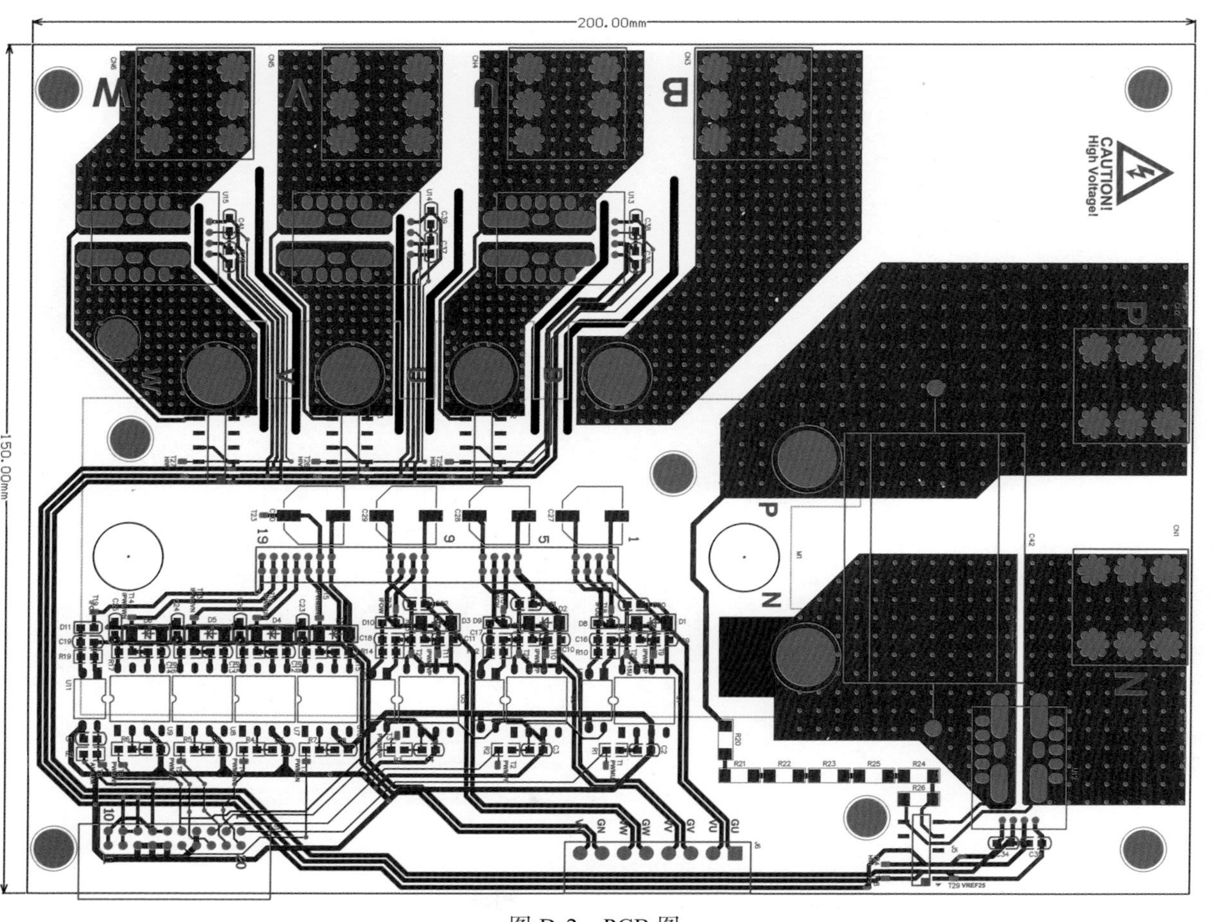

图 D-2　PCB 图

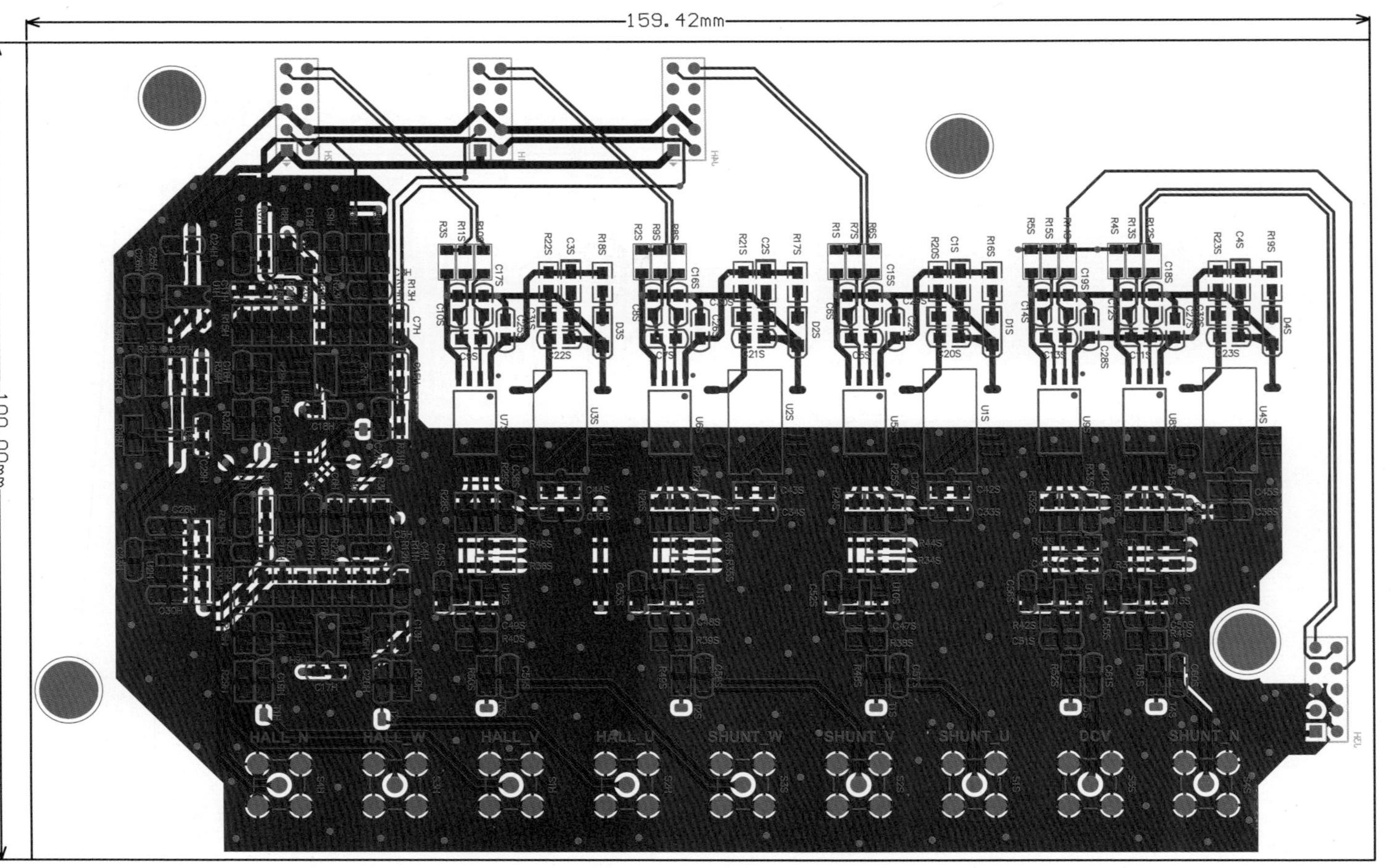
159.42mm
100.00mm
HALL_N
HALL_W
HALL_V
HALL_U
SHUNT_W
SHUNT_V
SHUNT_U
DCV
SHUNT_N

图 E-3　PCB 图

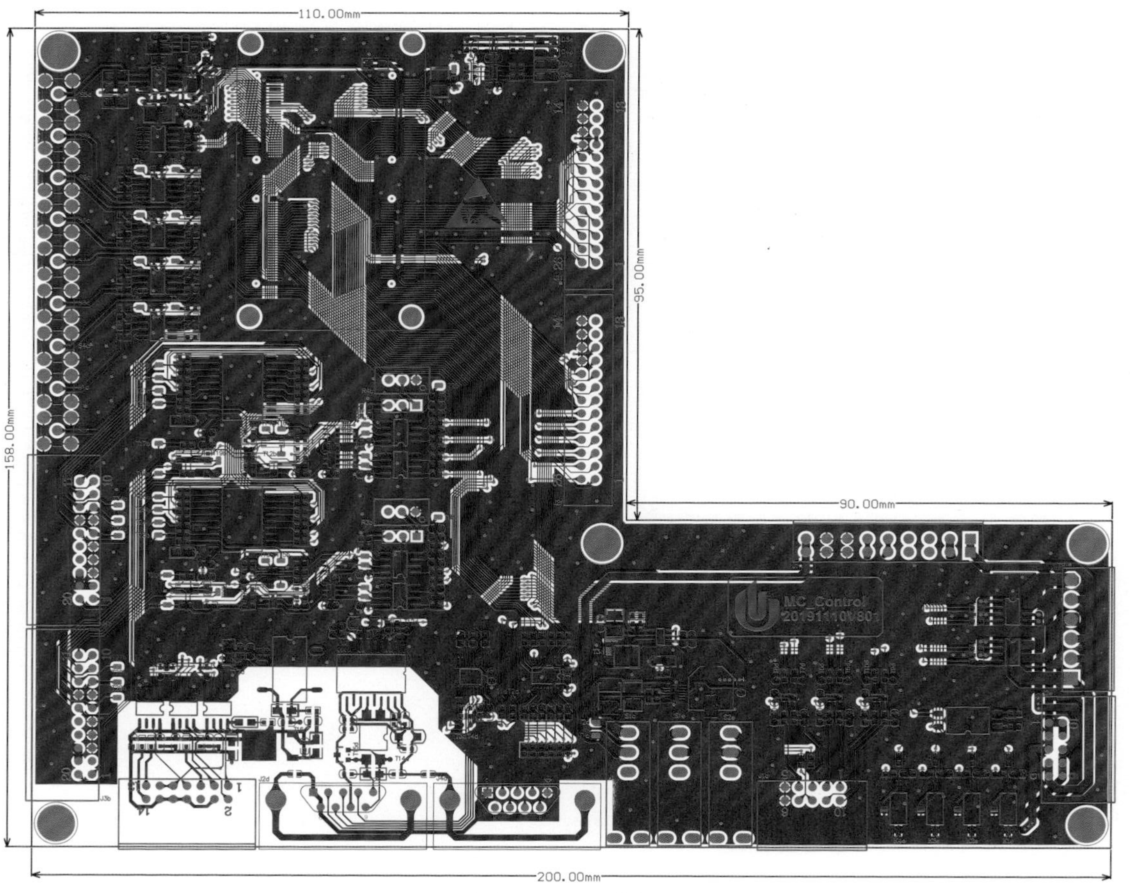

图 F-7　PCB 图

中国能源革命与先进技术丛书
现代电机典藏系列

电机控制系统电流传感与脉冲宽度调制技术

申永鹏 著

机械工业出版社

相电流是电机控制系统矢量控制和保护策略的关键参数，脉冲宽度调制技术是控制系统与变换器之间的“桥梁”。可靠、精确的相电流检测，以及高性能脉冲宽度调制技术是提高控制系统性能的重要保障。本书重点讨论了交流电机控制系统单电流传感与脉冲宽度调制方法的原理和关键技术。

全书共9章，分别介绍了电机控制器电流检测方法、直流母线电流采样方法、直流母线电流采样空间矢量脉冲宽度调制、非对称电压空间矢量脉冲宽度调制、混合空间矢量脉冲宽度调制相电流重构策略、误差扩大效应及其抑制方法、T型三电平逆变器及电压空间矢量调制、T型三电平逆变器CSVPWM相电流重构策略，以及单电流传感与脉冲宽度调制的硬件和软件实现。

本书既可作为电机相关领域技术人员的参考书，也可作为电气工程等相关专业高年级本科生、研究生的学习参考用书。

图书在版编目（CIP）数据

电机控制系统电流传感与脉冲宽度调制技术/申永鹏著. —北京：机械工业出版社，2023.3（2025.2重印）

（中国能源革命与先进技术丛书. 现代电机典藏系列）

ISBN 978-7-111-72685-2

Ⅰ.①电… Ⅱ.①申… Ⅲ.①电机-控制系统-研究 Ⅳ.①TM301.2

中国国家版本馆CIP数据核字（2023）第033398号

机械工业出版社（北京市百万庄大街22号 邮政编码100037）

策划编辑：江婧婧 责任编辑：江婧婧

责任校对：郑 婕 梁 静 封面设计：鞠 杨

责任印制：郜 敏

北京富资园科技发展有限公司印刷

2025年2月第1版第3次印刷

169mm×239mm · 15印张 · 6插页 · 292千字

标准书号：ISBN 978-7-111-72685-2

定价：99.00元

电话服务 网络服务

客服电话：010-88361066 机 工 官 网：www.cmpbook.com

010-88379833 机 工 官 博：weibo.com/cmp1952

010-68326294 金 书 网：www.golden-book.com

封底无防伪标均为盗版 机工教育服务网：www.cmpedu.com

前 言

交流电驱动系统广泛应用于电动汽车、工业传动、机器人等领域，电机控制技术是交流电驱动系统的核心技术。相电流是电机控制系统矢量控制和保护策略的关键参数，脉冲宽度调制（PWM）技术是控制系统与变换器之间的“桥梁”。可靠、精确的相电流检测以及高性能脉冲宽度调制技术是提高控制系统性能的重要保障。

本书聚焦交流电机控制系统的电流重构与脉冲宽度调制，较为详尽地分析了三相两电平桥式逆变电路和T型三电平逆变电路的工作原理、单电流传感器相电流重构方法、脉冲宽度调制技术，以及软硬件实现方法，给出了相关电路图样、实验波形和软件代码。本书既可作为电机相关领域技术人员的参考书，也可作为电气工程等相关专业高年级本科生、研究生的学习参考用书。

本书是作者在完成“单电流传感器电机控制系统关键技术研究”“复杂运行条件下智能网联电动汽车综合节能优化控制研究”“增程式电动汽车辅助动力单元综合效率模型与优化方法研究”“增程式电动汽车功率分流与运行优化方法研究”“中功率电机控制及加载测试系统开发”等项目过程中的研究实践的总结和归纳。

全书共9章，第1章阐述了电机控制系统电流传感器的工作原理和基本特性，综合分析了多电流传感器/单电流传感器电流检测方法、工作原理和误差特性。

第2章在介绍了交流电机矢量控制系统拓扑结构、SVPWM原理的基础上，分析了直流母线电流采样的基本原理、相电流不可观测区域的存在机理。

第3章通过插入测量矢量和补偿矢量提出了直流母线电流采样空间矢量脉冲宽度调制方法，在保持脉冲宽度调制波形的对称性的前提下，实现了不可观测区域内相电流的准确检测。

第4章通过在可观测区域时使用传统的SVPWM方法，在不可观测区域时则对脉冲宽度调制进行随机移相，使有效电压矢量作用时间大于最小采样时间，解决了不可观测区域内的电流采样及重构问题。

第5章通过在不可观测区域利用非零互补电压矢量来替代零电压矢量，提出了混合空间矢量脉冲宽度调制策略，从而增加电流观测窗口时长，实现了三相电流的完整重构。

第6章针对由零点漂移造成的重构误差问题，阐明了单电流传感器相电流采样的误差扩大效应，通过对互补有效电压矢量进行动态电流双采样，实现了电流零点漂移量的自检测和自校正。

第7章介绍了T型三电平逆变器拓扑结构，分析了其电压空间矢量调制的关键环节，设计了Simulink仿真模型。

第8章分析了T型三电平逆变器中点电流采样原理以及中点电流不可观测区的存在机理，提出了中点电流单传感器采样合成空间矢量脉冲宽度调制（CSVPWM）相电流重构策略，通过对不可观测区内的电压矢量进行补偿，同时利用合成零矢量原理对补偿矢量进行抵消，消除了不可观测区。

第9章以交流电机控制系统硬件总体结构为切入，重点阐述了直流动力电源、逆变主电路及其驱动保护单元、母线及相电流采样与信号处理单元、控制单元等功能电路的结构原理及设计要点，然后以TI C2000系列微控制器为例，从总体结构、系统时钟及采样中断等方面阐述了单电流传感交流电机控制系统的软件实现。

附录A在对异步电机基本结构和工作原理分析的基础上，给出了异步电机在不同坐标系上的数学模型，以及异步电机转子磁链定向矢量控制系统的原理和结构。

附录B在对永磁同步电机基本结构和工作原理分析的基础上，给出了永磁同步电机在不同坐标系上的数学模型，以及永磁同步电机矢量控制系统的原理和结构。

附录C~F分别给出了所设计的直流动力电源、逆变主电路及其驱动保护单元、母线及相电流采样与信号处理单元，以及控制单元的电路图样。

附录G给出了SSVPWM电流重构、PWM寄存器和电流采样时刻更新的软件代码。

参与本书资料整理、插图绘制的研究生有郑竹风、王前程、王帅兵、刘迪、武克轩、刘洋、马梓洋、周波、黄弘源、金书斌。

本书是作者在完成河南省重点研发与推广专项（科技攻关）(222102240005)、国家自然科学基金项目（62273313，61803345）、河南省青年骨干教师培养计划（2021GGJS089）、郑州市协同创新专项（2021ZDPY0204）等科研项目过程中的总结。

在作者科研工作的开展和书稿的编写过程中，得到了许多专家和学者的指导和帮助，他们是湖南大学的王耀南教授、袁小芳教授；郑州轻工业大学的王延峰教授、胡智宏副教授、杨小亮副教授、王明杰博士；湖南工程学院的张细政教授；湘潭大学的孟步敏副教授。在此，作者谨向他们表示衷心的感谢。感谢机械工业出版社编辑江婧婧在本书编辑和出版过程中给予的悉心指导。

由于作者能力、研究视野有限，书中难免有疏漏和不妥之处，敬请读者批评指正。

申永鹏

2023 年 1 月

目　录

第1章 电机控制器电流检测方法

相电流是电机控制系统矢量控制和保护策略的关键参数，可靠、精确的相电流检测对提高控制系统性能具有重要意义。针对电机控制系统广泛采用的三相桥式逆变电路电流检测问题，本章首先分析了霍尔电流传感器、磁通门电流传感器和分流器三种电流传感器的工作原理，比较了三者的检测特性及优缺点。然后从高端电流检测、低端电流检测和复合电流检测三个方面对多电流传感器方法进行了综述分析；从脉宽调制波形调整、电压矢量合成和状态观测三个方面对直流母线单电流传感器电流检测方法进行了综述分析；从中间桥臂耦合、上下桥臂耦合和多支路耦合三个方面对多位置耦合电流检测方法进行了综述分析；从固有误差和采样误差两个方面对电流检测误差的产生机理及消除方法进行了综述分析。

1.1 三相桥式逆变电路电流检测

作为典型的电力电子电路拓扑结构，三相桥式逆变电路广泛应用于电机控制器。电流检测主要用来为三相桥式逆变电路的控制策略、保护策略提供电流参数，如何可靠、精确地获取电流信息是实现逆变电路高效、高性能运行的关键[1-4]。

在三相桥式逆变电路中，需要对直流母线或三相负载电流瞬时值进行检测，其检测结果用来为电流、磁链的闭环控制提供反馈值，或者为开关器件、负载的过电流保护提供参考。

目前，电流检测传感元件主要包括霍尔电流传感器、磁通门电流传感器和分流器。常见的电流检测方法包括：①使用三个或两个电流传感器在负载的高端（交流输出侧）进行电流检测；②使用三个或两个电流传感器在低端（下桥臂）检测；③使用单电流传感器在直流母线上进行电流检测；④使用单霍尔/磁通门电流传感器采用多位置耦合方式进行电流检测。

伴随着电力电子高频化发展趋势，以及逆变器性能、可靠性要求的提升，目前三相桥式逆变电路电流检测面临的主要挑战包括：①如何提升全量程电流检测准确度，尤其是小电流的检测准确度，以提升电机低速、低转矩下的控制性能；②如何消除多个电流传感器参数不一致性造成的测量误差，以提升控制性能；③如何通过优化电流传感器安装位置、开发新型 PWM 方法，以确保单电流传感器能够为控制策略提供完备的电流反馈信息；④如何在多应用背景下，针对不同误差类型，开发消除直接检测误差和间接导致误差的融合性方法，是提升电流检测准确度面临的重大挑战。

1.2 电流传感器

1.2.1 霍尔电流传感器

霍尔电流传感器的基本工作原理为霍尔效应，可实现直流电流、交流电流的隔离检测，根据其结构和磁通测量方式，可分为开环式霍尔电流传感器和闭环式霍尔电流传感器[5]。

如图 1-1 所示，开环式霍尔电流传感器由霍尔元件、磁心以及放大电路三部分组成。当被测电流流经放置于测量孔位的导线时，在环形磁心内产生与电流强度成正比的磁通量 Φ。根据霍尔效应原理，放置于磁环气隙内的霍尔元件受该磁通量作用，将在霍尔元件两端产生正比于磁感应强度 B 的电势差 U_{Hall}，如式（1-1）所示，再经放大电路，输出正比于电流信号的 U_{out}。

$$U_{\mathrm{Hall}} = BI_{\mathrm{Hall}}(R_{\mathrm{Hall}}/d) \tag{1-1}$$

式中，B 为磁感应强度，$B=\Phi S$；S 为磁环气隙截面积；I_{Hall} 为霍尔激励电流；R_{Hall} 为霍尔系数；d 为霍尔元件厚度。

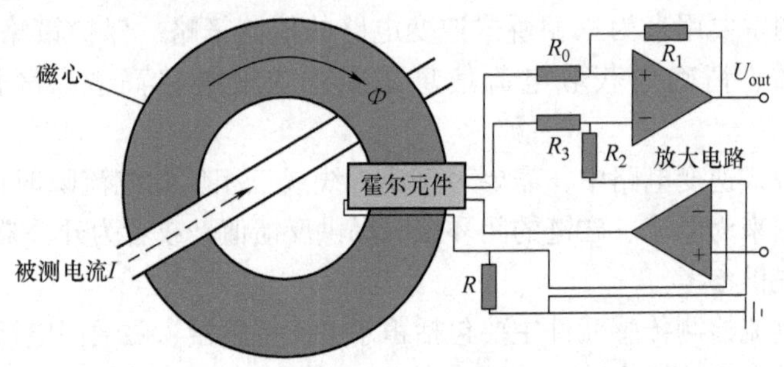

图 1-1　开环式霍尔电流传感器结构

开环式霍尔电流传感器的特性：①结构简单，可靠性好，过载能力强；②由如图 1-2 所示的软磁材料磁滞曲线可知，随着磁场强度 H 的增加，磁感应强度 B 呈现非线性变化，导致线性度较差；③动态响应特性较差，频带宽度窄。

通过上述分析可知，磁心的 $B-H$ 非线性特性是导致开环霍尔电流传感器线性度较差的主要因素。闭环霍尔电流传感器通过引入了零磁通法，有效提升了测量准确度，属于磁平衡电流传感器，由磁心、霍尔元件、放大电路和二次侧线圈四部分组成，其结构如图 1-3 所示。测量原理为：被测电流流经放置于测量孔位的导线时，在环形磁心内产生磁通量 Φ，二次侧线圈产生大小相等、方向相反

的磁通 Φ'，此时霍尔元件内部为零磁通。对于直流或者低频交流电流信号，反向磁通量 Φ'较小，磁通量 Φ 和 Φ'无法完全抵消，根据霍尔元件检测到的剩余磁通量$|\Phi-\Phi'|$，闭环控制电路立刻调整补偿电流以维持零磁通状态，通过检测二次侧线圈电流 I_s 即可实现电流测量。

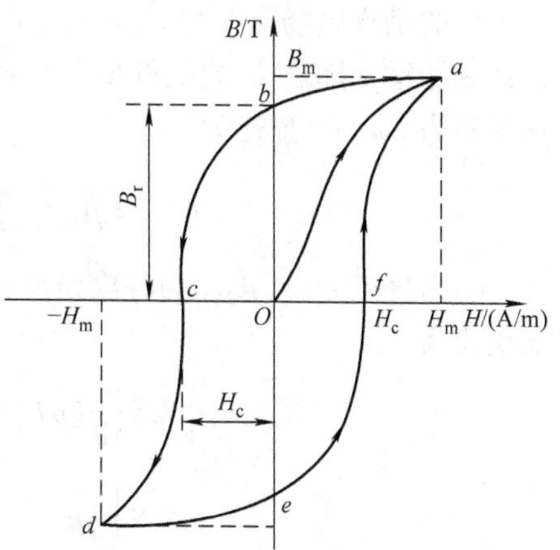

图 1-2　典型软磁材料磁滞曲线

闭环式霍尔电流传感器特性：①磁心处于零磁通状态，消除了磁心的 $B-H$ 非线性特性影响，具有良好的线性度；②霍尔元件仅用来测量剩余磁通量$|\Phi-\Phi'|$，有效提升了测量准确度；③高频交流电流信号由二次侧线圈直接进行磁通抵消，低频或直流电流信号由闭环控制系统进行磁通抵消，因此具有较高的测量带宽。

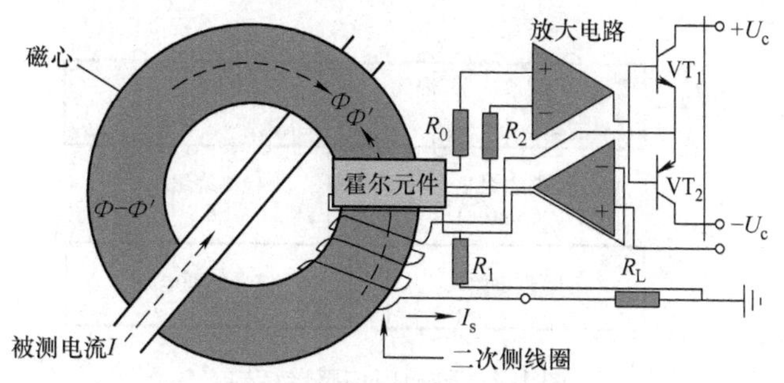

图 1-3　闭环式霍尔电流传感器结构

1.2.2　磁通门电流传感器

对于磁平衡式电流传感器，剩余磁通量$|\Phi-\Phi'|$的高灵敏度检测是确保其电流测量准确度的基础。但是，受限于霍尔元件的低磁灵敏度和高温度漂移，闭环式霍尔电流传感器的测量准确度和稳定性有待进一步提升[6-7]。

磁通门传感器是利用铁磁体在磁饱和区时的磁导率非线性特性实现磁场测量的一种装置。它具有高灵敏度和良好的温度稳定性，适用于微弱磁场的检测。在如图 1-3 所示的闭环式霍尔电流传感器结构的基础上，由磁通门传感器代替霍尔元件进行剩余磁通量检测便可构成磁通门电流传感器。

磁通门传感器由磁心、励磁电路、励磁绕组、检测绕组和信号处理电路等组成，如图 1-4 所示。当励磁电路输出角频率为 ω 的正弦励磁电流 $i_e=I_0\sin(\omega t)$

时，产生的励磁磁场强度为 $H_e=N_1I_0\sin(\omega t)$，N_1 为励磁绕组匝数。当磁心饱和时，其磁导率 μ 随着 H_e 周期性变化。由于 μ 为标量，其变化周期为 H_e 的一半，故其频率为 2ω，可描述为

$$\mu(t)=\mu_d+\sum_{k=1}^{\infty}\mu_{2k0}\cos(2k\omega t) \tag{1-2}$$

式中，μ_d 为直流分量，μ_{2k0} 为各次谐波幅值。当被测磁场 $H_m=0$ 时，检测绕组两端电动势为

$$\begin{aligned}E_m&=-N_2S\frac{d}{dt}(\mu H_e)\\&=-N_2S\Big[(\mu_d+\sum_{k=1}^{\infty}\mu_{2k0}\cos2k\omega t)\omega H_0\cos\omega t-\\&\quad(\sum_{k=1}^{\infty}2k\omega\mu_{2k0}\sin2k\omega t)H_0\sin\omega t)\Big]\end{aligned} \tag{1-3}$$

式中，$H_0=N_1I_0$，S 为磁心横截面面积。对式（1-3）进行分解，其仅包含励磁磁场强度 H_e 的奇次谐波。当被测磁场 $H_m\neq0$ 时，检测绕组两端电动势如式（1-4）所示。

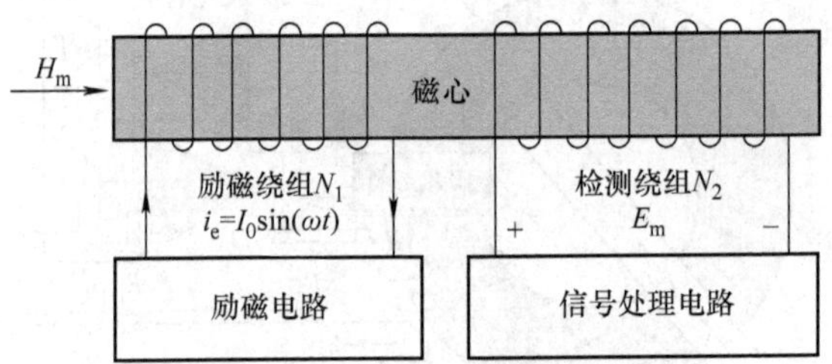

图 1-4　磁通门传感器结构

$$\begin{aligned}E_m&=-N_2S\Big[\mu\frac{d}{dt}(H_m+H_e)+(H_m+H_e)\frac{d}{dt}\mu\Big]\\&=-N_2S\Big[(\mu_d+\sum_{k=1}^{\infty}\mu_{2k0}\cos2k\omega t)\omega H_m\cos\omega t-\\&\quad(\sum_{k=1}^{\infty}2k\omega\mu_{2k0}\sin2k\omega t)H_m\sin\omega t)\Big]+\\&\quad N_2SH_m\sum_{k=1}^{\infty}2k\omega\mu_{2k0}\sin2k\omega t\end{aligned} \tag{1-4}$$

由式（1-4）可知，当被测磁场 $H_m\neq0$ 时，检测绕组两端电动势中出现了幅值与被测磁场强度 H_m 成正比的偶次谐波。信号处理电路提取感应电动势的特定偶次谐波分量的幅值，便可得出被测磁场强度。

得益于磁通门传感器较高的灵敏度和良好的温度稳定性，磁通门电流传感器

的准确度和稳定性较闭环式霍尔电流传感器有了显著提升。此外，磁通门电流传感器可采用整体磁心结构，消除气隙、漏磁以及安装位置偏差对剩余磁通量检测的影响。但是，由于励磁信号的存在，其输出信号的噪声较霍尔电流传感器更大。

1.2.3　分流器

分流器本质是一个低值电阻，当被测电流流经分流器时，其两端产生与被测电流成正比的电位差，通过对该电位差的隔离、放大，便可实现交直流电流测量。

典型分流器电流测量电路由分流器、前端放大电路、差分隔离电路和信号调理电路四部分构成，如图 1-5 所示。前端放大电路一般采用同相差分输入方式，在放大分流器输出的微弱差分信号的同时，以单位增益通过共模电压信号，提升了检测电路的信噪比和电压共模抑制比（Common - Mode Rejection Ratio, CMRR）；差分隔离电路主要用于将前端放大电路输出的差分信号转化为单端信号并进行隔离；信号调理电路主要用于将差分隔离电路输出的信号进行偏置、放大等调理，以匹配后端的 A - D 转换电路[8,9]。

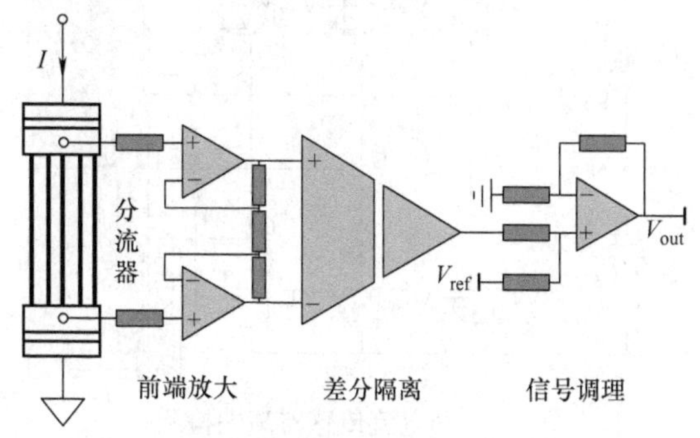

图 1-5　典型分流器电流测量电路

一方面，由于大电流流经分流器时，会产生额外的热量，分流器额定阻值应适当降低。另一方面，分流器阻值过低会造成低电流测量时两端电位差过低，进而影响测量准确度。因此，分流器阻值的选取应综合考虑大电流时的热损耗和小电流时的电位差[9-10]。工程中，一般选取由锰铜、康铜或者镍铬合金等低温度系数材料制成的精密电阻，阻值一般为 100μΩ 至数 mΩ[9]。

由于温度是影响分流器测量准确度和稳定性的重要因素，目前关于分流器电流测量的研究主要集中于消除不同材料结合点处热电动势对测量准确度的影响，以及如何通过数据分析修正温度对测量准确度的影响[10-13]。

除分流器的温度特性之外，影响分流器电流测量电路性能的关键因素还包括分流器的分布电感、信号处理电路的静态和动态性能等。在小量程电流检测时，分流器测量电路具有准确度高、响应速度快、线性度好等优点。

1.3 多电流传感器电流检测方法

三相桥式逆变电路中，通常采用三个电流传感器来实现相电流的检测。此外，根据 KCL 定律，仅通过测量两相电流，也可计算出第三相电流。根据多电流传感器的安装位置，可分为高端电流检测、低端电流检测和复合电流检测。

1.3.1 高端电流检测方法

如图 1-6 所示，采用高端电流检测方法时，电流传感器安装于 ABC 三相的输出端，可采用霍尔、磁通门和分流器等传感器形式。其优点在于：①可采用两电流传感器完全替代三电流传感器；②被测电流与开关状态无关，可在任意时刻实现电流采样；③当采用分流器时，采用差分信号处理方式可避免地电平噪声干扰。

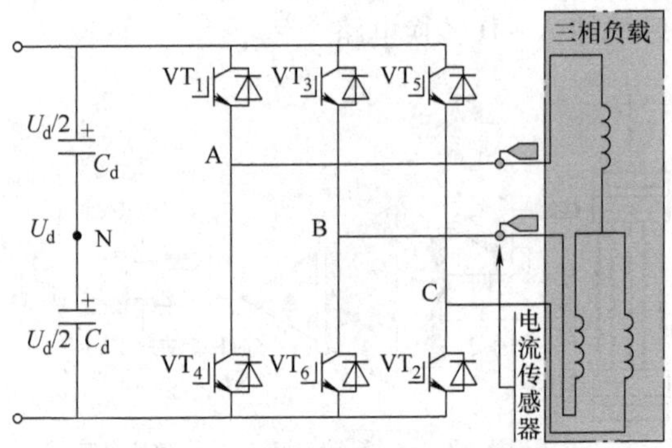

图 1-6　两电流传感器高端检测

主要缺点在于：①采用分流器时，需要采用隔离放大电路或者采用高共模电压差分放大器，信号处理电路复杂；②由于信号处理电路中元器件较多，温度变化、元器件参数差异将引入额外误差，同时，电路的动态性能受运放压摆率等参数的限制。

1.3.2 低端电流检测方法

如图 1-7 所示，采用低端电流检测方法时，电流传感器安装于逆变器的下桥臂，同样可采用霍尔、磁通门和分流器等传感器形式[14-16]。

定义上桥臂导通用 1 表示，下桥臂导通用 0 表示。当下桥臂全部导通(000) 时，由于三相感应负载的存在，电流传感器将检测到续流电流存在，续流回路（彩图中红线）如图 1-8 所示。

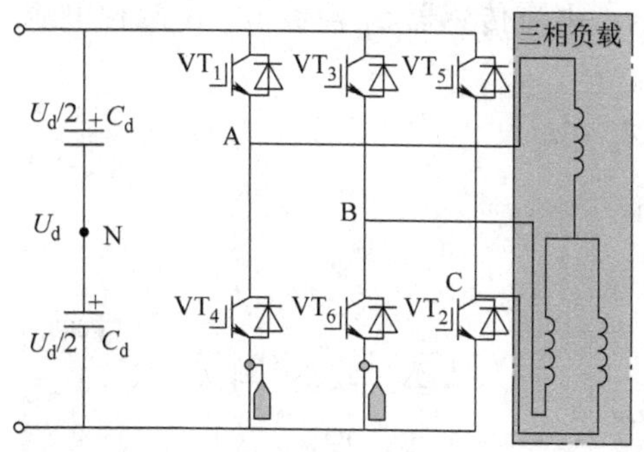

图 1-7　两电流传感器低端检测

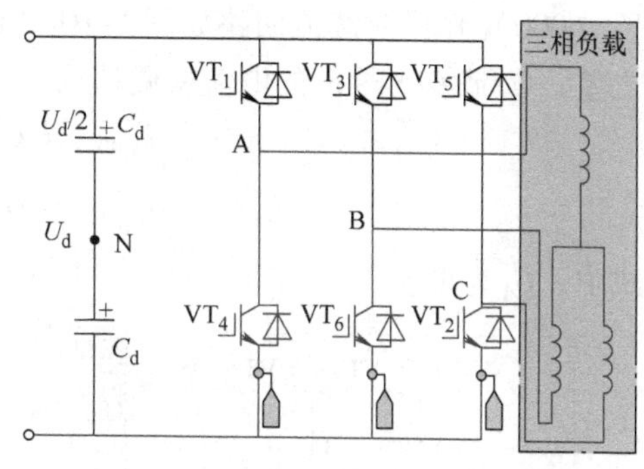

图 1-8　V_0（000）作用时续流回路（彩图见插页）

低端电流检测方法可采用两电流传感器或者三电流传感器，两种方法主要区别为：①由于低端采样仅在（000）状态存在检测窗口，当某一相 0 状态作用时间过短时，只能采用压摆率更高的运算放大器或者带宽更高的霍尔/磁通门电流传感器；②当采用三电流传感器时，可通过选择 0 状态作用时间较长的两相进行测量，并根据 KCL 定律计算出第三相电流。如图 1-9 所示，C 相 0 状态作用时间过短，可仅通过 AB 两相电流的采样值，计算出 C 相电流，上述过程也称为“跳跃检测”。

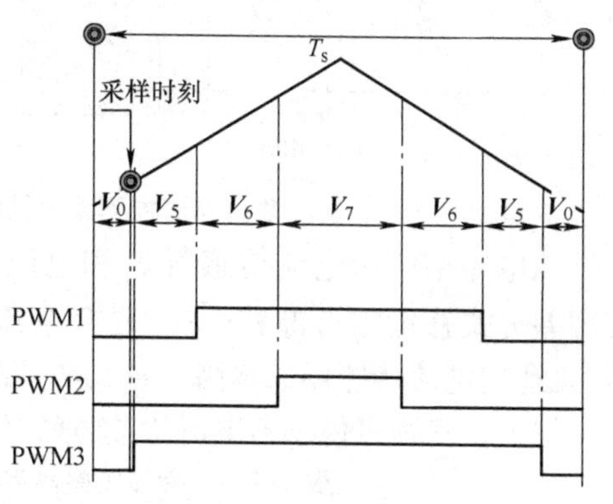

图 1-9　低端采样时序

低端电流检测的主要优点在于：①采用分流器时，信号共模电压低，可使用低成本普通运算放大器实现高准确度的电流检测；②实现了续流电流测量，为单电流传感器多位置耦合电流测量奠定了基础。

其主要缺点在于：①测量时刻受开关状态制约；②采用分流器时，测量信号易受地电平噪声干扰；③随着频率进一步升高，电流测量窗口逐渐缩短，电流传感器及其信号处理电路必须有足够高的带宽。

1.3.3　复合电流检测方法

考虑高低端电流检测的优势互补，复合电流检测系统拓扑结构如图 1-10 所示。霍尔/磁通门电流传感器安装于低端检测位置，同时耦合高端电流回路。当

$\boldsymbol{V}_7$（111）作用时续流回路如图 1-10a 所示，电流传感器 S_1 流经 B 相电流；当 $\boldsymbol{V}_0$（000）作用时续流回路如图 1-10b 所示，电流传感器 S_1 流经 B、A 两相电流之差。电流传感器 S_1 的电流检测值为

$$\begin{cases} i_{S_1 000} = G_1(i_b - i_a) \\ i_{S_1 111} = G_1 i_b \end{cases} \tag{1-5}$$

式中，G_1 为增益。

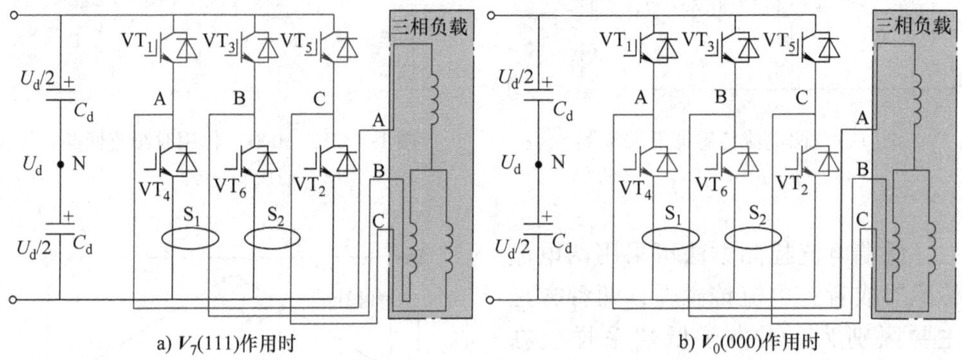

图 1-10　复合电流检测系统结构及电流路径（彩图见插页）

该电路结构中电流传感器 S_1 和电流传感器 S_2 可组合获得更多的电流信息，实现差分式补偿零点漂移[17]。复合电流检测方法的主要缺点在于使用两个霍尔/磁通门电流传感器成本高，且无法消除由传感器不一致性带来的测量误差。

综上，三种多传感器电流检测方法的对比分析见表 1-1。

表 1-1　三种多传感器电流检测方法的对比分析

检测方法	传感器数量	缺点	优点
高端检测	2/3	与单传感器电流检测相比成本更高，易受传感器准确度影响，维修、更换成本高	使用率最高的检测方法，安全性、容错性高，适用于重型器械控制中，如起重机、电梯等
低端检测	2/3	可靠性降低，受开关状态影响大	可使用低成本运算放大器实现高准确度电流检测，能完成续流电流的测量
复合检测	2	电路拓扑复杂	可获得的电流信息更多，可进行误差抑制

1.4 单电流传感器电流检测方法

单电流传感器电流检测技术主要分为直流母线单电流传感器检测和多位置耦合电流检测方法两大类。其中，前者又可细分为 PWM 波形调整方法、电压矢量合成方法和状态观测法，后者可细分为中间桥臂耦合、上下桥臂耦合和多支路耦

合电流检测方法，如图 1-11 所示。

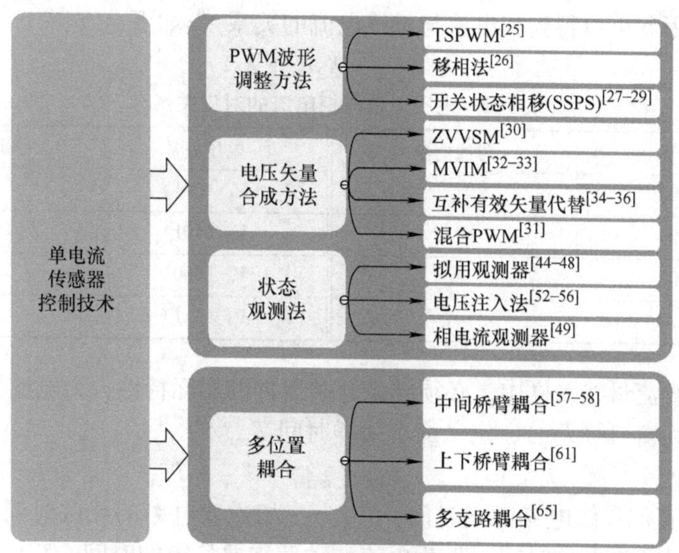

图 1-11　单电流传感器控制技术分类

1.4.1　直流母线单电流传感器采样

SVPWM 方式下，三相两电平逆变器存在八种基本开关状态，构成了 PWM 逆变器的八种基本电压矢量，分别为 6 个基本非零矢量 $\boldsymbol{V}_1$（100）、$\boldsymbol{V}_2$（110）、$\boldsymbol{V}_3$（010）、$\boldsymbol{V}_4$（011）、$\boldsymbol{V}_5$（001）、$\boldsymbol{V}_6$（101）和 2 个零矢量 $\boldsymbol{V}_0$（000）、$\boldsymbol{V}_7$（111）。6 个非零矢量将复平面空间分为如图 1-12 所示的 6 个扇区[18-24]。

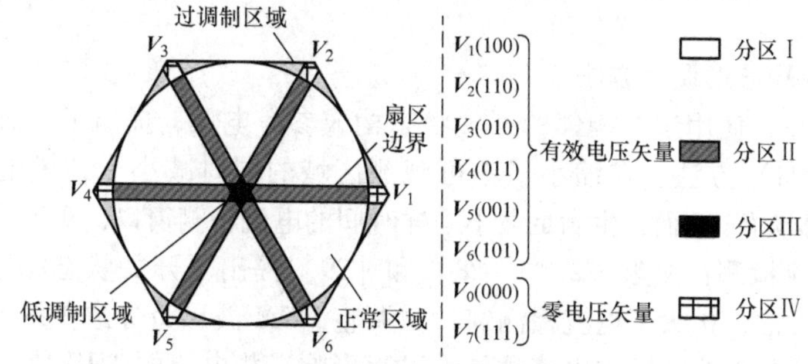

图 1-12　SVPWM 的空间电压矢量

根据三相两电平逆变器的电路原理以及 SVPWM 的工作原理，通过将电流传感器安装在直流母线上，在不同的基本电压矢量作用下直流母线电流与电机的相电流的关系不同，可以分析得到不同开关状态时母线电流与绕组相电流的对应关系，见表 1-2。

定义系数 X_i（$i=1,2,3$），$X_i=1$ 表示上桥臂开关导通，$X_i=0$ 表示下桥臂开关导通，因此可以得到相电流与母线电流的关系[20]如下：

$$i_{dc}=X_1 i_a+X_2 i_b+X_3 i_c \tag{1-6}$$

表 1-2　电压矢量与相电流的对应关系

电压矢量	母线电流	电压矢量	母线电流
$\boldsymbol{V}_1$（100）	i_a	$\boldsymbol{V}_5$（001）	i_c
$\boldsymbol{V}_2$（110）	$-i_c$	$\boldsymbol{V}_6$（101）	$-i_b$
$\boldsymbol{V}_3$（010）	i_b	$\boldsymbol{V}_0$（000）	0
$\boldsymbol{V}_4$（011）	$-i_a$	$\boldsymbol{V}_7$（111）	0

在实际直流母线采样中，必须结合开关器件的实际特性，为电流检测单元提供可靠的时间窗口（T_{sig}），定义最小采样时间 T_{min}[24]，

$$T_{min}=T_{es}+T_{db}+T_{rise}+T_{sr}+T_{con} \tag{1-7}$$

式中，T_{es}为直流母线电流建立时间；T_{db}为三相逆变电路的死区时间；T_{rise}为导通后电流上升所需要的时间；T_{sr}为电流波动后需要稳定的时间；T_{con}为模－数转换器的工作时间。

当满足式（1-8）时，PWM 占空比接近，开关状态维持时间太短，无法进行可靠的电流采样，故该区域称为不可观测区域，包括低调制区域、过调制区域和扇区边界，如图 1-12 所示。

$$\begin{cases} T_{sig1}\leqslant T_{min} \\ T_{sig2}\leqslant T_{min} \end{cases} \tag{1-8}$$

为实现不可观测区域内的电流采样，直流母线单电流传感器检测方法可分为三类。

（1）PWM 波形调整方法

文献［25］使用三个相邻的开关状态构成参考电压，提出了三态脉冲宽度调制（TSPWM）方法，在缩小了不可观测区域的同时减小了共模电压；文献［26］通过移动 PWM 而产生满足最小采样时间的电流检测窗口，实现了不可观测区域内的电流检测；文献［27］、［28］和［29］提出了开关状态相移（SSPS）相电流重构方法，扩大了电流检测窗口。调整 PWM 波形将导致传统 SVPWM 的对称性消失，从而改变输出电流纹波，进而影响三相电流的 THD 值，不同方法对 THD 的影响如图 1-13 所示。

（2）电压矢量合成方法

文献［30］通过在零电压矢量电压作用时检测（ZVVSM）电流，实现了不可观测区域内电流的检测，但并未考虑零电压矢量检测导致的电流谐波问题；文献［31］提出了基于传统 SVPWM 和互补非零矢量的混合脉冲宽度调制策略，在

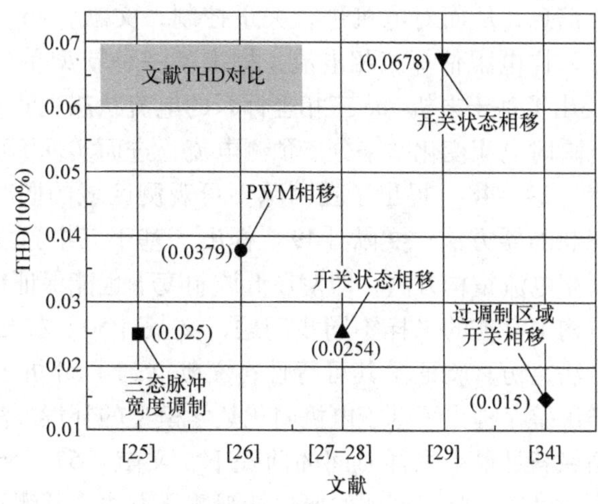

图 1-13　文献 THD 总结

保证可观测区域低电流畸变的情况下，实现了不可观测区域内的电流检测；文献［32－33］针对有效电压矢量作用时间过短的问题，提出了插入测量矢量（MVIM）相电流重构法；文献［34］使用互补有效矢量代替零矢量，解决了低速状态下的电流重构问题；文献［35］在过调制区域内通过电流叠加降低了电流重构误差，与传统的 SVPWM 相比 THD 降低了 12%（从 15% 降到 3%）；文献［36］对六个扇区内的不可观测区域进行再次划分，提出了混合脉冲宽度调制策略，消除了不可观测区域；文献［37－41］把单电流传感器技术引入到了多电平应用中；文献［42］在三电平中性钳位（NPC）逆变器中使用单电流传感器重构三相电流，通过电压补偿扩大了不可观测区域；文献［43］针对三电平逆变器，提出了基于移相法的电流重构策略，扩大了不可观测区域。电压矢量合成方法对比见表 1-3。

表 1-3　电压矢量合成方法对比

文献	方法	开关损耗
［30］	ZVVSM	不增加开关次数
［32］、［33］	MVIM	单相插入增加两次开关次数
［31］、［34］	互补有效矢量代替零矢量	增加四次开关次数

（3）状态观测法

针对在 PWM 载波顶部或底部的重构电流和测量电流之间存在差异的问题，文献［44］提出了电流预测方法，降低了电流纹波和电机转矩波动；文献［45］针对三相 PMSM 控制器的相电流重构问题，利用正弦曲线拟合观测器，从母线电流中提取相电流信息，从而对电机进行矢量控制；文献［46］通过设计电流观测器，利用单相采样电阻估算三相电流，提出了一种新型单电阻电流重构技术；文献［47］提出了基于电机 abc 三相坐标系的电流状态观测器方法，通过计算不同矢量作用下瞬时电流变化率来分步预测电流，进而实现不可观测区域内的相电流重构。文献［29，48］提出了在消除不可观测区域的同时，能够补偿采样延迟的预测状态观测器方法；文献［49］提出了基于三个独立自适应相电流观测器的单传感器相电流重构方法，即使在低调制度下也能保证精确的相电流估计；针对相电流重构中存在的采样不同步问题，文献［50］提出了拉格朗日插值法相电流预测方法，仿真验证了其可行性；文献［51］分析了由单电流传感器引起的分时采样误差，提出了基于电机简化数学模型的补偿方法，提高了电流重构准确度。在确保满足最小采样时间的前提下，文献［52－56］使用电压注入方法提高了重构准确度。状态观测主要包括观测器方法、预测状态观测器方法和电压注入法，三种方法的对比见表 1-4。

表 1-4　状态观测方法对比

文献	方法	缺点	优点
［44］、［45］、［46］	观测器	算法复杂，可靠性低	可有效消除不可观测区域，可有效提高重构准确度
［29］、［48］、［51］	预测状态观测器	运算量大，依赖于模型精度	消除不可观测区域的同时考虑了采样延迟误差、比例和增益误差等
［52］、［53］、［54］、［55］、［56］	电压注入	电压注入过程如不能保证与参考矢量的一致性，将带来更大的误差	考虑了死区时间、不对称 PWM 等引起的电流纹波问题

1.4.2　多位置耦合电流检测方法

多位置耦合方式利用单霍尔/磁通门电流传感器，可实现多支路分时电流测量，通过重新设计传感器电流传输路径，实现了单电流传感器电流检测。根据传感器安装位置和电流耦合方式，多位置耦合电流检测方法可分为中间桥臂耦合（Intermediate Bridge Arm Coupling，IBAC）方式、上下桥臂耦合（Upper－Lower Bridge Arm Coupling，ULBAC）方式和多支路耦合（Multi－Position Coupling，MPC）方式。

（1）中间桥臂耦合方式

分析参考电压矢量 PWM 周期构成可发现，有效矢量作用时间过短的情况下，零矢量 $\boldsymbol{V}_0$（000）、$\boldsymbol{V}_7$（111）作用时间增加，故可通过在零矢量工作时分析电流与传感器位置之间的关系，以实现低调制区域内的电流测量。

如图 1-14 所示，单霍尔/磁通门电流传感器中流经 A 相中间桥臂和 B 相输出电流[57-58]。在零矢量 $\boldsymbol{V}_7$（111）作用时，相电流通过上桥臂、二极管和绕组续流，此时电流导通情况如图 1-14a 所示（红色表示续流通路）。此时单霍尔/磁通门电流传感器采样电流 i_{smp} 如式（1-9）所示。

$$i_{smp} = i_b \tag{1-9}$$

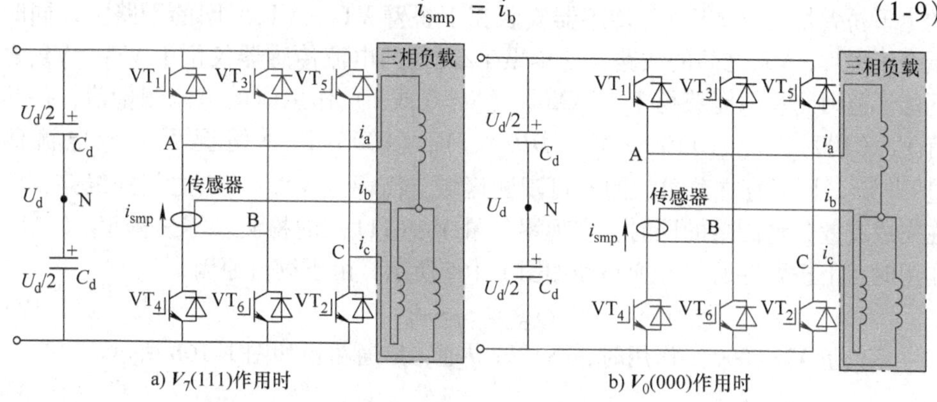

图 1-14　中间桥臂耦合单霍尔/磁通门电流检测电路及电流路径（彩图见插页）

在零矢量 $\boldsymbol{V}_0$（000）作用时，相电流通过下桥臂、二极管和负载续流，电流导通情况如图 1-14b 所示。此时单霍尔/磁通门电流传感器采样电流信息为

$$i_{smp} = i_a + i_b \tag{1-10}$$

结合 KCL 定律可知 $i_a + i_b = -i_c$，故

$$i_{smp} = -i_c \tag{1-11}$$

图 1-15 所示为中间桥臂耦合单霍尔/磁通门电流传感器电流采样时序图，其中 t_1 和 t_2 为采样时刻。不同开关状态时 IBAC 电压矢量与绕组相电流对应关系见表 1-5，由于零矢量电流可测[59-60]，可采用四个可测量电流窗口中不同的两个电流值来完成相电流重构，完成低调制区向空间矢量六边形边界移动。

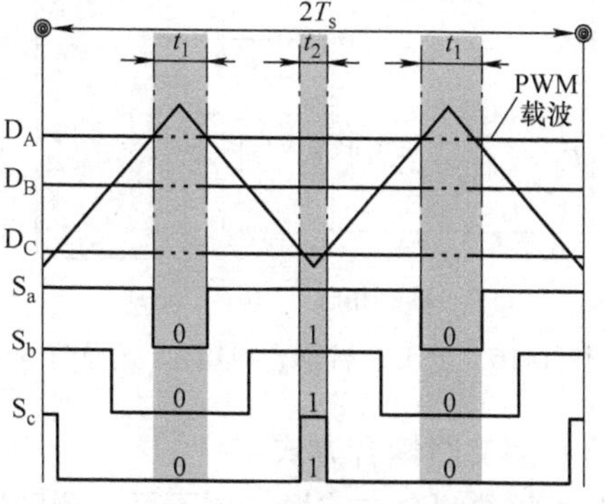

图 1-15　中间桥臂耦合单霍尔/磁通门电流传感器采样时序

表 1-5 IBAC 电压矢量与绕组相电流的对应关系

电压矢量	检测电流	电压矢量	检测电流
$\boldsymbol{V}_1$（100）	i_b	$\boldsymbol{V}_5$（001）	$-i_c$
$\boldsymbol{V}_2$（110）	i_b	$\boldsymbol{V}_6$（101）	i_b
$\boldsymbol{V}_3$（010）	$-i_c$	$\boldsymbol{V}_0$（000）	$-i_c$
$\boldsymbol{V}_4$（011）	$-i_c$	$\boldsymbol{V}_7$（111）	i_b

（2）上下桥臂耦合方式

由于位置耦合的灵活性，单霍尔/磁通门电流传感器还可采用如图 1-16 所示的上下桥臂耦合方式[61]。传感器安装在下桥臂 VT_2、VT_6之间的干路上，同时耦合了 VT_1、VT_3之间的线路。若单霍尔/磁通门电流传感器仅位于 VT_2、VT_6之间的干路时，将只能获得 $\boldsymbol{V}_n$（XX0）（X = 0 或 1）作用时的电流测量值，一共有 $\boldsymbol{V}_1$（100）、$\boldsymbol{V}_2$（110）、$\boldsymbol{V}_3$（010）、$\boldsymbol{V}_0$（000）四种情况可完成电流测量[50-55]，同时存在着更大的不可观测区域。而耦合 VT_1、VT_3之间的线路，可在完成有效矢量测量的同时，实现零矢量 $\boldsymbol{V}_7$（111）的检测。零矢量 $\boldsymbol{V}_7$（111）作用时，上桥臂导通，导通路径如图 1-16a 所示，由于续流原因，

$$i_{smp} = i_b + i_c \tag{1-12}$$

零矢量 $\boldsymbol{V}_0$（000）作用时，下桥臂导通，导通路径如图 1-16b 所示。

$$i_{smp} = i_c \tag{1-13}$$

由表 1-6 可知，与传统单传感器直流母线相电流检测方式相比，ULBAC 方式在保持原有电流检测窗口的同时，增加了零矢量电流检测窗口，相电流重构策略更灵活[62-64]。

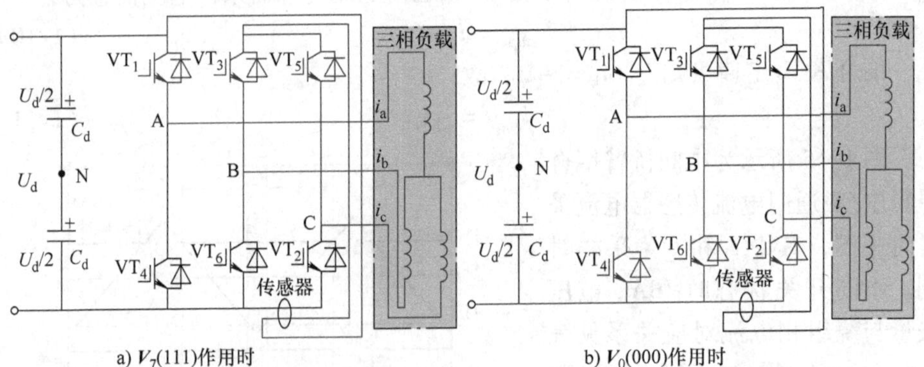

图 1-16 上下桥臂耦合单霍尔/磁通门电流检测电路及电流路径（彩图见插页）

（3）多支路耦合方式

上述两种耦合方式增加了不可观测区域的电流检测窗口，其缺点为在零矢量作用时段内进行电流采样的同时也会造成正常区域内有效矢量无法测量。文献

[65] 创新性地提出了如图 1-17 所示的多支路耦合方式，可同时完成有效矢量和零矢量作用时段内的电流检测。

表 1-6　ULBAC 电压矢量与绕组相电流的对应关系

电压矢量	检测电流	电压矢量	检测电流
$\boldsymbol{V}_1$（100）	i_c	$\boldsymbol{V}_5$（001）	i_c
$\boldsymbol{V}_2$（110）	$-i_a$	$\boldsymbol{V}_6$（101）	i_c
$\boldsymbol{V}_3$（010）	$-i_a$	$\boldsymbol{V}_0$（000）	i_c
$\boldsymbol{V}_4$（011）	$-i_a$	$\boldsymbol{V}_7$（111）	$-i_a$

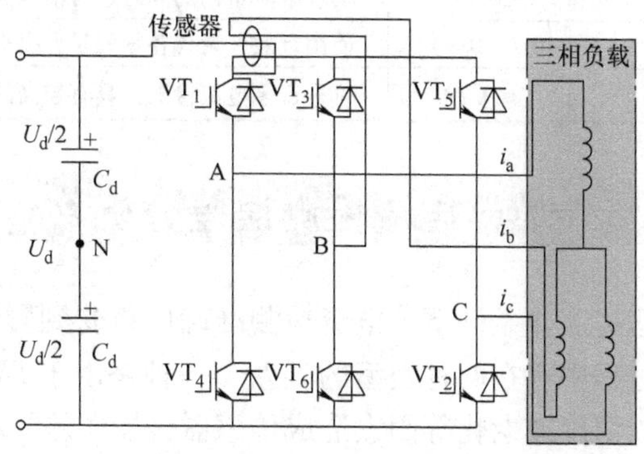

图 1-17　多支路耦合单霍尔/磁通门电流传感器安装位置

文献 [65] 对矢量扇区内存在不可观测区域的原因进行了分析，为兼顾有效矢量和零矢量电流检测，可得出测量位置与测量电流、分区与可用矢量之间的关系，分别见表 1-7 和表 1-8。

如图 1-17 所示的多支路耦合方式，融入了多个传感器测量位置，同时探索了位置耦合与电流之间的对应关系，既可以完成传统 SVPWM 可观测区域的有效矢量的测量，又可以测量零矢量，从而扩展了电流的可观测区域。但是，由表 1-7和表 1-8 可知，找到可确保每个分区内都能检测到电流的共同矢量是实现多位置耦合电流检测的关键[65]。

IBAC、ULBAC 和 MPC 三种方法的耦合支路数量、重构误差及关键特征见表 1-9。

表 1-7　MPC 分区与可用矢量关系

分区	可用矢量
Ⅰ	两个有效矢量
Ⅱ	一个有效矢量和零矢量
Ⅲ	零矢量
Ⅳ	无

表 1-8　MPC 测量位置与测量电流的关系

测量位置	测量电流	测量位置	测量电流
1	$i_1 = X_1 i_a + X_2 i_b + X_3 i_c$	5	$i_5 = i_b$
2	$i_2 = X_2 i_b + X_3 i_c$	6	$i_6 = i_c$
3	$i_3 = X_3 i_c$	7	$i_7 = i_b(1 - X_2) + i_c(1 - X_3)$
4	$i_4 = i_a$	8	$i_8 = i_c(1 - X_3)$

表 1-9　多位置耦合电流检测方法对比

耦合方式	耦合支路	重构误差	关键特征
IBAC	2	≤0.21A	实现电流重构的同时还可消除漂移误差
ULBAC	2	(0.7-0.9) A	使用有效矢量代替零矢量，提高了电流重构准确度
MPC	3	≤0.2A	可进行多电流检测，具有较高的灵活性

1.5　多/单电流传感器电流检测误差分析

在长期使用或恶劣工作条件下，电流检测准确度将受到影响[66]。如图 1-18 所示，在电流采样过程中存在两种类型的误差，一种是由于 PWM 引起的固有误差；另外一种是由于温度或老化等因素造成传感器采样误差。两种误差在不加校正的情况下会直接引入到测量电流中。

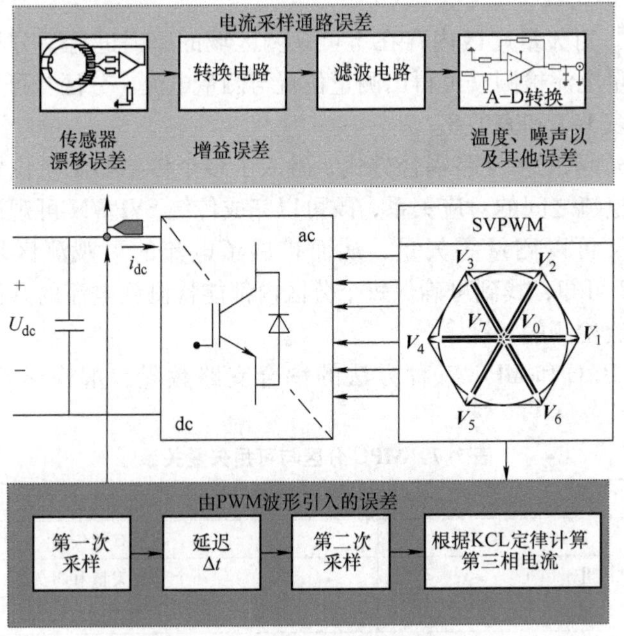

图 1-18　两种主要电流检测误差

1.5.1　固有误差

空间矢量作用时瞬时相电压、平均相电流，以及 i_a、i_c 相的电流纹波如图 1-19所示。由 PWM 引起的固有误差分为分时误差、非齐误差和切换误差。

（1）分时误差

当矢量 $\boldsymbol{V}_1$（100）作用时，完成第一次采样得到电流 i_a，经过 Δt，第二次采样在矢量 $\boldsymbol{V}_2$（110）作用时完成采样得到电流 $-i_c$，两个采样点之间的延迟造成的误差为分时误差。第一次采样电流值与最终值相差 Δi_{err1}，如图 1-19 所示，最终采样结果如式（1-14）所示。

$$\begin{cases} i_{sam\_c} = i_{act\_c} \\ i_{sam\_a} = i_{act\_a} + \Delta i_{err1} \\ i_{sam\_b} = -(i_{sam\_a} + i_{sam\_c}) \end{cases} \tag{1-14}$$

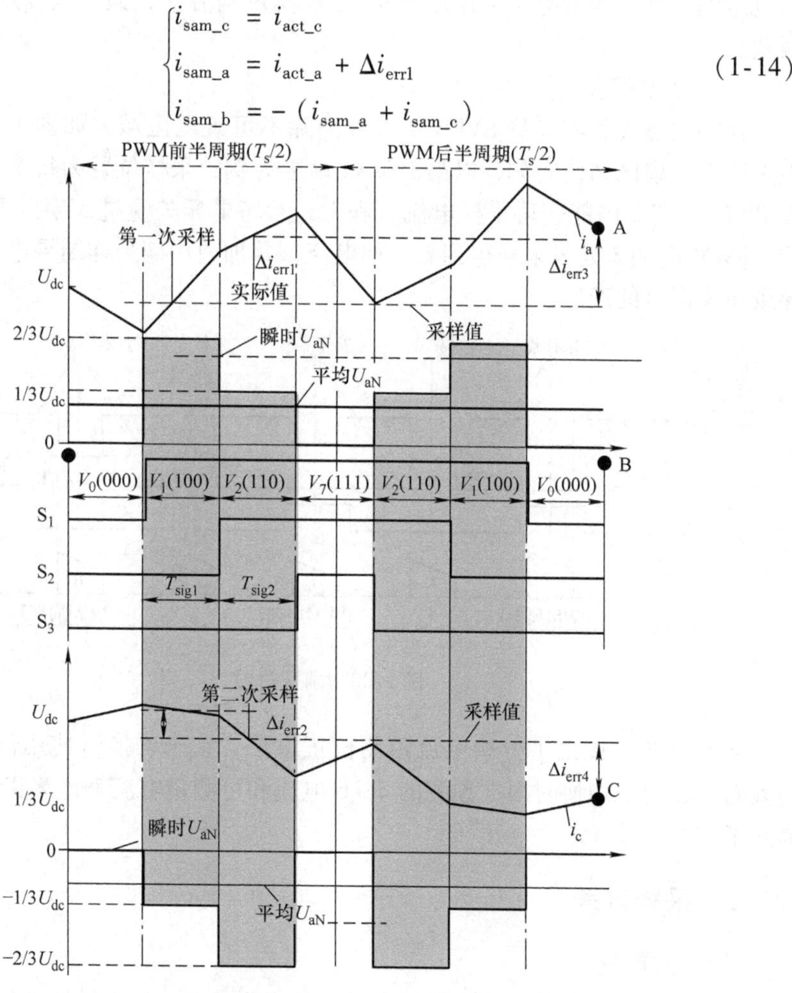

图 1-19　分时采样误差

针对分时误差，文献［67］提出了回溯预测电流校正方法，在七段式电流中引入PWM周期等效电流概念，并通过观测器计算等效电流变化率和瞬时电流变化率以预测PWM周期结束时A、C点的三相电流值。文献［68］提出了基于$\delta-\gamma$参考系的补偿方法，利用δ轴和γ轴误差分量存在的比例关系消除分时误差。

（2）非齐误差

理论上，应在零电压矢量$\boldsymbol{V}_0$（000）、$\boldsymbol{V}_7$（111）作用时完成测量，即PWM载波的顶部或底部，而实际位于$\boldsymbol{V}_1$（100）、$\boldsymbol{V}_2$（110）作用时段内，非齐的采样位置导致重构误差Δi_{err3}和Δi_{err4}。针对该问题，文献［69］提出了基于IPMSM的电压模型预测参考电压采样点的d－q电流重构方法，最大限度地减少了重构误差。

（3）切换误差

互补矢量代替零矢量SVPWM可以消除不可观测区域，如图1-20所示[70]。但不适用于扇区切换时刻，以第I和VI扇区为例，采样位置为每个载波的顶端，在PWM周期2内能获得采样电流i_b和i_c。参考电压矢量进入扇区I时受T_{min}影响，PWM周期3处只采样得到i_b一相电流，叠加前周期采样结果进行电流重构，导致切换误差的产生。

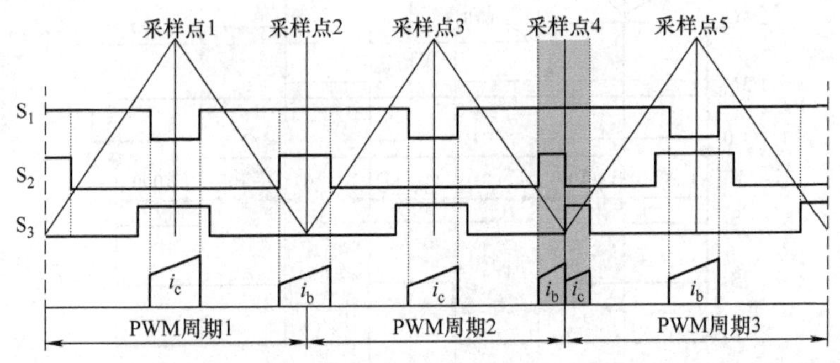

图1-20 扇区过渡

文献［70］提出了分离电流预测校正方法，在未切换时使用传统相电流重构策略，在扇区切换时根据预测的d－q电流和可测量电流来计算实际三相电流，消除了切换误差。

1.5.2 采样误差

（1）采样分析

采样通路由霍尔传感器、转换电路、滤波电路和A－D转换电路等构成[71]，如图1-18所示。受器件容差、温度漂移、老化和噪声等影响，电流采样通路中将产生漂移误差和增益误差。

由漂移误差导致采样结果为

$$i_{sam\_b} = i_{re\_b} + \Delta i_d \tag{1-15}$$

$$i_{sam\_c} = i_{re\_a} + i_{re\_b} + \Delta i_d \tag{1-16}$$

$$\begin{aligned} i_{sam\_a} &= i_{sam\_c} - i_{sam\_b} \\ &= (i_{re\_a} + i_{re\_b} + \Delta i_d) - (i_{re\_b} + \Delta i_d) \\ &= i_{re\_a} \end{aligned} \tag{1-17}$$

式中，i_{sam_a}、i_{sam_b}、i_{sam_c}为采样电流；i_{re_a}、i_{re_b}为实际电流值；Δi_d为电流零点漂移误差，根据 KCL 定律计算第三相电流。不同扇区的最终电流采样结果分析见表 1-10。

根据式（1-15）~式（1-17），同步旋转坐标系下的 α－β 轴电流为

$$\begin{aligned} i_\alpha &= i_{re\_a} \\ i_\beta &= (i_{sam\_c} + i_{sam\_a})/\sqrt{3} \\ &= (i_{re\_b} - i_{re\_c})/\sqrt{3} + \Delta i_d/\sqrt{3} \end{aligned} \tag{1-18}$$

式中，$(i_{re\_b} - i_{re\_c})/\sqrt{3}$ 为 β 轴实际电流分量；$\Delta i_d/\sqrt{3}$ 为漂移分量。可知，重构 α 轴电流中不包含电流漂移分量。在同步旋转坐标系中，abc 轴电流在转换为 d－q 轴电流时，最终零点漂移被带进 d－q 轴电流中。

$$\begin{cases} i_d = \dfrac{2}{3}i_a - \dfrac{1}{3}i_b - \dfrac{1}{3}i_c + \dfrac{1}{3}\Delta i_{sh} \\ i_q = \dfrac{1}{\sqrt{3}}i_b - \dfrac{1}{\sqrt{3}}i_c + \dfrac{1}{\sqrt{3}}\Delta i_{sh} \end{cases} \tag{1-19}$$

表 1-10　最终电流采样结果

扇区	i_{sam_a}	i_{sam_b}	i_{sam_c}
Ⅰ	$i_{re\_a} + \Delta i_d$	i_{re_b}	$i_{re\_a} + i_{re\_b} + \Delta i_d$
Ⅱ	i_{re_a}	$i_{re\_b} + \Delta i_d$	$i_{re\_a} + i_{re\_b} + \Delta i_d$
Ⅲ	$i_{re\_b} + i_{re\_c} + \Delta i_d$	$i_{re\_b} + \Delta i_d$	i_{re_c}
Ⅳ	$i_{re\_b} + i_{re\_c} + \Delta i_d$	i_{re_b}	$i_{re\_c} + \Delta i_d$
Ⅴ	i_{re_a}	$i_{re\_a} + i_{re\_c} + \Delta i_d$	$i_{re\_c} + \Delta i_d$
Ⅵ	$i_{re\_a} + \Delta i_d$	$i_{re\_a} + i_{re\_c} + \Delta i_d$	i_{re_c}

同理，考虑增益误差，

$$\boldsymbol{i}_{sam\_abc} = \boldsymbol{K}_g \boldsymbol{i}_{re\_abc} \tag{1-20}$$

其中，$\boldsymbol{i}_{sam\_abc} = [i_{sam\_a}\quad i_{sam\_b}\quad i_{sam\_c}]^T$，$\boldsymbol{i}_{re\_abc} = [i_{re\_a}\quad i_{re\_b}\quad i_{re\_c}]^T$ 分别表示采样电流和实际电流；$\boldsymbol{K}_g$为电流增益误差，

$$\boldsymbol{K}_g = \begin{bmatrix} K_A & 0 & 0 \\ 0 & K_B & 0 \\ 0 & 0 & K_C \end{bmatrix} = \begin{bmatrix} KK_a & 0 & 0 \\ 0 & KK_b & 0 \\ 0 & 0 & KK_c \end{bmatrix} \tag{1-21}$$

式中，K_N（N=A、B、C）为每相电流增益，是 K 与 K_n（n=a、b、c）的积，K 为三相共同增益误差，K_n 为相间增益误差[72]。

（2）误差校正

文献［73］提出了由电流增益引起的不平衡直流漂移和负序分量误差在线校正方法，通过估计 q 轴转子磁通与实际转子磁通误差，对负序分量进行校正，消除了参数不匹配导致的估计误差。由式（1-18）可知，β 轴中存在漂移误差，利用直流分量不会突变这一特性，使用陷波器可以阻碍或衰减特定频率的信号。文献［74］提出了如图 1-21 所示的电流漂移在线校正控制策略，通过 PI 控制器校正估计的电流漂移量，实现了三相电流的重构。零点漂移和增益误差引起的电压误差具有独特的频率特性，文献［75］假设 d 轴和 q 轴电流的时间导数可以忽略不计，通过从 PI 控制器的输出中减去电阻的电压降来估算电压误差。文献［76］提出了一种电流测量误差补偿方案，基于直流输出电压纹波特性和带通/低通滤波器消除了电流漂移和增益误差；文献［77］对比了陷波器和低通滤波器，提出了静止参考系中带有滤波器的电流漂移补偿方法。零点漂移和增益误差也会导致速度纹波、转矩脉动和三相电流不平衡[78]，针对该问题文献［79］提出了使用单电流传感器的位置传感器故障检测策略，通过将相反矢量设置在一个 PWM 周期内，在一个周期内进行双采样获得电流平均值以校正转子估计位置，该方法可以减少采样误差，但不能区分漂移量是由漂移误差或瞬态电流引起的[80]。

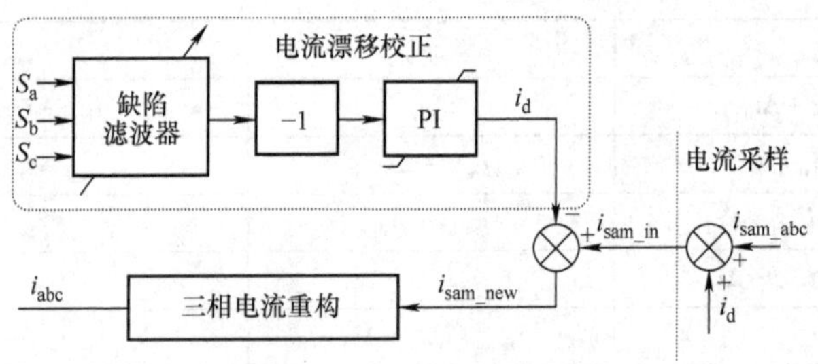

图 1-21　电流漂移校正

为降低电机驱动系统成本，有学者使用低成本 ADC，其电路中只包含一到两个采样保持（S/H）器。由于 S/H 器数量不足而导致的异步采样会带来电流测量误差[81]。文献［82］通过关闭逆变器的 C 相桥臂使 A 相桥臂和 B 相桥臂流出电流的矢量和为零，若 B 相出现增益误差，则使用 A 相正常电流补偿 B 相误差，使两者幅值保持一致，实现了增益误差的离线补偿。

由于逆变器的直流母线电压源通常由不可控整流器提供或由直流变换器直接供电[83]，因此电压波动将导致转矩脉动和速度波动。文献［84］提出了基于低端支流和三相电流的耦合电流检测策略，并结合定点抽样方法，解决了速度波动。文献［85］针对永磁直线电机驱动器提出了双矢量定位模型预测控制（DL－MPC）方法，可降低相电流传感器电流检测误差。

在实际应用场景中，通常不确定两个交流侧电流传感器和直流母线电流传感器的准确度，导致维修或更换成本的增加[86－87]。针对多个传感器出现的不确定性问题，文献［88］提出了多电流传感器误差补偿策略，通过相互校正策略对电流漂移和增益误差进行补偿，实现了不依赖数字滤波器和电机参数的误差校准。文献［89］提出了基于三相电流检测的补偿方法，通过比较两相传感器和三相传感器检测到的 d－q 轴电流，实现了增益误差检测。但如果电机停止或转子位置锁定，则无法使用该方法。针对转子锁定情况下的误差检测，文献［90］提出了基于两相测量电流四种组合的增益补偿方法。

综上所述，多/单电流传感器电流检测误差类型及解决方案如图 1-22 所示。

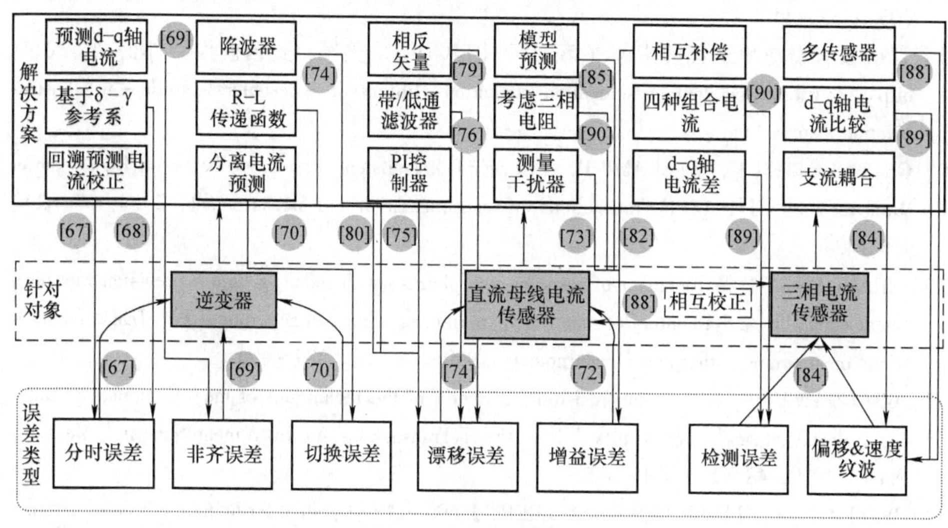

图 1-22　误差类型及解决方案

1.6 本章小结

针对三相桥式逆变电路电流检测问题，本章从传感器工作原理及特性、多传感器安装位置、单传感器电流检测系统的基本工作原理和实现方法、多位置耦合电流检测方法的电流耦合路径，以及电流检测误差的产生机理和消除方法等方面入手，对现有三相桥式逆变电路电流检测方法进行了综述分析。

参考文献

[1] 张懿，张明明，魏海峰，等．基于霍尔传感器的永磁同步电机高精度转子位置观测［J］．电工技术学报，2019，034（022）：4642-4650.

[2] 申永鹏，郑竹风，杨小亮，等．直流母线电流采样电压空间矢量脉冲宽度调制［J］．电工技术学报，2021，36（08）：1617-1627.

[3] 马铭遥，凌峰，孙雅蓉，等．三相电压型逆变器智能化故障诊断方法综述［J］．中国电机工程学报，2020，40（23）：7683-7699.

[4] 王文杰，闫浩，邹继斌，等．基于混合脉宽调制技术的永磁同步电机过调制区域相电流重构策略［J］．中国电机工程学报，2021，41（17）：6050-6060.

[5] 李树成．直流电流检测中霍尔传感器的应用［J］．通信电源技术，2017，34（04）：240-241.

[6] 刘海艳．磁通门微电流传感器设计［J］．自动化技术与应用，2016，35（09）：101-105.

[7] 罗颖，谢小军，朱才溢．大电流检测技术探析［J］．仪器仪表标准化与计量，2020（03）：32-34.

[8] 仪表放大器应用工程师指南（第三版）［EB/OL］．美国：美国模拟器件公司，2013. https://www.analog.com/cn/education/education-library/dh-designers-guide-to-instrumention-amps.html.

[9] GRUNDKÖTTER E，WEßKAMP P，MELBERT J. Transient thermo-voltages on high-power shunt resistors［J］．IEEE Transactions on Instrumentation and Measurement，2017，67（2）：415-424.

[10] BRAUDAWAY D W. Behavior of resistors and shunts：with today's high-precision measurement capability and a century of materials experience，what can go wrong［J］．IEEE Transactions on Instrumentation and Measurement，1999，48（5）：889-893.

[11] BRAUDAWAY D W. Precision resistors：a review of the techniques of measurement，advantages，disadvantages，and results［J］．IEEE Transactions on Instrumentation and Measurement，1999，48（5）：884-888.

[12] WEßKAMP P，HAUßMANN P，MELBERT J. 600-A test system for aging analysis of automotive li-ion cells with high resolution and wide bandwidth［J］．IEEE Transactions on Instrumentation and Measurement，2016，65（7）：1651-1660.

[13] 郑锦秀，童欣．一元线性回归方程在大电流分流器测量中的应用［J］．计测技术，2009，29（5）：17-19.

[14] 费继友，梁晟铭，李花，等．基于双电阻的变频控制器交流电流采样方法研究［J］．大连交通大学学报，2017，38（06）：103-106.

[15] 王文，罗安，黎燕，等．一种新型有源电力滤波器的SVPWM算法［J］．中国电机工程学报，2012，32（18）：52-58+177.

[16] 王平，厉虹，王道武，等. 小容量变频器三电阻采样电流合成方法实现 [J]. 电气自动化，2014，36 (1)：64 - 66.

[17] 邓娜. 基于改进相电流重构的电流采样校正方法 [J]. 电气传动，2020，50 (08)：15 - 20.

[18] 储剑波，胡育文，黄文新，等. 一种变频器相电流采样重构技术 [J]. 电工技术学报，2010，25 (01)：111 - 117.

[19] 赵辉，胡仁杰. SVPWM 的基本原理与应用仿真 [J]. 电工技术学报，2015，30 (14)：350 - 353.

[20] 王凯，王之赟，宗兆伦，等. 基于霍尔位置传感器的永磁同步电机速度估计方法研究 [J]. 电机与控制学报，2019，23 (07)：46 - 52.

[21] 朱强，王进城，孙荣川. 逆变器基于电阻采样的直流分量调节电路分析 [J]. 电力电子技术，2018，52 (01)：92 - 93 + 107.

[22] 马建辉，高佳，周广旭，等. 一种 SVPWM 简化算法的设计与实现 [J]. 电源学报，2020，11 (15)：1 - 12.

[23] 王帆，陈阳生. 不同 PWM 模式下交流电机单电阻三相电流采样的研究 [J]. 机电工程，2013，30 (05)：585 - 590 + 631.

[24] SHEN Y P, ZHENG Z F, WANG Q C, et al. DC bus current sensed space vector pulse width modulation for three - phase inverter [J]. IEEE Transactions on Transportation Electrification, 2020, 7 (2): 815 - 824.

[25] LU H F, CHENG X, QU W, et al. A three - phase current reconstruction technique using single DC current sensor based on TSPWM [J]. IEEE transactions on power electronics, 2013, 29 (3): 1542 - 1550.

[26] YANG, CHIN S. Saliency - based position estimation of permanent - magnet synchronous machines using square - wave voltage injection with a single current sensor [C] Applied Power Electronics Conference & Exposition. IEEE, Fort Worth, TX, USA, 2014.

[27] GU Y K, NI F L, YANG D P, et al. Switching - state phase shift method for three - phase - current reconstruction with a single DC - link current sensor [J]. IEEE Transactions on Industrial Electronics, 2011, 58 (11): 5186 - 5194.

[28] BLAABJERG F. An ideal PWM - VSI inverter using only one current sensor in the DC - link [C] International Conference on Power Electronics & Variable - speed Drives. IET, London, UK, 1994.

[29] LEE W C, LEE T K, HYUN D S. Comparison of single - sensor current control in the DC link for three - phase voltage - source PWM converters [J]. IEEE Transactions on Industrial Electronics, 2001, 48 (3): 491 - 505.

[30] XU Y X, YAN H, ZOU J B, et al. Zero voltage vector sampling method for PMSM three - phase current reconstruction using single current sensor [J]. IEEE Transactions on Power Electronics, 2016, 32 (5): 3797 - 3807.

[31] LAI, SHIN Y, LIN Y K, CHEN C W. New hybrid pulsewidth modulation technique to reduce

current distortion and extend current reconstruction range for a three - phase inverter using only DC - link sensor [J]. IEEE Transactions on Power Electronics, 2013, 28 (3): 1331 - 1337.

[32] KIM H, JAHNS T M, Integration of the measurement vector insertion method (MVIM) with discontinuous pwm for enhanced single current sensor operation [C] IEEE Industry Applications Conference Forty - First IAS Annual Meeting, Tampa USA, 2006.

[33] KIM H, JAHNS T M, Phase current reconstruction for AC motor drives using a DC link single current sensor and measurement voltage vectors [J]. IEEE Transactions on Power Electronics, 2006: 1413 - 1419.

[34] DUSMEZ S, QIN L, AKIN B. A new SVPWM technique for DC negative rail current sensing at low speeds [J]. IEEE Transactions on Industrial Electronics, 2015, 62 (2): 826 - 831.

[35] SUN K, WEI Q, HUANG L P, et al. An overmodulation method for pwm - inverter - fed IPMSM drive with single current sensor [J]. IEEE Transactions on Industrial Electronics, 2010, 57 (10): 3395 - 3404.

[36] LU J D, ZHANG X K, HU Y H, et al. Independent phase current reconstruction strategy for IPMSM sensorless control without using null switching states [J]. IEEE Transactions on Industrial Electronics, 2017, 65 (6): 4492 - 4502.

[37] YE H Z, EMADI A . A six - phase current reconstruction scheme for dual traction inverters in hybrid electric vehicles with a single DC - link current sensor [J]. IEEE Transactions on Vehicular Technology, 2014, 63 (7): 3085 - 3093.

[38] CHO Y , KORAN A , MIWA H , et al. An active current reconstruction and balancing strategy with DC - link current sensing for a multi - phase coupled - inductor converter [J]. IEEE Transactions on Power Electronics, 2012, 27 (4): 1697 - 1705.

[39] LI X, DUSMEZ S, AKIN B , et al. A new SVPWM for the phase current reconstruction of three - phase three - level t - type converters [C] IEEE Applied Power Electronics Conference and Exposition (APEC), Charlotte, USA, 2015.

[40] SHIN, HO, HA, et al. Phase current reconstructions from DC - link currents in three - phase three - level PWM inverters [J]. IEEE Transactions on Power Electronics, 2013, 29 (2): 582 - 593.

[41] HAN J H, SONG J H. Phase current - balance control using DC - link current sensor for multiphase converters with discontinuous current mode considered [J]. IEEE Transactions on Industrial Electronics, 2016, 63 (7): 4020 - 4030.

[42] KIM S , HA J I , SUL S K . Single shunt current sensing technique in three - level PWM inverter [J]. ICPE (ISPE), 2011 : 1445 - 1451.

[43] KOVAEVI H , KOROEC L , MILANOVI M . Single - shunt three - phase current measurement for a three - level inverter using a modified space - vector modulation [J]. Electronics, 2021, 10 (14): 1734.

[44] HA J I. Current prediction in vector - controlled PWM inverters using single DC - link current

sensor [J]. IEEE Transactions on Industrial Electronics, 2010, 57 (2), 716 - 726.

[45] SARITHA B, JANAKIRAMAN P A. Sinusoidal three - phase current reconstruction and control using a DC - link current sensor and a curve - fitting observer [J]. IEEE Transactions on Industrial Electronics, 2007, 54 (5): 2657 - 2664.

[46] ZHAO J, NALAKATH S, EMADI A. Observer assisted current reconstruction method with single DC - link current sensor for sensorless control of interior permanent magnet synchronous machines [C] IECON 2019 - 45th Annual Conference of the IEEE Industrial Electronics Society. IEEE, Lisbon, Portugal, 2019.

[47] LU J D, HU Y H, LIU J L. Analysis and compensation of sampling errors in TPFS IPMSM drives with single current sensor [J]. IEEE Transactions on Industrial Electronics, 2019, 66 (5): 3852 - 3855.

[48] CHENG X M, LU H F, QU W L, et al. Single current sensor operation with fixed sampling points using a common - mode voltage reduction PWM technique [C] 2009 IEEE 6th International Power Electronics and Motion Control Conference, Wuhan, China, 2009.

[49] WOLBANK T M, MACHEINER P E. Current - controller with single DC link current measurement for inverter - fed AC machines based on an improved observer - structure [J]. IEEE Transactions on Power Electronics, 2004, 19 (6): 1562 - 1567.

[50] LI P W, LIAO Y, LIN H, et al. An improved three - phase current reconstruction strategy using single current sensor with current prediction [C] 2019 22nd International Conference on Electrical Machines and Systems (ICEMS). Harbin, China, 2019.

[51] MARCETIC P, ADZIC E M. Improved three - phase current reconstruction for induction motor drives with DC - link shunt [J]. IEEE Transactions on Industrial Electronics, 2010, 57 (7): 2454 - 2462.

[52] ZHAO J, NALAKATH S, EMADI A. A high frequency injection technique with modified current reconstruction for low - speed sensorless control of IPMSMs with a single DC - link current sensor [J]. IEEE Access, 2019, 7 (99): 136137 - 136147.

[53] HA J I. Voltage injection method for three - phase current reconstruction in PWM inverters using a single sensor [J]. IEEE Transactions on Power Electronics, 2009, 24 (3): 767 - 775.

[54] RYU H S, YOO H S, HA J I. Carrier - based signal injection method for harmonic suppression in PWM inverter using single DC - link current sensor [C] IEEE. Paris, France, 2006: 2700 - 2705.

[55] LU J D, HU Y H, ZHANG X K, et al. High - frequency voltage injection sensorless control technique for IPMSMs fed by a three - phase four - switch inverter with a single current sensor [J]. IEEE Transactions on Mechatronics, 2018, 23 (2), 758 - 768.

[56] GAN C, WU J H, YANG S Y, et al. Phase current reconstruction of switched reluctance motors from DC - link current under double high - frequency pulses injection [J]. IEEE Transactions on Industrial Electronics, 2015, 62 (5): 3265 - 3276.

[57] YAN H, XU Y X, ZHAO W D, et al. DC drift error mitigation method for three - phase cur-

rent reconstruction with single hall current sensor [J]. IEEE Transactions on Magnetics, 2019, 55 (2): 1 -4.

[58] WANG W J, YAN H, XU Y X, et al. New three - phase current reconstruction for PMSM drive with hybrid space vector pulse width modulation technique [J]. IEEE Transactions on Power Electronics, 2020, 36 (1): 662 -673.

[59] SHEN Y P, WANG Q C, LIU D Q, et al. A mixed SVPWM technique for three - phase current reconstruction with single DC negative rail current sensor [J]. IEEE Transactions on Power Electronics, 2022, (37) 5: 5357 -5372.

[60] METIDJI B, TAIB N, BAGHLI L, et al. Phase currents reconstruction using a single current sensor of three - phase AC Motors fed by SVM - controlled direct matrix converters [J]. IEEE Transactions on Industrial Electronics, 2013, 60 (12): 5497 -5505.

[61] CHO Y, LABELLA T, LAI J S. A three - phase current reconstruction strategy with online current offset compensation using a single current sensor [J]. IEEE transactions on industrial electronics, 2011, 59 (7): 2924 -2933.

[62] CHENG H, MI S, WANG Z, et al. Phase current reconstruction with dual - sensor for switched reluctance motor drive system [J]. IEEE Access, 2021 (9): 114095 -114103.

[63] SUN Q G, WU J H, GAN C, et al. A new phase current reconstruction scheme for four - phase SRM drives using improved converter topology without voltage penalty [J]. IEEE Transactions on Industrial Electronics, 2017, 65 (1): 133 -144.

[64] ZHU L H, CHEN F F, LI B X, et al. Phase current reconstruction error suppression method for single DC - link shunt PMSM drives at low - speed region [J]. IEEE Transactions on Power Electronics, 2022, 37 (6): 7067 -7081.

[65] TANG Q P, SHEN A W, LI W H, et al. Multiple positions coupled sampling method for PMSM three - phase current reconstruction with a single current sensor [J]. IEEE Transactions on Power Electronics, 2020, 35 (1): 699 -708.

[66] SALMASI F R. A self - healing induction motor drive with model free sensor tampering and sensor fault detection, isolation, and compensation [J]. IEEE Transactions on Industrial Electronics, 2017, 64 (8): 6105 -6115.

[67] WANG G L, CHEN F F, ZHAO N N, et al. Current reconstruction considering time - sharing sampling errors for single DC - link shunt motor drives [J]. IEEE Transactions on Power Electronics, 2020, 36 (5): 5760 -5770.

[68] WANG W J, YAN H, WANG X J, et al. Analysis and compensation of sampling - delay error in single current sensor method for pmsm drives [J]. IEEE Transactions on Power Electronics, 2021, 37 (5): 5918 -5927.

[69] IM J H, KIM R Y. Improved saliency - based position sensorless control of interior permanent - magnet synchronous machines with single DC - link current sensor using current prediction method [J]. IEEE Transactions on Industrial Electronics, 2017, 65 (99): 5335 -5343.

[70] WANG W J, YAN H, XU Y X, et al. Improved three - phase current reconstruction technique

for PMSM drive with current prediction [J]. IEEE Transactions on Industrial Electronics, 2021, 69 (4): 3449 -3459.

[71] SONG S H, CHOI J W, SUL S K. Digitally controlled AC drives [J]. IEEE Industry Applications. Mag, 2000 (6): 51 -62.

[72] YOO M S, PARK S W, LEE H J, et al. Offline compensation method for current scaling gains in AC motor drive systems with three - phase current sensors [J]. IEEE Transactions on Industrial Electronics, 2020, 68 (6): 4760 -4768.

[73] CHO K R, SEOK J K. Correction on current measurement errors for accurate flux estimation of AC drives at low stator frequency [J]. IEEE Transactions on Industry Applications, 2008, 44 (2): 594 -603.

[74] CHO Y, LABELLA T, LAI J S. A three - phase current reconstruction strategy with online current offset compensation using a single current sensor [J]. IEEE transactions on industrial electronics, 2011, 59 (7): 2924 -2933.

[75] KIM M, SUL S K, LEE J. Compensation of current measurement error for current - controlled PMSM drives [J]. IEEE Transactions on Industry Applications, 2014, 50 (5): 3365 -3373.

[76] TRINH Q N, WANG P, TANG Y, et al. Compensation of DC offset and scaling errors in voltage and current measurements of three - phase AC/DC converters [J]. IEEE Transactions on Power Electronics, 2017, 33 (6): 5401 -5414.

[77] HU M J, HUA W, WU ZH, et al. Compensation of current measurement offset error for permanent magnet synchronous machines [J]. IEEE Transactions on Power Electronics, 2020, 35 (10): 11119 -11128.

[78] SU H, JUNG, HWAN S, et al. Diminution of current - measurement error for vector - controlled AC motor drives [J]. IEEE Transactions on Industry Applications, 2006, 42 (5): 1249 -1256.

[79] LU J D HU Y H, LIU J L, et al. Position sensor fault detection of IPMSM using single DC - bus current sensor with accuracy uncertainty [J]. IEEE Transactions on Mechatronics, 2019, 24 (2): 753 -762.

[80] LEE K, KIM S, Dynamic performance improvement of a current offset error compensator in current vector - controlled SPMSM drives [J]. IEEE Trans actions Industry Electron, 2019, 66 (9): 6727 - 6736.

[81] HARKE M C, GUERRERO J M, DEGNER M W, et al. Current measurement gain tuning using high - frequency signal injection [J]. IEEE Transactions on Industry Applications, 2008, 44 (5): 1578 -1586.

[82] KIM M S, PARK D H, LEE W J. Compensation of current measurement errors due to sensor scale error and non - simultaneous sampling error for three - phase inverter applications [J]. Journal of Power Electronics, 2021: 1 -9.

[83] LIU C H, CHAU K T, LEE C H T, et al. A critical review of advanced electric machines and

control strategies for electric vehicles [J]. Proceedings of the IEEE, 2020, 109 (6): 1004 - 1028.

[84] LU J D, HU Y H, LIU J L, et al. Fixed - point sampling strategy for estimation on current measurement errors in IPMSM drives [J]. IEEE Transactions on Power Electronics, 2020, 36 (5): 5748 - 5759.

[85] WANG W, LU ZH X, TIAN W J, et al. Dual - Vector located model predictive control with single DC - link current sensor for permanent - magnet linear motor drives [J]. IEEE Transactions on Power Electronics, 2021, 36 (12): 14142 - 14154.

[86] HU Y. Central - tapped node linked modular fault - tolerance topology for SRM applications [J] . IEEE Transactions on Power Electronics, 2015, 31 (2): 1541 - 1554.

[87] ZHAI Q W, MENG K, DONG ZH Y, et al. Modeling and analysis of lithium battery operations in spot and frequency regulation service markets in Australia electricity market [J]. IEEE Transactions on Industrial Informatics, 2017, 13 (5): 2576 - 2586.

[88] LU J D, HU Y H, CHEN G P, et al. Mutual calibration of multiple current sensors with accuracy uncertainties in IPMSM drives for electric vehicles [J]. IEEE Transactions on Industrial Electronics, 2019, 67 (1): 69 - 79.

[89] HARKE M C, LORENZ R D. The spatial effect and compensation of current sensor differential gains for three - phase three - wire systems [J]. IEEE Transactions on Industry Applications, 2008, 44 (4): 1181 - 1189.

[90] YOO M S, PARK S W, CHOI Y Y, et al. Current - scaling gain compensation of motor drives under locked - rotor condition considering inequality of phase resistances [J]. IEEE Transactions on Industry Applications, 2020, 56 (5): 4915 - 4923.

第 2 章 直流母线电流采样方法

在交流传动领域，两电平逆变器供电的三相电机系统被广泛使用，逆变器的调制策略主要采用空间矢量脉冲宽度调制（Space Vector Pulse Width Modulation, SVPWM）[1]。本章从交流电机驱动系统的结构出发，结合三相两电平逆变器 SVPWM 的实现方法，分析了直流母线采样方法的工作原理，研究了相电流不可观测区的存在机理。

2.1 交流电机矢量控制系统拓扑结构

矢量控制也称为磁场定向控制，主要应用于交流电机控制领域。20 世纪 70 年代初，工程师 F. Blaschke 提出了应用于单相电机磁场定向控制的方法[2]。它通过引入坐标变换将静止的三相坐标系转化为旋转的两相坐标系，实现了定子电流的分解。由于分解后的励磁电流与永磁体磁场方向一致，可独立控制电机的磁场，而转矩电流与电机磁场方向垂直，可独立控制电机的转矩，实现励磁分量与转矩分量的解耦控制。

交流电机矢量控制系统通常为双闭环结构，分别是速度外环和电流内环，如图 2-1 所示。速度环由给定转速 ω_{ref} 与实际转速 $\hat{\omega}_e$ 进行比较获得转速偏差，将该偏差经过转速 PI 调节器计算后获得 q 轴电流参考值 i_{qref}。电流环将 i_{qref} 与系统当前状态的实际值 i_q 进行对比，再经过 PI 调节器输出电压给定值 u_{qref}；同时，将 d 轴给定电流 i_{dref} 与系统当前状态的实际值 i_d 进行对比，再经过 PI 调节器输出电压给定值 u_{dref}。之后，u_{qref} 和 u_{dref} 经过反 Park 变换后得到在 αβ 坐标系

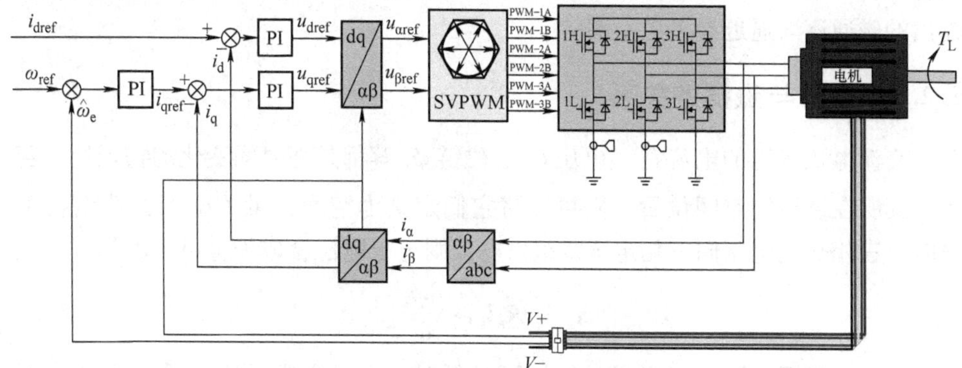

图 2-1 交流电机矢量控制系统结构图

下的电压值 $u_{\alpha ref}$ 和 $u_{\beta ref}$ [3]。根据该电压值，空间矢量调制算法将产生相应的PWM触发信号并将其送给两电平三相逆变器，逆变器将直流电逆变为三相交流电并直接控制电机，电机三相电流可由电流传感器获得，然后再通过坐标变换，构成闭环系统[4]。

2.2 SVPWM 原理

三相两电平电压源逆变器拓扑结构如图 2-2 所示[5-6]。空间矢量脉冲宽度调制（SVPWM）已广泛应用于电机驱动领域。与其他控制方法相比，SVPWM方法的直流电压利用率更高，在调节输出电压基波大小的同时降低了输出电压谐波[7]。

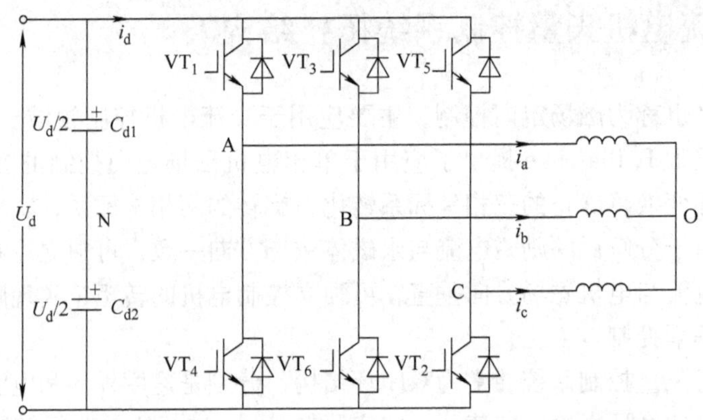

图 2-2 三相两电平电压源逆变器拓扑结构图

SVPWM 源于电机的定子磁链跟踪思想，其核心是将逆变器和电机作为整体进行控制。通过 PWM 来控制电压源逆变器六个功率开关器件的通断，形成一系列特殊的开关序列。交替使用这些开关序列可产生不同的电压矢量，进而使电机输出的磁通逐渐逼近参考磁通圆[8]。

2.2.1 电压与磁链的关系

交流电机绕组的电流 $\boldsymbol{i}_s$、电压 $\boldsymbol{u}_s$、磁链 $\boldsymbol{\psi}_s$ 等都是随时间变化的物理量，若考虑其所在绕组的空间位置，则可以将它们定义为空间矢量[9]。当交流电机工作时，三相交流电压向三相定子绕组供电，则定子电压合成矢量可表示为

$$\boldsymbol{u}_s = \boldsymbol{R}_s \boldsymbol{i}_s + \frac{d\boldsymbol{\psi}_s}{dt} \tag{2-1}$$

式中，$\boldsymbol{R}_s$ 为定子电阻。当电机的转速不过低时，定子电阻压降几乎可以忽略不

计，故定子电压可与磁链的关系近似为式（2-2），可以看出电压矢量与磁链矢量正交。

$$\boldsymbol{u}_{\mathrm{s}} \approx \frac{\mathrm{d}\boldsymbol{\psi}_{\mathrm{s}}}{\mathrm{d}t} \tag{2-2}$$

2.2.2　逆变器基本输出电压矢量

图 2-3 为三相交流电动机的绕组空间分布，三相绕组互差 120°，因此可将电压源逆变器的输出定子三相电压矢量可写为式（2-3）。由于合成磁链矢量与合成电压矢量正交，以旋转磁场为目的，控制磁链轨迹就可以转化为控制电压矢量轨迹问题。

$$\boldsymbol{u}_{\mathrm{s}} = \sqrt{\frac{2}{3}}(u_{\mathrm{A}} + u_{\mathrm{B}}\mathrm{e}^{\mathrm{j}\frac{2\pi}{3}} + u_{\mathrm{C}}\mathrm{e}^{\mathrm{j}\frac{4\pi}{3}}) \tag{2-3}$$

一般情况下，电机控制领域采用 180° 导通型电压源逆变器[10]。用 S_{A}、S_{B}、S_{C}分别标记三个桥臂的开关状态，三相电压源逆变电路的三个桥臂均以 1 表示上桥臂闭合，0 表示下桥臂闭合[11-15]，例如：$S_{\mathrm{A}}=1$，VT_1导通，VT_4关断；$S_{\mathrm{A}}=0$时，VT_1关断，VT_4导通。当（S_{A}，S_{B}，S_{C}）=（1，0，0）时，此时逆变器中各桥臂的导通情况如图 2-4a所示，等效电路如图 2-4b 所示。可求得瞬时三相相电压分别为

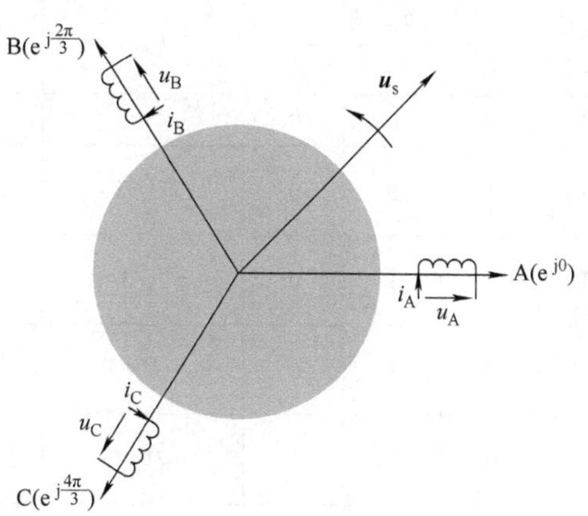

图 2-3　定子三相绕组与电压矢量

$$\begin{cases} U_{\mathrm{AO}} = \dfrac{2}{3}U_{\mathrm{d}} \\ U_{\mathrm{BO}} = -\dfrac{1}{3}U_{\mathrm{d}} \\ U_{\mathrm{CO}} = -\dfrac{1}{3}U_{\mathrm{d}} \end{cases} \tag{2-4}$$

式中，U_{d}为直流母线电压。

逆变器三个桥臂的开关状态共有八个组合，可组成空间上八种模为 $\sqrt{\frac{2}{3}}U_{\mathrm{d}}$ 的电压矢量[4]。开关状态与电压矢量的对应关系见表 2-1。

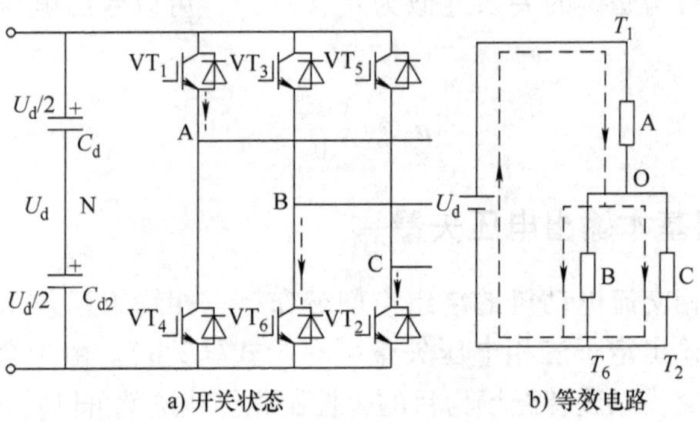

a) 开关状态　　b) 等效电路

图 2-4　（100）状态下逆变器的开关状态

表 2-1　开关状态与电压矢量对应关系

电压矢量	开关状态			U_{AO}	U_{BO}	U_{CO}	$\boldsymbol{u}_s$
	S_A	S_B	S_C				
$\boldsymbol{V}_0$	0	0	0	0	0	0	0
$\boldsymbol{V}_1$	1	0	0	$2U_d/3$	$-U_d/3$	$-U_d/3$	$\sqrt{\frac{2}{3}}U_d$
$\boldsymbol{V}_2$	1	1	0	$U_d/3$	$U_d/3$	$-2U_d/3$	$\sqrt{\frac{2}{3}}U_d e^{j\frac{\pi}{3}}$
$\boldsymbol{V}_3$	0	1	0	$-U_d/3$	$2U_d/3$	$-U_d/3$	$\sqrt{\frac{2}{3}}U_d e^{j\frac{2\pi}{3}}$
$\boldsymbol{V}_4$	0	1	1	$-2U_d/3$	$U_d/3$	$U_d/3$	$\sqrt{\frac{2}{3}}U_d e^{j\pi}$
$\boldsymbol{V}_5$	0	0	1	$-U_d/3$	$-U_d/3$	$2U_d/3$	$\sqrt{\frac{2}{3}}U_d e^{j\frac{4\pi}{3}}$
$\boldsymbol{V}_6$	1	0	1	$U_d/3$	$-2U_d/3$	$U_d/3$	$\sqrt{\frac{2}{3}}U_d e^{j\frac{5\pi}{3}}$
$\boldsymbol{V}_7$	1	1	1	0	0	0	0

这八种基本开关状态构成了 PWM 逆变器的八种基本电压矢量，分别为 6 个有效矢量 $\boldsymbol{V}_1$（100）、$\boldsymbol{V}_2$（110）、$\boldsymbol{V}_3$（010）、$\boldsymbol{V}_4$（011）、$\boldsymbol{V}_5$（001）、$\boldsymbol{V}_6$（101）和 2 个零矢量 $\boldsymbol{V}_0$（000）、$\boldsymbol{V}_7$（111）[16-19]。磁链的轨迹控制是通过交替使用不同的电压矢量实现的，如图 2-3 所示。可根据八种基本电压矢量将整个空间电压矢量平面分为 6 个扇区。每个扇区对应 60°，两个零电压矢量位于扇区中心，如图 2-5 所示。

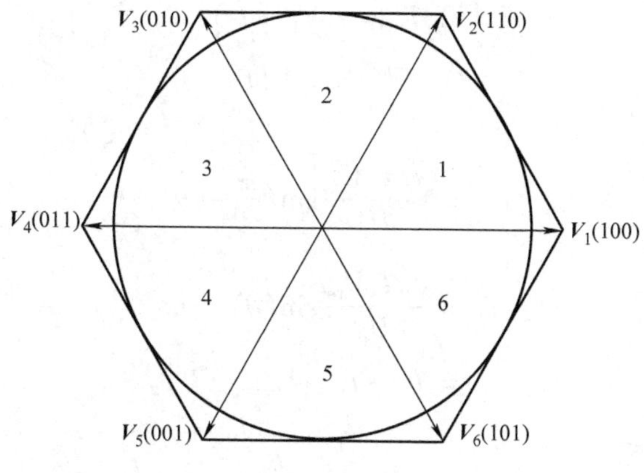

图2-5　电压矢量图

2.2.3　期望电压矢量合成及作用时间计算

逆变器输出八个基本矢量是静态矢量，其相对位置不会在空间上发生变化。而为了得到理想的磁通圆，合成电压矢量 $\boldsymbol{V}_{\text{ref}}$ 需以 $2\pi f$（f 为逆变器交流侧输出电压基波频率）的角速度在空间上旋转。故当合成电压矢量 $\boldsymbol{V}_{\text{ref}}$ 的幅值和位置确定后，可由其相邻的基本电压矢量得到，如图2-6所示[20-22]。

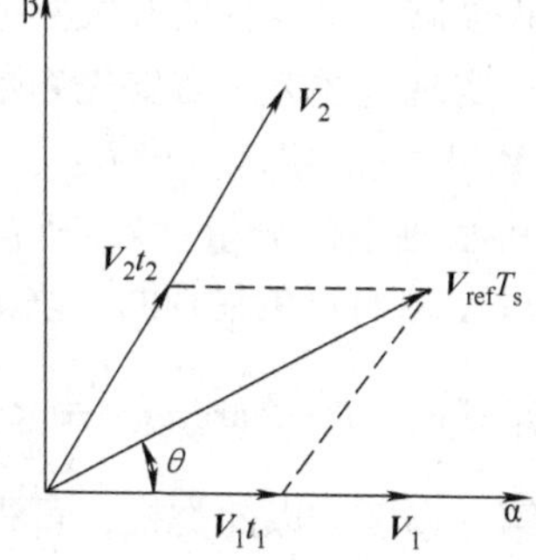

图2-6　电压矢量合成示意图

以矢量 $\boldsymbol{V}_{\text{ref}}$ 落在I扇区为例，可选取相邻的两个有效电压矢量 $\boldsymbol{V}_1$（100）和 $\boldsymbol{V}_2$（110）进行合成，若在一个开关周期 T_s 内 $\boldsymbol{V}_1$（100）和 $\boldsymbol{V}_2$（110）的作用时间分别为 t_1 和 t_2，则

$$\boldsymbol{V}_{\text{ref}} = \frac{t_1}{T_s}\boldsymbol{V}_1 + \frac{t_2}{T_s}\boldsymbol{V}_2 \tag{2-5}$$

令矢量 $\boldsymbol{V}_{\text{ref}}$ 与 $\boldsymbol{V}_1$（100）的夹角为 θ，得

$$\frac{\boldsymbol{V}_{\text{ref}}}{\sin\dfrac{2\pi}{3}} = \frac{\boldsymbol{V}_1 t_1}{\sin\left(\dfrac{\pi}{3}-\theta\right)} = \frac{\boldsymbol{V}_2 t_2}{\sin\theta} \tag{2-6}$$

其中，

$$\begin{cases} \boldsymbol{V}_1 t_1 = \sqrt{\dfrac{2}{3}}\dfrac{t_1}{T_s}U_d \\ \boldsymbol{V}_2 t_2 = \sqrt{\dfrac{2}{3}}\dfrac{t_2}{T_s}U_d \end{cases} \tag{2-7}$$

由伏秒平衡原则可知，

$$\begin{cases} \boldsymbol{V}_{\mathrm{ref}} T_{\mathrm{s}} = t_1 \boldsymbol{V}_1 + t_2 \boldsymbol{V}_2 \\ T_{\mathrm{s}} = t_1 + t_2 + t_0 \end{cases} \tag{2-8}$$

求得作用时间，

$$\begin{cases} t_1 = \dfrac{\sqrt{2} T_{\mathrm{s}} \boldsymbol{V}_{\mathrm{ref}}}{U_{\mathrm{d}}} \sin\left(\dfrac{\pi}{3} - \theta\right) \\ t_2 = \dfrac{\sqrt{2} T_{\mathrm{s}} \boldsymbol{V}_{\mathrm{ref}}}{U_{\mathrm{d}}} \sin(\theta) \\ t_0 = T_{\mathrm{s}} - t_1 - t_2 \end{cases} \tag{2-9}$$

2.2.4　开关顺序

基本电压矢量的作用时间计算完成后，开关顺序该如何安排是下一步问题的关键。图2-7为目前使用比较广泛的七段式开关顺序，该方案的优点是每次开关状态切换时只有一个开关器件动作，这样最大程度减小了器件的开关频率[23]。

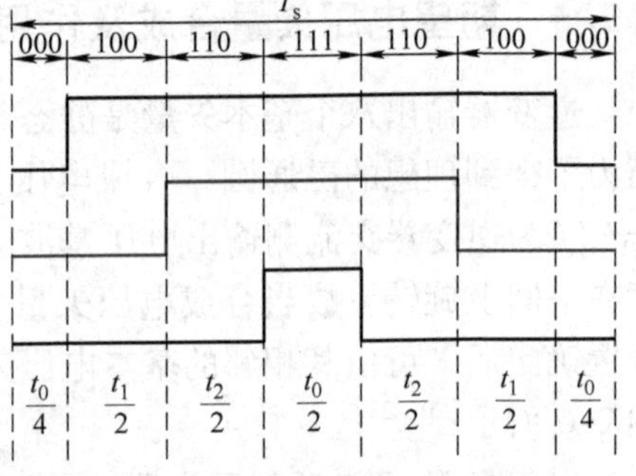

图2-7　I扇区内的七段式SVPWM

实现上述方法需要先判断合成电压矢量$\boldsymbol{V}_{\mathrm{ref}}$所处的扇区，设$U_\beta$、$U_\alpha$为$\boldsymbol{V}_{\mathrm{ref}}$在α轴和β轴上的分量。$\boldsymbol{V}_{\mathrm{ref}}$所在扇区可通过其与α轴的夹角来判断，当$U_\beta$、$U_\alpha$满足关系式时，$0° < \arctan \dfrac{U_\beta}{U_\alpha} < 60°$，$\boldsymbol{V}_{\mathrm{ref}}$位于第一扇区，以此类推，可得扇区判断表见表2-2。

表2-2　扇区判断表

扇区位置	判断条件
Ⅰ	$U_\alpha > 0$，$U_\beta > 0$ 且 $U_\beta / U_\alpha < \sqrt{3}$
Ⅱ	$U_\alpha > 0$，且 $U_\beta / \lvert U_\alpha \rvert > \sqrt{3}$
Ⅲ	$U_\alpha < 0$，$U_\beta > 0$ 且 $-U_\beta / U_\alpha < \sqrt{3}$
Ⅳ	$U_\alpha < 0$，$U_\beta < 0$ 且 $U_\beta / U_\alpha < \sqrt{3}$
Ⅴ	$U_\alpha < 0$ 且 $-U_\beta / \lvert U_\alpha \rvert > \sqrt{3}$
Ⅵ	$U_\alpha > 0$，$U_\beta < 0$ 且 $-U_\beta / U_\alpha < \sqrt{3}$

若进一步分析以上的条件，又可看出参考电压矢量$\boldsymbol{V}_{\mathrm{ref}}$所在的扇区完全由$U_\beta$、$\sqrt{3}U_\alpha - U_\beta$、$-\sqrt{3}U_\alpha - U_\beta$决定，因此令，

$$\begin{cases} U_1 = U_\beta \\ U_2 = \dfrac{1}{2}(\sqrt{3}U_\alpha - U_\beta) \\ U_3 = \dfrac{1}{2}(-\sqrt{3}U_\alpha - U_\beta) \end{cases} \tag{2-10}$$

令 $U_1>0$，则 $A=1$，否则 $A=0$；令 $U_2>0$，则 $B=1$，否则 $B=0$；输入为 U_3 时，令 $U_3>0$，则 $C=1$，否则 $C=0$；根据式（2-11）计算出相应的 N 值，再根据表 2-3 便可找到该空间矢量所处的扇区位置[24-25]。

$$N = A + 2B + 4C \tag{2-11}$$

表 2-3 扇区位置计算

N	1	2	3	4	5	6
扇区	Ⅱ	Ⅵ	Ⅰ	Ⅳ	Ⅲ	Ⅴ

根据表 2-4，由 Ualpha 和 Ubeta 可直接计算出基本电压矢量作用时间 t_x 和 t_y。

表 2-4 矢量的作用时间

矢量作用时间	Ⅰ	Ⅱ	Ⅲ	Ⅳ	Ⅴ	Ⅵ
t_x	-Z	Y	X	Z	-Y	-X
t_y	X	Z	-Y	-X	-Z	Y

其中，

$$\begin{aligned} X &= \sqrt{3}U_\beta T_s/U_d \\ Y &= (\frac{3}{2}U_\alpha + \frac{\sqrt{3}}{2}U_\beta)T_s/U_d \\ Z &= (-\frac{3}{2}U_\alpha + \frac{\sqrt{3}}{2}U_\beta)T_s/U_d \end{aligned} \tag{2-12}$$

令切换时间点为 T_a、T_b、T_c，可得

$$\begin{cases} T_a = \dfrac{T_s - t_x - t_y}{4} \\ T_b = T_a + \dfrac{t_x}{2} \\ T_c = T_a + \dfrac{t_x}{2} + \dfrac{t_y}{2} \end{cases} \tag{2-13}$$

2.3 直流母线电流采样原理

直流母线电流采样法通过将电流检测单元安装在直流母线上，以获得直流母线上的电流信息，如图 2-8 所示。

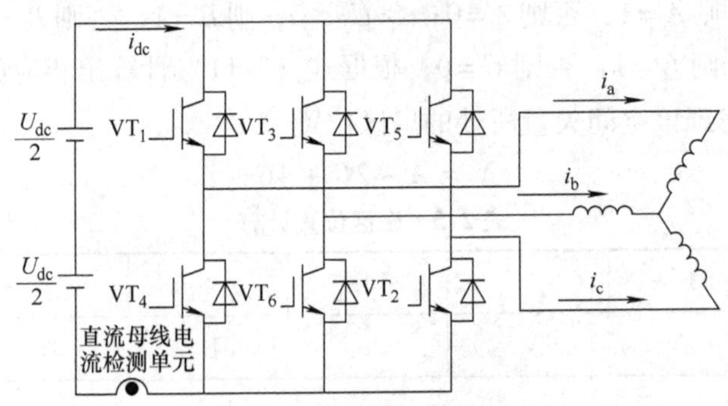

图 2-8 直流母线电流采样电路

直流母线瞬时电流与电机相电流之间的关系取决于逆变器的开关状态，即在不同的基本电压矢量作用下，开关的导通状态不同，致使电流的路径也不同。根据电流的路径便可推断出直流母线电流与电机相电流的关系。

以 $\boldsymbol{V}_1$（100）和 $\boldsymbol{V}_2$（110）为例，$\boldsymbol{V}_1$（100）作用时，VT_1、VT_6 和 VT_2 导通，VT_3、VT_5 和 VT_4 关断，电机 A 相电流 i_a 流过了直流母线。此时的直流母线电流 i_{dc} 与电机 A 相电流相等，即 $i_{dc}=i_a$，如图 2-9a 所示。$\boldsymbol{V}_2$（110）作用时，VT_1、VT_3 和 VT_2 导通，VT_5、VT_4 和 VT_6 关断，流过直流母线的为电机 A 相电流 i_a 和电机 B 相电流 i_b，此时的直流母线电流 $i_{dc}=i_a+i_b$，如图 2-9b 所示。由于电机三相电流 i_a、i_b、i_c 的关系为 $i_a+i_b+i_c=0$，故 $\boldsymbol{V}_2$（110）作用时，$i_{dc}=-i_c$。

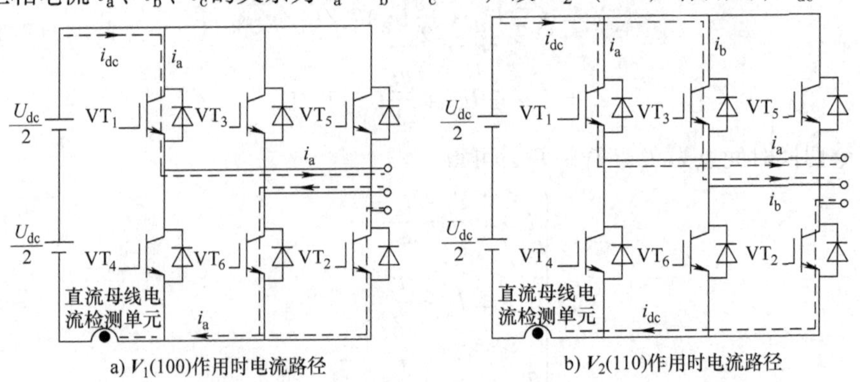

图 2-9 电压矢量 $\boldsymbol{V}_1$（100）和 $\boldsymbol{V}_2$（110）作用时的电流路径（彩图见插页）

零矢量作用时，逆变器只有上桥臂导通或只有下桥臂导通，无法形成通路，故直流母线上无电流，即 $i_{dc}=0$。

若令 S_n（$n=1，2，3$）表示逆变器第 n 个桥臂中上下两个开关的状态（$S_n=1$ 表示上桥臂导通，下桥臂关断；$S_n=0$ 表示下桥臂导通，上桥臂关断），则不同基本电压矢量作用时直流母线电流与电机相电流的关系可以表示为

$$i_{dc} = i_a S_1 + i_b S_2 + i_c S_3 \tag{2-14}$$

其具体关系见表 2-5。

表 2-5　直流母线电流与电机相电流的关系

基本电压矢量	$\boldsymbol{V}_1$（100）	$\boldsymbol{V}_2$（110）	$\boldsymbol{V}_3$（010）	$\boldsymbol{V}_4$（011）	$\boldsymbol{V}_5$（001）	$\boldsymbol{V}_6$（101）
直流母线电流	i_a	$-i_c$	i_b	$-i_a$	i_c	$-i_b$

2.4 相电流不可观测区域分析

采用七段式 SVPWM 方法时，在一个扇区内，分别有两个有效电压矢量和两个零矢量共同作用，如图 2-10 所示。由于 PWM 是对称的，将前半周期作为分析对象，设两个有效电压矢量的作用时间分别为 T_{sig1} 和 T_{sig2}。理想状态下，当开关状态切换后，直流母线上的电流会立即变化并瞬间稳定，那么只要在这两个时间段内任意时刻对直流母线电流进行采样，然后根据表 2-5 便可以得到所需的两相电流信息。

如图 2-10 所示，两次采用可以获得 A 相电流值 i_a 和 C 相电流的负值 $-i_c$。如果假设 A－D 转换能够瞬时完成，则无论有效电压矢量的作用时间为多少，采样始终有效且准确。但是在实际电路中，由于 IGBT 等开关器件的非理想性，往往需要一定的时间才能导通。另外考虑到 PWM 死区的影响，电流的实际导通时间与理想状态下相差甚远，如图 2-11 所示的第一阶段。同时，开关器件的寄生特性、运放摆率以及负载感抗均会限制电流的稳定速度，以至于电流上升后仍出现一段时间的振荡，如图 2-11 所示的第二阶段。在第三阶段，直流母线电流才能趋于稳定，此时采样才能获得准确的电流信息。但现有技术下，任何 A－D 转换都不可能瞬间完成转换，因此还应保证电流稳定时间大于 A－D 转换时间。

综上，为实现电流信息的精准采样，必须给予采样过程时间上的保证。将能采样到准确电流信息的最少所需时间定义为最小采样时间 T_{min} 为

$$T_{min} = T_{on} + T_{db} + T_{rise} + T_{sr} + T_{con} \tag{2-15}$$

式中，T_{on} 为 IGBT 导通时间；T_{db} 为死区时间；T_{rise} 为电流上升时间；T_{sr} 为电流振荡时间；T_{con} 为 A－D 转换时间。T_{min} 并非常量，其具体数值受开关器件、A－D转换芯片的性能影响。

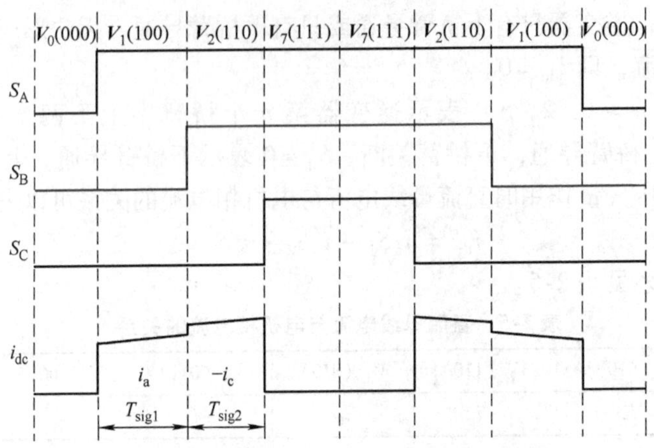

图 2-10 第 I 扇区 PWM 与直流母线电流

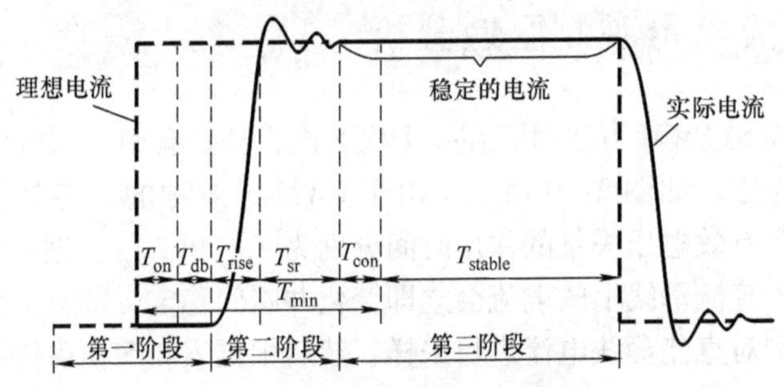

图 2-11 实际电流与理想电流

七段式 SVPWM 将电压矢量平均分成两份，分别分布在前后两个半周期。分散了有效矢量的作用时间，故在实际采样中，采样窗口时长最大只有其作用时间的二分之一。例如在 I 扇区，两个有效矢量 $\boldsymbol{V}_1$ 和 $\boldsymbol{V}_2$ 在前后半个周期的作用时间分别为 $t_1/2$ 和 $t_2/2$，则两个采样窗口最大时长分别为 $T_{sig1}=t_1/2$、$T_{sig2}=t_2/2$。根据前面最小采样时间的分析可知，只有当采样窗口时长均大于最小采样时间的情况下才能采样到准确的电流信息。因此，想要重构三相电流，两个有效电压的连续作用时间都必须达到最小采样时间。只要有一个采样窗口时长小于 T_{min}，三相电流就无法重构，将出现这种情况的区域称为不可观测区域。在实际的电机运行过程中，有两个特殊区域会出现上述情况。

当电机运行在扇区边界时，合成电压矢量会不断靠近某一基本电压矢量，另一电压矢量的作用时间逐渐被压缩，如图 2-12 所示。而当其连续作用时间被压缩到不满足最小采样时间时，采样失败，导致电流重构无法完成。因此，扇区边界属于不可观测区域，如图 2-13 所示。

图 2-14 所示为第一扇区的低调制区的 PWM 波形，可以看到，当电机运行

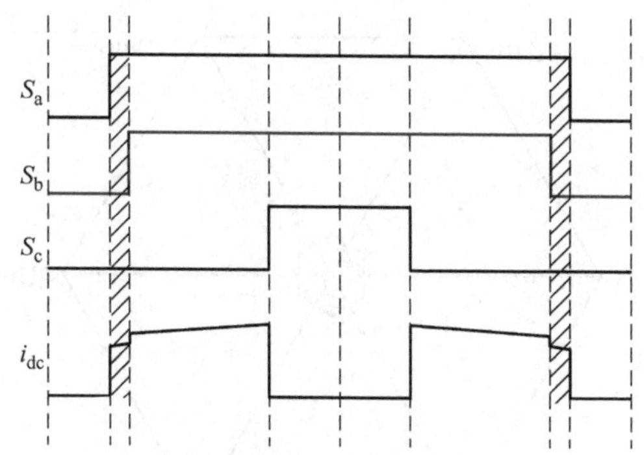

图 2-12　I 扇区边界 PWM 波形

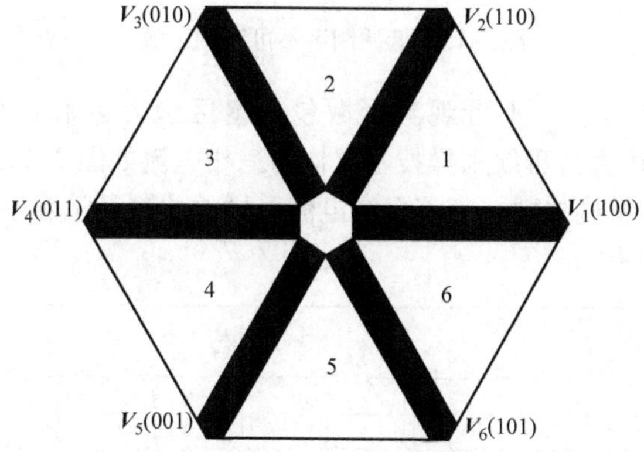

图 2-13　扇区边界不可观测区域

在该区域内，两个电流采样窗口时长均无法保证最小采样时间，即：$T_{sig1} \leqslant T_{min}$ 且 $T_{sig2} \leqslant T_{min}$，两次采样均无法完成。因此，低调制区也属于不可观测区域，如图 2-15所示。

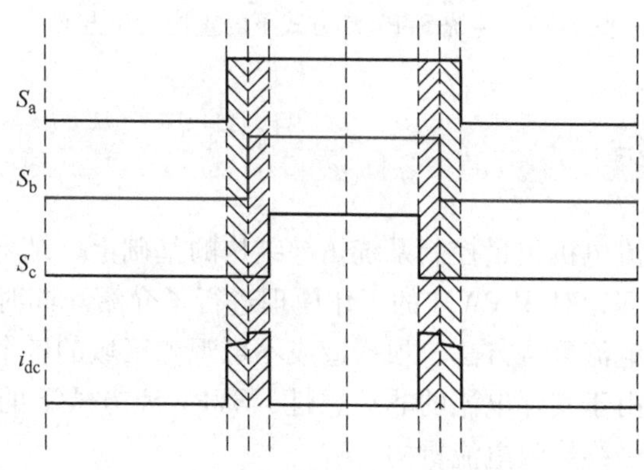

图 2-14　低调制区的 PWM 波形

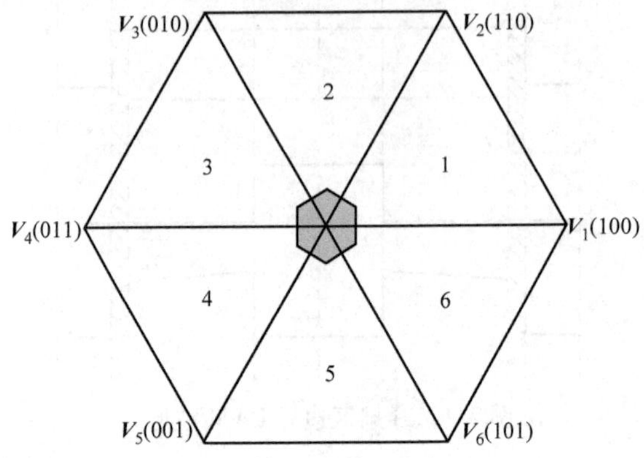

图 2-15 低调制区不可观测区域

通过上述分析可知，不可观测区域包括扇区边界区和低调制区。在传统 SVPWM 方式下利用直流母线采样技术重构的三相电流如图 2-16 所示，可见在不可观测区域，电流重构失败。直流母线电流采样的关键是消除扇区边界区和低调制区对电流采样的影响。

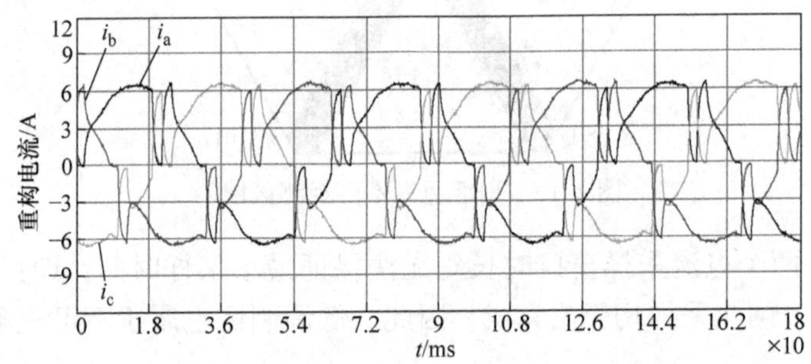

图 2-16 传统 SVPWM 方式下的重构三相电流

2.5 本章小结

本章在分析交流电机矢量控制系统拓扑结构的基础上，结合三相两电平电压源逆变器的工作原理，对 SVPWM 的工作原理进行了介绍。同时分析了直流母线采样技术原理及其电流重构方法。根据造成不可观测区域的各个因素定义了最小采样时间，指出了由于实际电流的非理想性，SVPWM 方式下的电流采样会出现不可观测区域，并最终导致电流重构失败。

参考文献

[1] BOLDEA I, NASAR S A. 现代电气传动 [M]. 2版. 尹华杰，译. 北京：机械工业出版社，2015.

[2] 邹军. 三相交流异步电机无速度传感器矢量控制研究 [D]. 成都：西南交通大学. 2012.

[3] 莫理莉. 基于滑模变结构的表面式永磁同步电机速度与位置控制 [D]. 广州：华南理工大学，2020.

[4] 丁铎. 永磁同步电机矢量控制驱动系统 [D]. 长春：长春工业大学，2020.

[5] HUANG Y, XU Y, ZHANG W, ZOU J. Hybrid periodic carrier frequency modulation technique based on modified svpwm to reduce the pwm noise [J]. IEEE Power Electronics, 2019, 12 (3): 515-520.

[6] LEE K, SHEN G, YAO W, et al. Performance Characterization of Random Pulse Width Modulation Algorithms in Industrial and Commercial Adjustable-Speed Drives [J]. IEEE Transactions on Industry Applications, 2017, 53 (2): 1078-1087.

[7] LIN CH W, ZHANG X M, JIANG Q G. Research on SVPWM Inverter Output Control Technology [C]. 2013.

[8] 刘安康. 全速范围永磁同步电机无传感器控制系统设计 [D]. 郑州：郑州轻工业大学，2019.

[9] 阮毅，陈伯时. 电力拖动自动控制系统：运动控制系统 [M]. 北京：机械工业出版社，2009.

[10] 黄济荣，秦绍铭. 电压源逆变器—异步鼠笼电机系统在变频调节时的稳态特性分析 [J]. 机车电传动，1980 (04): 6-29.

[11] 李帅，孙立志，刘兴亚，等. 永磁同步电机电流谐波抑制策略 [J]. 电工技术学报，2019, 34 (增刊1): 87-96.

[12] GE J J, ZHAO ZH M, YUAN L Q, et al. Direct power control based on natural switching surface for three-phase PWM rectifiers [J]. IEEE Transactions on Power Electronics, 2015, 30 (6): 2918-2922.

[13] 魏海峰，陆彦如，江廷宇，等. 考虑非观测区补偿的永磁同步电机单电阻采样重构 [J]. 电工技术学报，2018, 33 (12): 2695-2702.

[14] SONG S, XIA Z, ZHANG Z, et al. Control Performance Analysis and Improvement of a Modular Power Converter for Three-Phase SRM With Y-Connected Windings and Neutral Line [J]. IEEE Transactions on Industrial Electronics, 2016, 63 (10): 6020-6030.

[15] WANG C, LAN X, WANG C, et al. Analysis of the Unbalance Phenomenon Caused by the PWM Delay and Modulation Frequency Ratio Related to the CPS-PWM Strategy in an MMC System [J]. IEEE Transactions on Power Electronics, 2018: 1-1.

[16] 闫朝阳，张喆，李建霞，等. 单相高频链逆变器的解结耦单极性移相调制及其死区优化 [J]. 电工技术学报，2018, 33 (6): 1337-1346.

[17] 刘若平，屠卿瑞，李银红，等. 适用于交流保护整定的MMC-HVDC接入母线故障等效

模型［J］. 电力系统自动化，2019，43（18）：145－155.
［18］熊成林，刁飞，吴瑕杰，等. 单相变换器简化多电平 SVPWM 算法［J］. 电机与控制学报，2019，23（4）：56－66.
［19］倪瑞政，李庭，陈杰，等. 一种脉冲式死区补偿方法的研究［J］. 电工技术学报，2019，34（增刊2）：553－559.
［20］吴斌，卫三民，苏位峰，等. 大功率变频器及交流传动［M］. 北京：机械工业出版社，2015.
［21］张江涛. 电动汽车变流器及电机控制研究［D］. 包头：内蒙古科技大学，2020.
［22］贺旻逸. 基于双滑模观测器的无传感器永磁同步电机矢量控制［D］. 湘潭：湘潭大学，2020.
［23］赵雷廷，刁利军，张哲，等. 低开关频率下异步电机电流环的数字控制［J］. 中国电机工程学报，2014，34（021）：3456－3466.
［24］程小猛，陆海峰，瞿文龙，等. 用于逆变器死区补偿的空间矢量脉宽调制策略［J］. 清华大学学报（自然科学版），2008（07）：11－14.
［25］张海荣. 空间电压矢量逆变技术研究［D］. 厦门：厦门大学，2012.

第3章 直流母线电流采样空间矢量脉冲宽度调制

为了解决传统 SVPWM 与直流母线采样技术无法兼容的问题，本章通过插入测量矢量和补偿矢量提出了直流母线电流采样空间矢量脉冲宽度调制（Sampling Space Vector Pulse Width Modulation，SSVPWM）方法，有效地解决了不可观测区域电流无法准确被检测的问题。所提出的 SSVPWM 调制方法实现了不同调制度下的电流采样和重构，另外，该方法保持了 PWM 波形的对称性，易于数字化实现。同时，本章详细地给出了系统执行的实时结构。最后进行了匀速、变速、低调制度、电流突变等情况下的实验。

3.1 SSVPWM 工作原理

3.1.1 扇区边界区域解决方案

由第 2 章的分析可知，不可观测区包括扇区边界和低调制区域。在扇区边界，任意两相 PWM 的占空比较为接近，从而导致有效电压矢量的作用时间过短。在不可观测区域内，SSVPWM 首先在 PWM 波形中插入测量矢量，为保证能有充分的时间进行电流测量，插入测量矢量时间 T_{def} 应满足

$$T_{def} \geqslant T_{min} + T_{db} = 2T_{db} + T_{on} + T_{rise} + T_{sr} + T_{con} \tag{3-1}$$

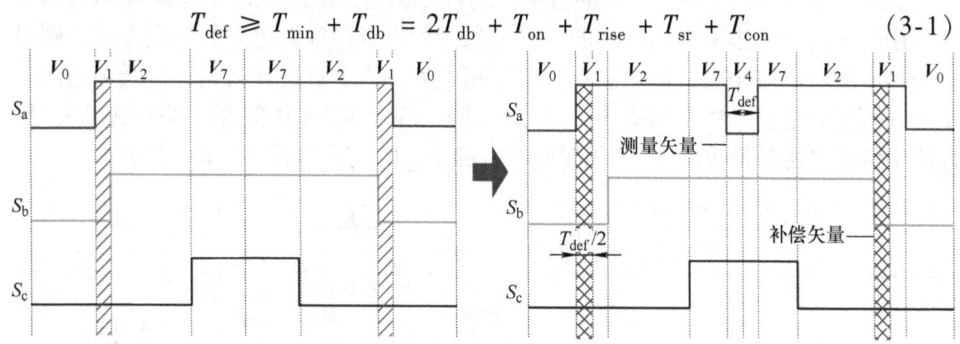

图 3-1 扇区边界 SSVPWM 示意图

如果 T_{def} 太短，重构电流的准确度将会降低。但 T_{def} 太长，又会引入额外的电流失真。为了确保精确的电流重构并同时减小电流失真，根据实验经验，这里令 $T_{def} = 1.2\ (T_{min} + T_{db})$。

为了不改变原有 PWM 的占空比和对称性，按照插入多少补偿多少的原则，

必须在该相 PWM 的两端进行补偿，S_a从低电平跳变到高电平处和从高电平跳变到低电平处分别向前和向后移 $T_{def}/2$，如图 3-1 所示[1-2]。

由于 PWM 波的插入和补偿，势必会在该扇区引入新的有效电压矢量，如图 3-1所示的 $\boldsymbol{V}_4$（011），作用时间为 T_{def}。令该扇区的合成电压为 $\boldsymbol{V}_{ref}$，作用时间为 T_s，各基本矢量占整个载波周期的比例为 $T_x = \dfrac{t_x}{T_s}$，可得在原 SVPWM 周期中

$$\boldsymbol{V}_{ref}T_s = \boldsymbol{V}_1T_1 + \boldsymbol{V}_2T_2 + \boldsymbol{V}_0T_0 + \boldsymbol{V}_7T_7 \tag{3-2}$$

而在 SSVPWM 中，令该扇区的合成电压为 $\boldsymbol{V}'_{ref}$：

$$\boldsymbol{V}'_{ref}T_s = \boldsymbol{V}_1(T_1 + T_{def}) + \boldsymbol{V}_2T_2 + \boldsymbol{V}_4T_{def} + \boldsymbol{V}_0(T_0 - T_{def}) + \boldsymbol{V}_7T_7 \tag{3-3}$$

又因

$$\begin{cases} \boldsymbol{V}_1 = -\boldsymbol{V}_4 \\ \boldsymbol{V}_0 = \boldsymbol{0} \\ \boldsymbol{V}_7 = \boldsymbol{0} \end{cases} \tag{3-4}$$

故

$$\boldsymbol{V}'_{ref}T_s = \boldsymbol{V}_1T_1 + \boldsymbol{V}_2T_2 + (\boldsymbol{V}_1 + \boldsymbol{V}_4)T_{def} + \boldsymbol{0} \tag{3-5}$$

即

$$\boldsymbol{V}'_{ref}T_s = \boldsymbol{V}_1T_1 + \boldsymbol{V}_2T_2 = \boldsymbol{V}_{ref}T_s \tag{3-6}$$

因此，SSVPWM 并没有改变合成电压矢量的大小和方向[3-4]。

3.1.2　低调制区域解决方案

在低调制区域，三相 PWM 的占空比均较为接近，因此在两个非零基本电压矢量作用时间内均无法采样到准确的电流信息。如果延用扇区边界的解决方案，则只有一相电流可以被获取，仍无法重构出三相电流。为了解决该问题，在低调制区域使用双测量矢量插入法。如图 3-2 所示，即在 PWM 周期中部插入两个测量矢量，且两个测量电压矢量 $\boldsymbol{V}_3$、$\boldsymbol{V}_4$作用时间 T_{lm1}和 T_{lm2}的关系如式（3-7）所示：

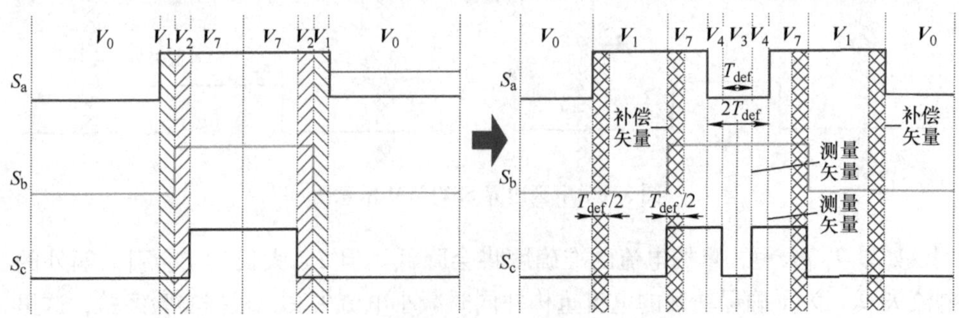

图 3-2　低调制区域 SSVPWM 示意图

$$T_{lm1} = T_{lm2} = T_{def} \tag{3-7}$$

由图 3-2 可知在扇区 I 低调制区域，SSVPWM 调制下的各基本电压矢量作用时间。根据向量间关系 $\boldsymbol{V}_4 = -\boldsymbol{V}_1$，$\boldsymbol{V}_3 = \boldsymbol{V}_2 - \boldsymbol{V}_1$，以及伏秒平衡原理，可以得到与式（3-6）相同的结论。

3.2 SSVPWM 电流重构

3.2.1 SSVPWM 电流采样策略

由于重构三相电压至少要获得两相电流信息，所以在一个 PWM 周期内必须对直流母线采样两次，如图 3-3 所示，令 T_1、T_2 和 T_3 分别为三相 PWM 上升沿时刻，T_{mid} 为 PWM 周期中间时刻。

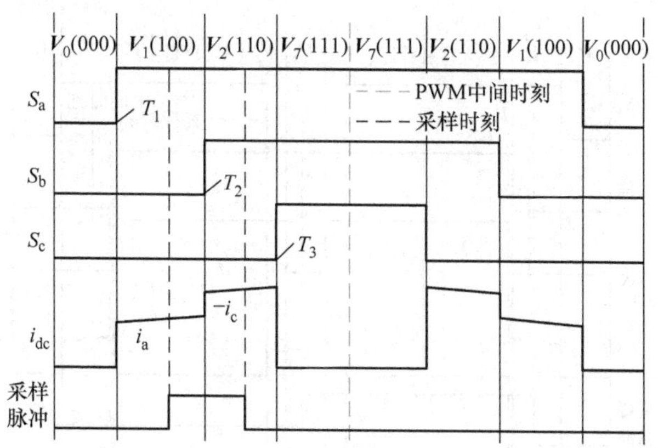

图 3-3　可观测区域采样时刻

仍以扇区I为例，在可观测区域，第一次采样时刻为 $T_{sample1} = (T_1 + T_2)/2 + T_{delay}$；第二次采样时刻为 $T_{sample2} = (T_2 + T_3)/2 + T_{delay}$，$T_{delay}$ 为采样延时时间。理论上采样脉冲应在 T_1 和 T_2 中间时刻触发采样，但根据 2.4 节的分析可知，电流稳定需要时间，虽然在中间时刻采样不用考虑 IGBT 导通和死区时间，但是仍然可能受到电流上升阶段以及运放器件的摆率的影响。为了排除这种影响，需要给予采样时刻一定的延时。

$$T_{delay} = T_{rise} + T_{sr} \tag{3-8}$$

如图 3-4 所示，在不可观测区域的扇区边界，第一次采样时刻为 $T_{sample1} = (T_2 + T_3)/2 + T_{delay}$；第二次采样时刻为 $T_{sample2} = T_{mid} + T_{delay}$。

如图 3-5 所示，在低调制区，第一次采样时刻为 $T_{sample1} = (T_2 + T_3 + T_{def})/2 + T_{delay}$；第二次采样不变，这里 T_1、T_2 和 T_3 分别为原三相 PWM 上升沿时刻。

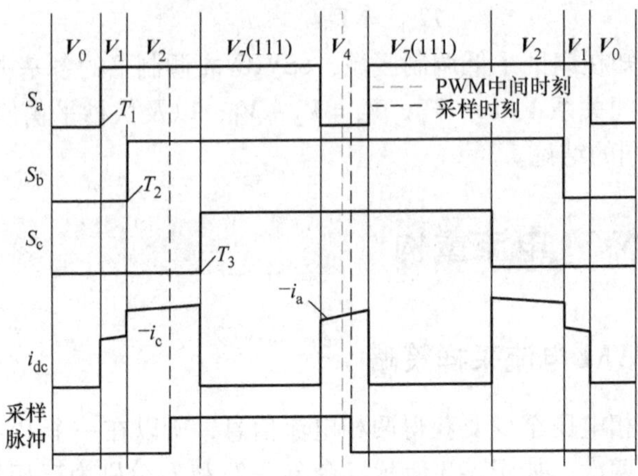

图 3-4 扇区边界采样时刻

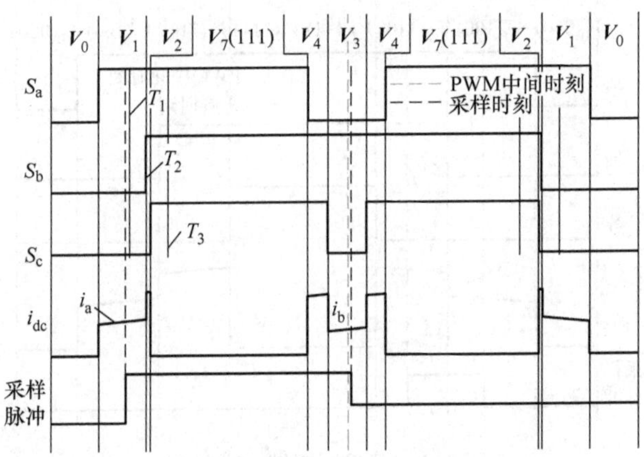

图 3-5 低调制区采样时刻

由上述分析可知，在原不可观测区内，当电压矢量作用时间小于 T_{min} 时，通过测量矢量获取相电流信息有效消除了不可观测区的影响。

3.2.2 SSVPWM 相电流重构策略

由于电流采样通常采用单极性 A－D 转换器，因此在电流信号处理电路中引入了直流偏置 S_{offset}。如图 3-4 和图 3-5 所示，令两次采样结果的数据分别为 S_{1th} 和 S_{2th}，直流母线电流检测单元的采样实际值 v_a、v_c 应为 $v_a = S_{1th} - S_{offset}$，$v_c = S_{2th} - S_{offset}$。因此，可求出实际相电流为

$$\begin{aligned} i_a &= Gv_a = G(S_{1th} - S_{offset}) \\ i_c &= -Gv_c = -G(S_{2th} - S_{offset}) \end{aligned} \tag{3-9}$$

式中，G 为直流母线电流检测电路的增益。已测得两相电流，可根据式 $i_a+i_b+i_c=0$ 求得第三相电流为

$$i_b=-i_a-i_c \tag{3-10}$$

图 3-6 展示了 PWM 脉冲产生系统执行的实序结构。

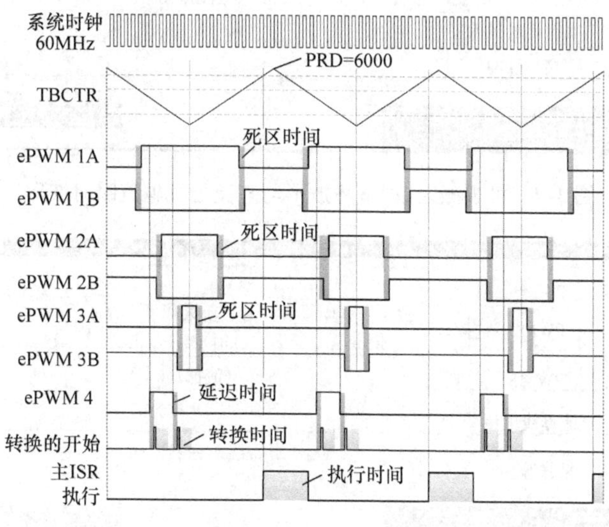

图 3-6　系统时序结构图

在 SSVPWM 工程实现中，PWM 与主中断共用同一个时钟频率。为了使采样更加精确，采用 PWM 中断单独触发，A－D 转换结束后，立即更新下一次采样的采样时刻。由于系统的 PWM 为上下计数模式，为了简化程序，保证 A－D 采样转换不占用太长时间，故均在向上计数时进行采样。另外，为保证采样的准确性，每次采样前均设置一次伪采样。同时在 PWM 的后半周期执行主中断，可保证数据处理时采样转换完全结束[5-6]。

3.3 实验及结果分析

图 3-7 为可观测区域内的 PWM 波形及电流采样时刻。可知，三路 PWM（死区时间为 2μs）跳变沿之间的相域充足，满足最小采样时间。图 3-8 和图 3-9分别为不可观测区域中扇区边界和低调制区的 PWM 波形及电流采样时刻。可以看到在 PWM 周期内的相应位置被插入了测量矢量和补偿矢量，其中 $T_{def}=6\mu s$。系统对可观测区域与不可观测区域进行准确划分，且采样脉冲能够准确触发。

由于死区和 IGBT 导通时间的限制，直流母线电流并未在 PWM 上跳沿处立

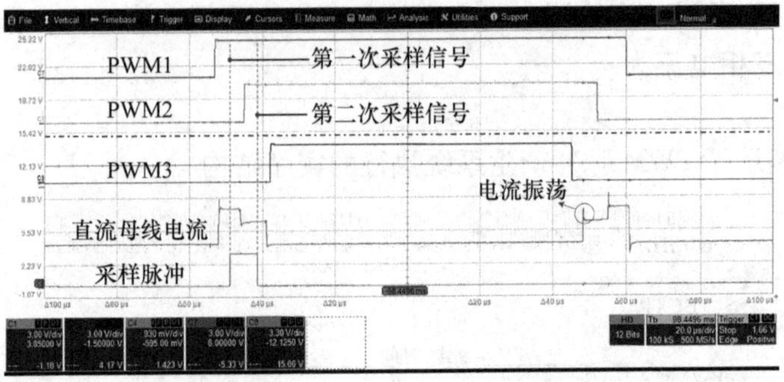

图 3-7 可观测区域 PWM 波形与直流母线电流瞬时波形

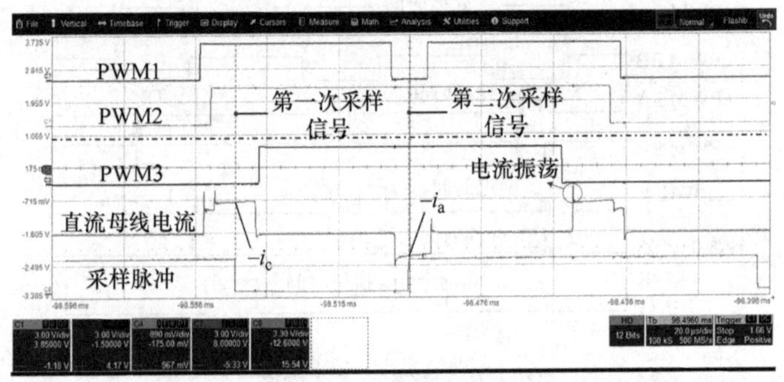

图 3-8 扇区边界的 PWM 波形与直流母线电流瞬时波形

即出现。同时受开关器件的寄生特性、运放摆率等因素的影响，电流上升后出现了一段时间的振荡，均在图 3-7、图 3-8 以及图 3-9 中得到了体现，故实际采样时间是在采样脉冲出现后延时 $T_{delay}=1\mu s$ 进行采样的。

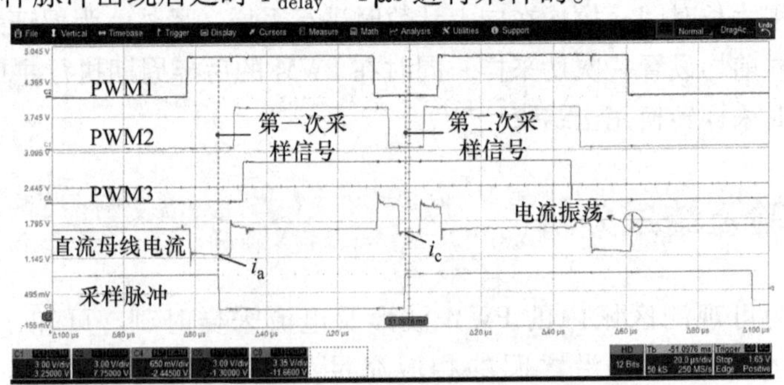

图 3-9 低调制区的 PWM 波形与直流母线电流瞬时波形

图 3-10a 给出了相电流为 3A 时的实际波形和重构波形。在 SSVPWM 调制方式下，重构出的相电流与实际电流波形基本一致。此外，由于采样转换时间以及相电流重构算法的执行，必须消耗一定的时间，所以相比于实际电流，重构电流

的相位出现了少许延迟。图 3-11a 给出了相电流为 4.5A 时的实际波形和重构波形。

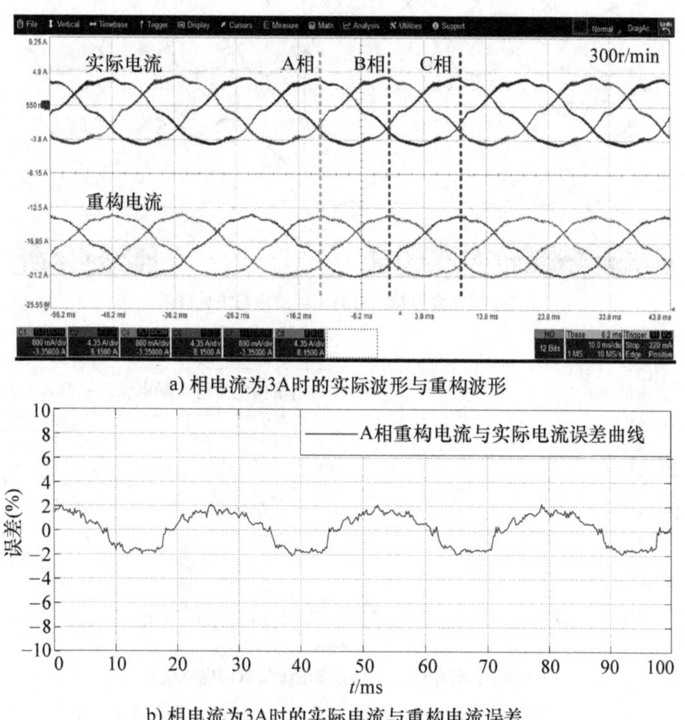

a) 相电流为3A时的实际波形与重构波形

b) 相电流为3A时的实际电流与重构电流误差

图 3-10　相电流为 3A 时的实际电流与重构电流波形

图 3-10b 和图 3-11b 分别为相电流为 3A 和 4.5A 时实际电流与重构电流的误差。误差 e 可由式（3-11）求得：

$$e = \frac{I_{\text{measured}} - I_{\text{reconstructed}}}{I_{\text{measured}}} \times 100\% \tag{3-11}$$

式中，I_{measured} 为实际相电流；$I_{\text{reconstructed}}$ 为重构相电流。可见，相电流不同时，SSVPWM 方法均可对相电流进行采样和重构。

为了验证相电流重构方法的动态特性，本实验对电机不同速度阶段的电流波形进行了测试。图 3-12 为电机从静止到起动到运行整个过程中 A 相电流的实际波形和重构波形。可以看到，无论是在变速还是在匀速阶段，相电流都能准确地被重构。

在实际的电机控制系统中，重构电流是否能够准确地跟踪到实际电流的变化是至关重要的。实验中，通过在电机平稳运行时突然改变实际相电流，以验证 SSVPWM 方法的动态性能。结果表明，该方法所重构出的相电流，能准确跟踪到实际电流的变化，如图 3-13 所示。

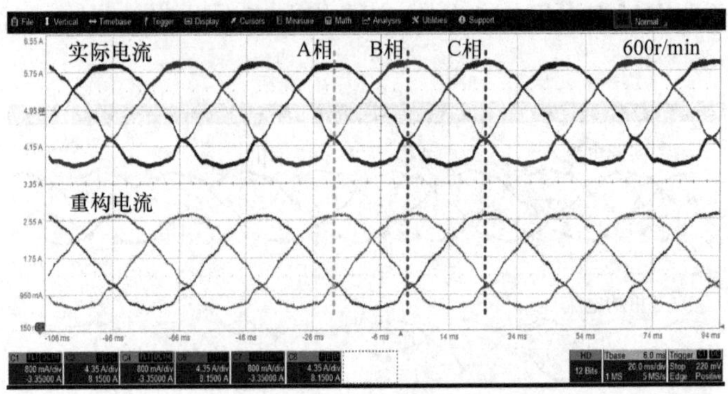

a) 相电流为4.5A时的实际波形与重构波形

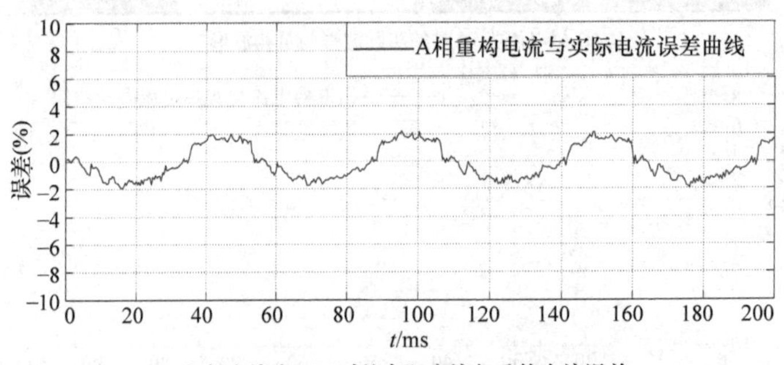

b) 相电流为4.5A时的实际电流与重构电流误差

图 3-11 相电流为 4.5A 时的实际电流与重构电流波形

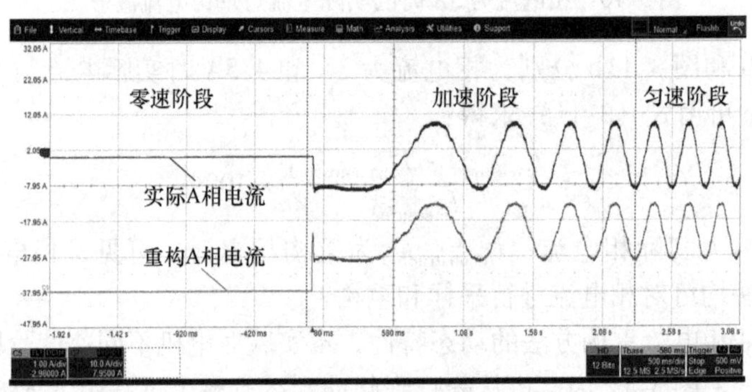

图 3-12 电机起动过程中的 A 相电流波形

图 3-14 为低调制区的实际相电流和重构相电流波形，调制度 $m=0.15$，转速 $r=150\text{r/min}$。可以看到，相电流能够较好地被重构，但由于两个电压矢量的插入，三相电流畸变率有所增加。

为了直观验证 SSVPWM 对相电流的影响，设定转速为 600r/min，在相同的

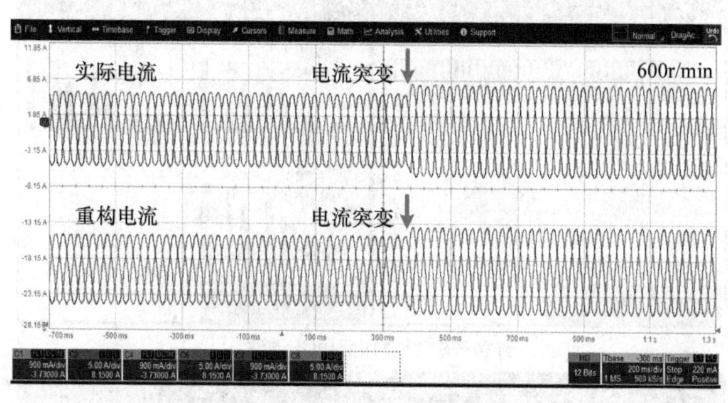

图 3-13　电流突变时刻波形

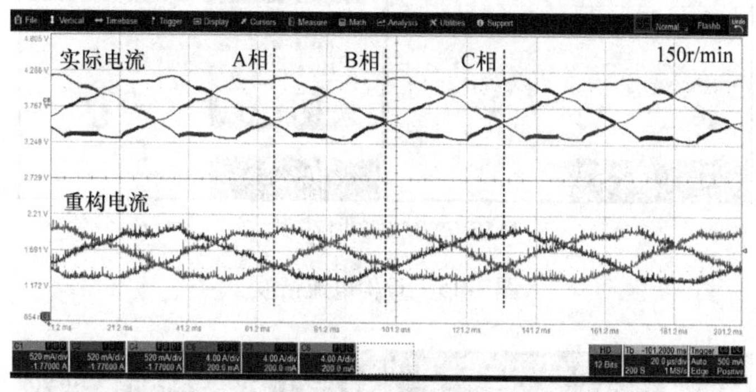

图 3-14　低调制区的重构电流与实际电流波形

直流母线采样和相电流重构策略下，分别使用 SVPWM 和 SSVPWM 两种调制方式获得三相重构电流波形，并对重构电流进行谐波分析和畸变率计算。

图 3-15a 给出了传统 SVPWM 方式下，直流母线采样重构电流波形以及由 MDA805A 电驱动分析仪得出的谐波分析结果。可以看出，该调制方式下的重构电流谐波含量很高，高频谐波超过了 14%。在图 3-15b 中，SSVPWM 方式下的三相重构电流谐波含量明显减少，高频谐波含量衰减到不足 3%。

图 3-16a 和 b 分别为采用 SVPWM 和 SSVPWM 方式时的三相重构电流畸变率。可知，SVPWM 能够在多数区域重构出相电流，但在不可观测区域失真较为严重，三相重构电流的畸变率均在 4% 左右。SSVPWM 方法的三相重构电流畸变率相对较低，平均只有 1.35%，与前面的理论分析基本一致。

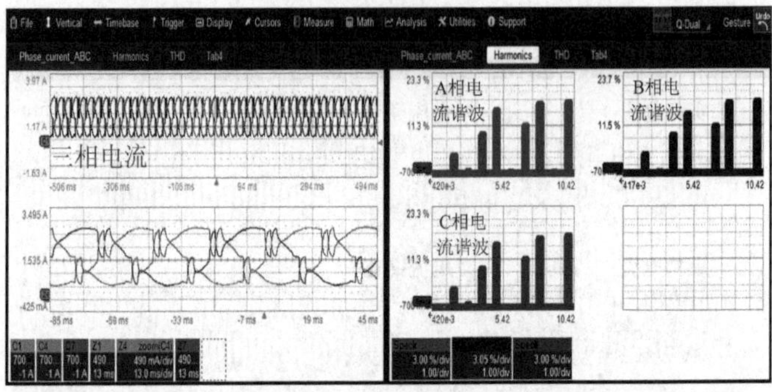

a) 传统SVPWM重构电流谐波

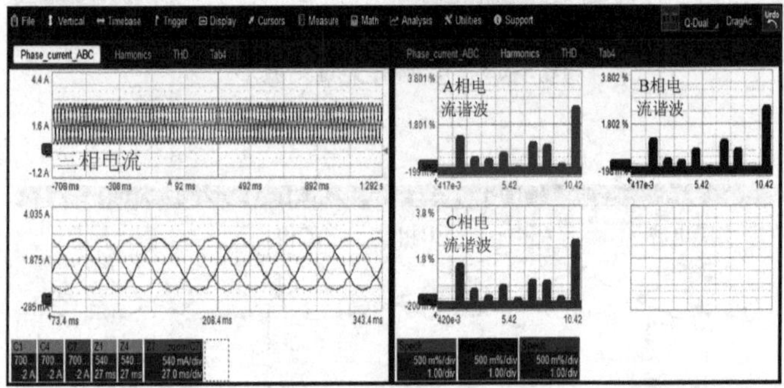

b) SSVPWM重构电流谐波

图 3-15　重构电流谐波

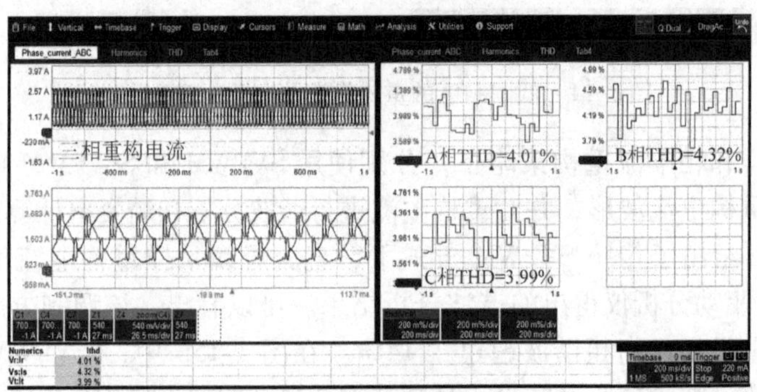

a) SVPWM重构电流畸变率

图 3-16　重构电流畸变率

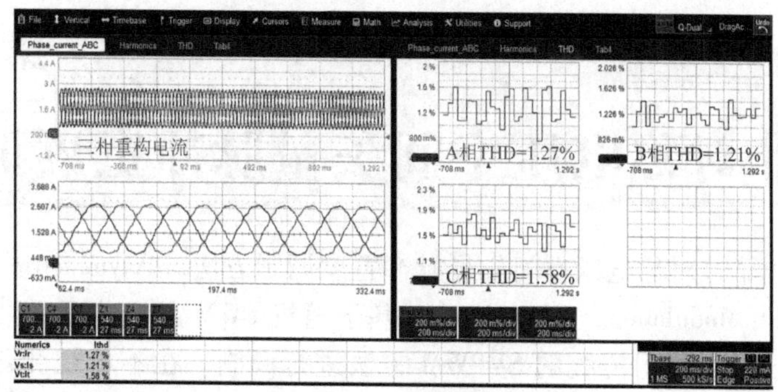

b) SSVPWM重构电流畸变率

图 3-16　重构电流畸变率（续）

3.4 本章小结

针对传统 SVPWM 无法兼容直流母线电流采样技术的问题，本章提出了一种直流母线电流采样空间矢量脉冲宽度调制（SSVPWM）方法。通过实验验证，所提出方法的有效性体现在：

1）SSVPWM 方法不改变原 PWM 的占空比和对称性，保持了 SVPWM 良好的动静态特性，可实现不可观测区域三相电流的重构。

2）SSVPWM 方法有效地避免了由于死区时间、运放摆率等因素引起的电流延时以及振荡所导致电流采样不准确的问题，提升了电流采样准确度。

3）SSVPWM 方法的电流采样误差低于 2%、相电流高次谐波含量低于 3%、三相电流畸变率低于 1.6%。

参 考 文 献

[1] 申永鹏，郑竹风，杨小亮，等．直流母线电流采样电压空间矢量脉冲宽度调制［J］．电工技术学报，2021，36（8）：1617－1627.

[2] SHEN Y，ZHENG Z，WANG Q，et al. DC bus current sensed space vector pulsewidth modulation for three－phase inverter［J］．IEEE Transactions on Transportation Electrification，2020，7（2）：815－824.

[3] 阮毅，杨影，陈伯时．电力拖动自动控制系统：运动控制系统［M］．5 版．北京：机械工业出版社，2016.

[4] 潘月斗，楚子林．现代交流电机控制技术［M］．北京：机械工业出版社，2018.

[5] 李永东，郑泽东．交流电机数字控制系统［M］．3 版．北京：机械工业出版社，2017.

[6] 袁登科，徐延东，李秀涛．永磁同步电动机变频调速系统及其控制［M］．北京：机械工业出版社，2015.

第4章 非对称电压空间矢量脉冲宽度调制

本章提出了非对称电压空间矢量脉冲宽度调制方法（Asymmetric Space Vector Pulse Width Modulation，ASVPWM）。基于随机PWM的基本思路[1-4]，该方法在可观测区域时使用传统的SVPWM方法进行调制，在不可观测区域时则对PWM进行随机移相，使得随机移相后的有效电压矢量作用时间大于最小采样时间，从而解决不可观测区域电流无法被采样的问题。另外通过对随机移相后所有PWM波形相位情况进行分析，设计出了相应的电流采样及重构算法，实现了相电流重构。

4.1 ASVPWM工作原理

所提方案的基本原理是通过随机数发生器的输出，随机选择脉冲位置来移动一个PWM信号的相位[1-2]。令 t_i（$i=1，2，3$）表示PWM信号中 S_n 的上升沿时刻（$n=$a，b，c），PWM移相规则见表4-1。例如，PWM1和PWM2的占空比相对接近，有效电压矢量 $\boldsymbol{V}_1$（100）的作用时间短于 $T_{\min}$（$t_1-t_2<T_{\min}\&t_2-t_3>T_{\min}\&t_1-t_3>T_{\min}$），因此只能获得一相电流信息。此时，$S_a$ 信号会被随机移位，以确保获得另一相电流信息所需的最小采样时间。

表4-1 PWM信号移相规则

采样窗口时长	S_e	PWM移相选择
$t_1-t_2>T_{\min}\&t_2-t_3>T_{\min}\&t_1-t_3>T_{\min}$	0	无
$t_1-t_2<T_{\min}\&t_2-t_3>T_{\min}\&t_1-t_3>T_{\min}$	1	S_a
$t_1-t_2>T_{\min}\&t_2-t_3<T_{\min}\&t_1-t_3>T_{\min}$	2	S_b
$t_1-t_2>T_{\min}\&t_2-t_3>T_{\min}\&t_1-t_3<T_{\min}$	3	S_c

表4-1中，S_e 为区分采样窗口情况的判断值，共有四类，每种情况均使用不同的 S_e 值表示。当 $S_e=0$ 时，两个采样窗口时长均大于最小采样时间，仍使用SVPWM调制方法，不发生移相。

当 S_e 等于1、2或3时，S_a、S_b 或 S_c 会被移相，如何实现移相是下一步的关键。首先，为了实现移相，在不可观测区产生了一个与传统SVPWM载波频率相同但峰值和单调性不同的非对称载波。传统SVPWM和ASVPWM的载波函数分别如式（4-1）和式（4-2）所示[6-7]。

$$f_{\text{carrir1}}(t) = \int_0^t [\varepsilon(x - \frac{T_s}{2}) - A] dx \tag{4-1}$$

$$f_{\text{carrir2}}(t) = \begin{cases} 0 & t = nT_s \\ \int_0^{t-nT_s} x dx & nT_s < t \leqslant (n+1)nT_s \end{cases} \tag{4-2}$$

式中，$\varepsilon(x)$函数是阶跃函数；A 为载波峰值；T_s为载波周期。

随机数决定了 PWM 移相后超前或滞后的相位，但移相后的 PWM 需满足下列要求：① 发生移相的 PWM 上跳沿时刻与占空比相近的一路 PWM 上跳沿时刻距离必须大于 T_{min}。② 在一个 PWM 周期内，发生移相的一路 PWM 波形必须完整。为了满足上述要求，随机数 $R_{1\text{former}}$的取值应为

$$R_{1\text{former}} = \text{ran}(0,1) \times 2A(1 - C) \tag{4-3}$$

式中，C 为占空比。移相后该路 PWM 信号的上升时间和下降时间 t_a和 t_b为

$$\begin{cases} t_a = R_{1\text{former}} \\ t_b = R_{1\text{later}} = T_s - 2(\frac{T_s}{2} - t_a) \end{cases} \tag{4-4}$$

另外，根据前面的分析可知，当 S_e的值不同时，PWM 信号的上升沿时刻的赋值也不相同，若使用 T_a、T_b和 T_c表示完成移相后 S_a、S_b和 S_c的上升沿时刻，其情况如式（4-5）所示：

$$[T_a \quad T_b \quad T_c] = \begin{cases} [t_1 \quad t_2 \quad t_3] & S_e = 0 \\ [t_a \quad t_2 \quad t_3] & S_e = 1 \\ [t_1 \quad t_a \quad t_3] & S_e = 2 \\ [t_1 \quad t_2 \quad t_a] & S_e = 3 \end{cases} \tag{4-5}$$

如图 4-1 所示，第一个周期为原第 I 扇区内的可观测区域，此时使用的仍是 SVPWM 方法；第二个周期为不可观测区域的原始 SVPWM 波形，可以看到有效矢量 $\boldsymbol{V}_1$（100）的作用时间过短，无法准确采样到电流信息，故需改变调制方

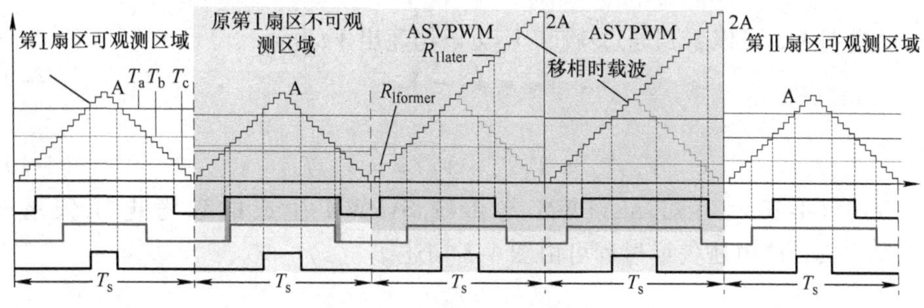

图 4-1　ASVPWM 原理

法；第三和第四周期为使用 ASVPWM 后的 PWM 波形，在一个 PWM 内出现了两个以上可靠的电流采样窗口。

但是，移相后原有效矢量的作用时间会被增加或减少，甚至还引入了新的有效电压矢量。图 4-2 展示了移相前后各电压矢量的作用时间，可以明显看出，移相后，新的电压矢量 $\boldsymbol{V}_3$ 被引入。

PWM信号	SVPWM							ASVPWM						
电压矢量	V_0	V_1	V_2	V_7	V_2	V_1	V_0	V_0	V_1	V_2	V_7	V_2	V_3	V_0
S_a									T_m					
S_b														
S_c														
开关时间	$\frac{T_0}{2}$	$\frac{T_1}{2}$	$\frac{T_2}{2}$	T_7	$\frac{T_2}{2}$	$\frac{T_1}{2}$	$\frac{T_0}{2}$	$\frac{T_0'}{2}$	T_1'	T_{21}'	T_7	T_{22}'	T_3	$\frac{T_0'}{2}$
等价关系	$T_1'=T_1/2+T_m$				$T_2'=T_2+T_1/2-T_m$						$T_3=T_m-T_1/2$			

图 4-2 移相前后基本电压矢量作用时间

仍定义合成电压矢量是 $\boldsymbol{V}_{\text{ref}}$，在传统的 SVPWM 周期中，根据伏秒平衡原理，合成电压矢量表示为式（4-6）：

$$\boldsymbol{V}_{\text{ref}}T_s = \boldsymbol{V}_1T_1 + \boldsymbol{V}_2T_2 + \boldsymbol{V}_0T_0 + \boldsymbol{V}_7T_7 \tag{4-6}$$

式中，T_1 为 $\boldsymbol{V}_1$（100）的作用时间；T_2 为 $\boldsymbol{V}_2$（110）的作用时间；T_0 和 T_7 为两个零电压空间矢量的作用时间。

定义 ASVPWM 生成的电压矢量 $\boldsymbol{V}'_{\text{ref}}$ 为

$$\boldsymbol{V}'_{\text{ref}}T_s = \boldsymbol{V}_1T'_1 + \boldsymbol{V}_2T'_2 + \boldsymbol{V}_3T_3 + \boldsymbol{V}_0T_0 + \boldsymbol{V}_7T_7 \tag{4-7}$$

$\boldsymbol{V}'_{\text{ref}}$ 可写作

$$\boldsymbol{V}'_{\text{ref}}T_s = \boldsymbol{V}_1\left(\frac{T_1}{2} + T_m\right) + \boldsymbol{V}_2\left(T_2 + \frac{T_1}{2} - T_m\right) + \boldsymbol{V}_3\left(T_m - \frac{T_1}{2}\right) \tag{4-8}$$

通过图 4-3 可以看到通过 $\boldsymbol{V}_1$ 和 $\boldsymbol{V}_2$ 可以构建出 $\boldsymbol{V}_3$ 为

$$\boldsymbol{V}_3 = \boldsymbol{V}_2 - \boldsymbol{V}_1 \tag{4-9}$$

故

$$\boldsymbol{V}'_{\text{ref}}T_s = \boldsymbol{V}_1T_1 + \boldsymbol{V}_2T_2 = \boldsymbol{V}_{\text{ref}}T_s \tag{4-10}$$

由式（4-10）可知 ASVPWM 与传统 SVPWM 生成的参考电压矢量等效[3-4]。其合成电压矢量过程可由图 4-3 描述。

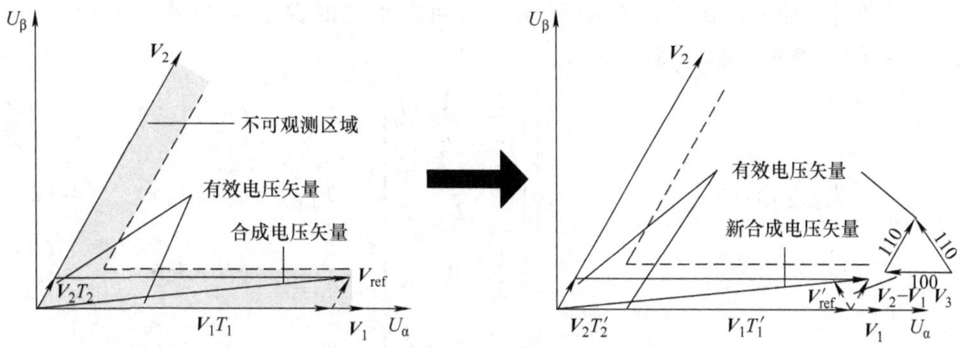

图 4-3　移相前后合成电压矢量图

4.2　ASVPWM 电流重构

4.2.1　ASVPWM 电流采样策略

在 ASVPWM 调制中，采样主要分为两种情况。

第一种情况是在原可观测区域进行采样，在该区域，PWM 波形保持传统 SVPWM 不变，电流观测窗口时长足够完成采样，一个载波周期内采样两次。以图 4-4 所示的 I 扇区为例，为了保证采样时电流基本稳定，第一次采样时间为 $T_{sample1} = (T_a + T_b)/2 + T_{delay}$，第二次采样时间为 $T_{sample2} = (T_b + T_c)/2 + T_{delay}$，$T_{delay}$ 为采样延迟。

$$T_{delay} = T_{rise} + T_{sr} \tag{4-11}$$

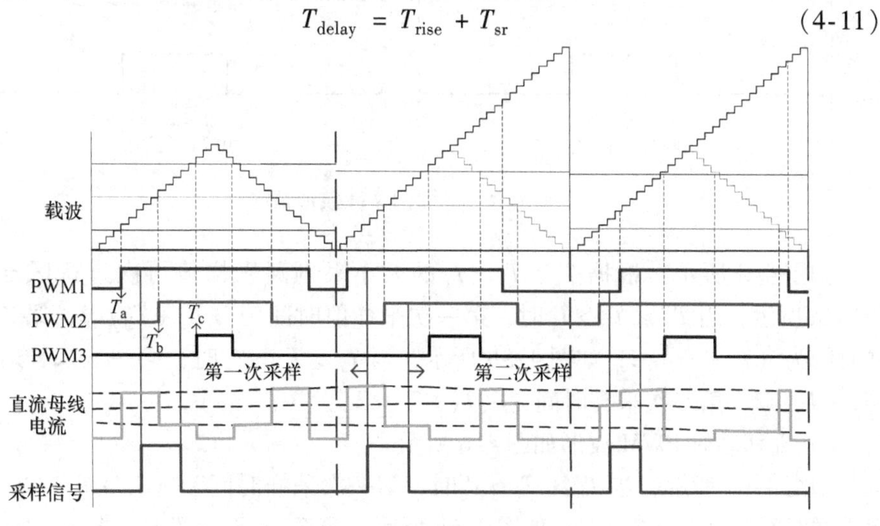

图 4-4　I 扇区采样时刻和直流母线电流

同理可推导出，在原可观测区域内的两次采样时刻分别为式（4-12）和式（4-13），其中参数 N 是扇区号。

$$T_{\text{sample1}}=[T_a \quad T_b \quad T_c]\cdot\begin{cases}\left[\frac{1}{2} \quad \frac{1}{2} \quad 0\right]^{\mathrm{T}}+T_{\text{delay}} & (N=1,2)\\ \left[0 \quad \frac{1}{2} \quad \frac{1}{2}\right]^{\mathrm{T}}+T_{\text{delay}} & (N=3,4)\\ \left[\frac{1}{2} \quad 0 \quad \frac{1}{2}\right]^{\mathrm{T}}+T_{\text{delay}} & (N=5,6)\end{cases} \tag{4-12}$$

$$T_{\text{sample2}}=[T_a \quad T_b \quad T_c]\cdot\begin{cases}\left[0 \quad \frac{1}{2} \quad \frac{1}{2}\right]^{\mathrm{T}}+T_{\text{delay}} & (N=1,6)\\ \left[\frac{1}{2} \quad 0 \quad \frac{1}{2}\right]^{\mathrm{T}}+T_{\text{delay}} & (N=2,3)\\ \left[\frac{1}{2} \quad \frac{1}{2} \quad 0\right]^{\mathrm{T}}+T_{\text{delay}} & (N=4,5)\end{cases} \tag{4-13}$$

第二种情况是在原不可观测区域进行采样，三路 PWM 的其中一路已经发生了移相，由于移相的多少是由随机数决定的，所以该路 PWM 波形可能出现在周期内的任意位置，具体又可细分为以下情况：

（1）在第Ⅰ扇区，S_a和 S_b发生移相。

1）S_a移动时 PWM 波形如图 4-5 所示。

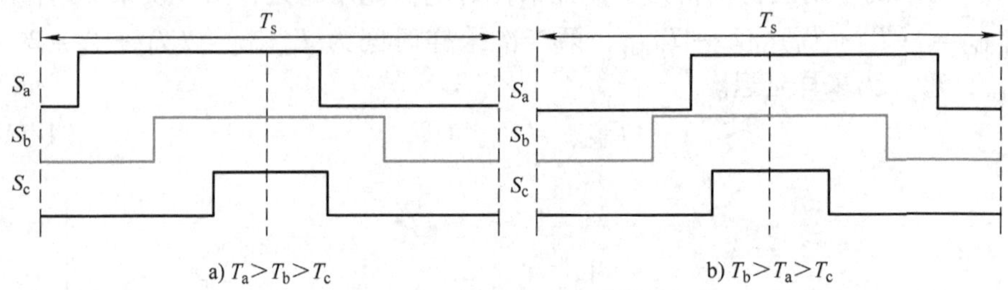

a) $T_a>T_b>T_c$　　b) $T_b>T_a>T_c$

图 4-5　S_a移动时 PWM 波形情况

如图 4-5 所示，根据 T_a、T_b、T_c 的大小来判断采样值再次进行区分。如图 4-5a所示，当 $T_a > T_b > T_c$时，第一次采样值时间为（T_a+T_b）/2，第二次采样时间为（T_c+T_b）/2；如图 4-5b 所示，当 $T_b > T_a > T_c$时，第一次采样时间为（T_a+T_b）/2，第二次采样时间为（T_a+T_c）/2。

2）S_b移动时 PWM 波形如图 4-6 所示。

如图 4-6a 所示，当 $T_b > T_a > T_c$时，第一次采样时间为（T_a+T_b）/2，第二次采样时间为（T_a+T_c）/2；如图 4-6b 所示，当 $T_a > T_b > T_c$时，第一次采样时间为（T_a+T_b）/2，第二次采样时间为（T_c+T_b）/2；如图 4-6c 所示，当 $T_a >$

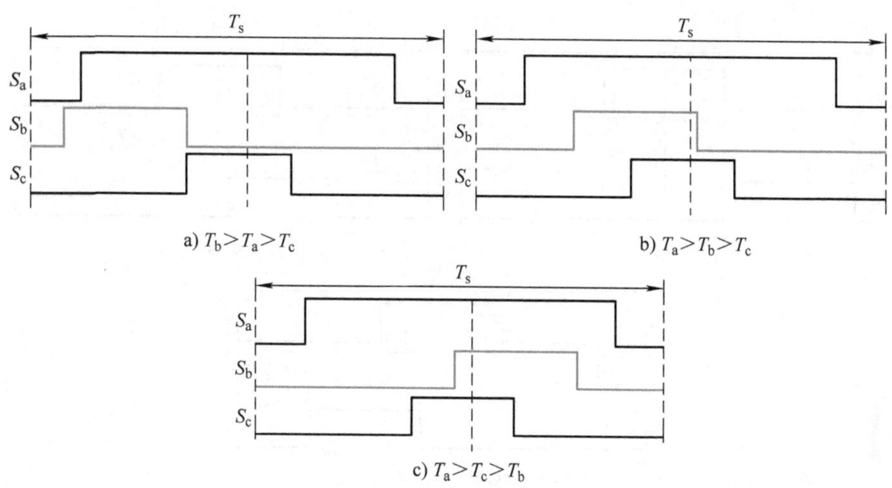

图 4-6　S_b移动时 PWM 波形情况

$T_c > T_b$时，第一次采样时间为（$T_a + T_c$)/2，第二次采样值为时间为（$T_c + T_b$)/2。

（2）在第Ⅱ扇区，S_a和S_c发生移相，有以下几种情况。

1）S_a移动时 PWM 波形如图 4-7 所示。

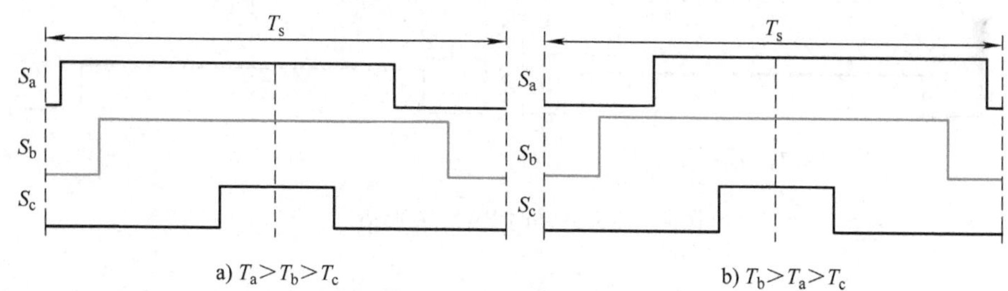

图 4-7　S_a移动时 PWM 波形情况

如图 4-7a 所示，当$T_a > T_b > T_c$时，第一次采样时间为（$T_a + T_b$)/2，第二次采样时间为（$T_b + T_c$)/2；如图 4-7b 所示，当$T_b > T_a > T_c$时，第一次采样值时间为（$T_a + T_b$)/2，第二次采样时间为（$T_a + T_c$)/2。

2）S_c移动时 PWM 波形如图 4-8 所示。

如图 4-8a 所示，当$T_c > T_b > T_a$时，第一次采样时间为（$T_c + T_b$)/2，第二次采样时间为（$T_a + T_b$)/2；如图 4-8b 所示，当$T_b > T_c > T_a$时，第一次采样时间为（$T_c + T_b$)/2，第二次采样时间为（$T_a + T_c$)/2；如图 4-8c 所示，当$T_b > T_a > T_c$时，第一次采样时间为（$T_a + T_b$)/2，第二次采样时间为（$T_a + T_c$)/2。

（3）在第Ⅲ扇区，S_b和S_c发生移相，有以下几种情况。

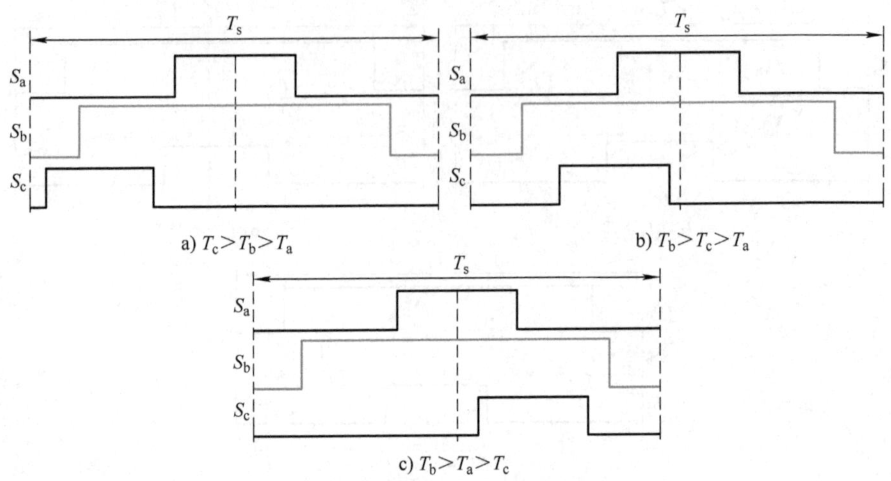

a) $T_c>T_b>T_a$　　b) $T_b>T_c>T_a$　　c) $T_b>T_a>T_c$

图 4-8　S_c移动时 PWM 波形情况

1）S_b移动时 PWM 波形如图 4-9 所示。

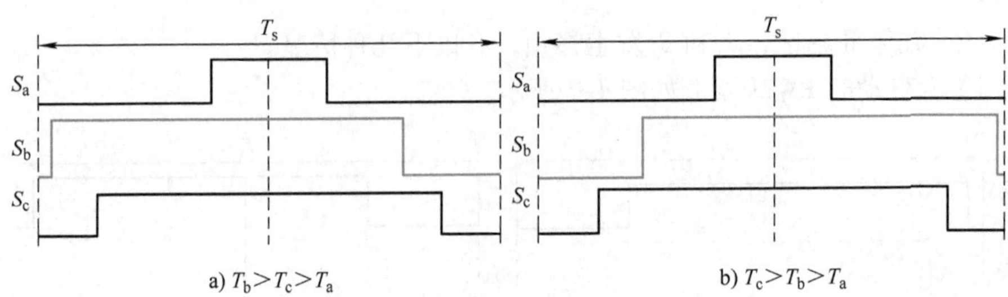

a) $T_b>T_c>T_a$　　b) $T_c>T_b>T_a$

图 4-9　S_b移动时 PWM 波形情况

如图 4-9a 所示，当 $T_b > T_c > T_a$时，第一次采样时间为（$T_b + T_c$）/2，第二次采样时间为（$T_a + T_c$）/2；如图 4-9b 所示，当 $T_c > T_b > T_a$时，第一次采样时间为（$T_c + T_b$）/2，第二次采样时间为（$T_a + T_b$）/2。

2）S_c移动时 PWM 波形如图 4-10 所示。

如图 4-10a 所示，当 $T_c > T_b > T_a$时，第一次采样时间为（$T_c + T_b$）/2，第二次采样时间为（$T_a + T_b$）/2；如图 4-10b 所示，当 $T_b > T_c > T_a$时，第一次采样时间为（$T_c + T_b$）/2，第二次采样时间为（$T_a + T_c$）/2；如图 4-10c 所示，当 $T_b > T_a > T_c$时，第一次采样时间为（$T_a + T_b$）/2，第二次采样时间为（$T_a + T_b$）/2。

（4）在第Ⅳ扇区，S_a和 S_b会发生移相，有以下几种情况。

1）S_a移动时 PWM 波形如图 4-11 所示。

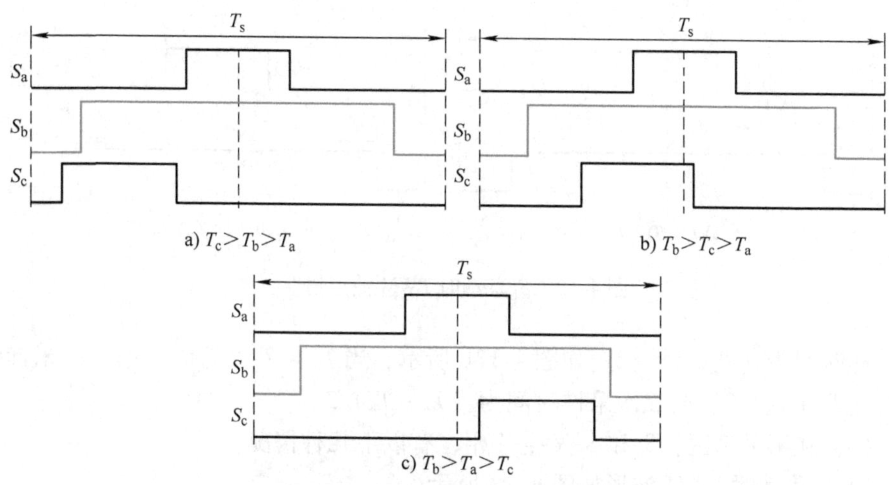

图 4-10　S_c移动时 PWM 波形情况

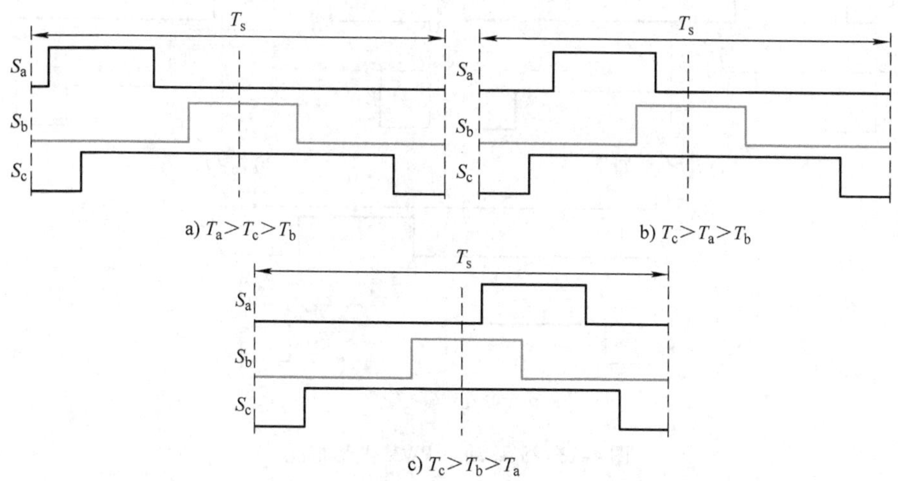

图 4-11　S_a移动时 PWM 波形情况

如图 4-11a 所示，当 $T_a > T_c > T_b$时，第一次采样时间为（$T_a + T_c$)/2，第二次采样时间为（$T_c + T_b$)/2；如图 4-11b 所示，当 $T_c > T_a > T_b$时，第一次采样时间为（$T_c + T_b$)/2，第二次采样时间为（$T_a + T_b$)/2；如图 4-11c 所示，当 $T_c > T_b > T_a$时，第一次采样时间为（$T_c + T_b$)/2，第二次采样时间为（$T_a + T_b$)/2。

2）S_b移动时 PWM 波形如图 4-12 所示。

如图 4-12a 所示，当 $T_b > T_c > T_a$时，第一次采样时间为（$T_c + T_b$)/2，第二

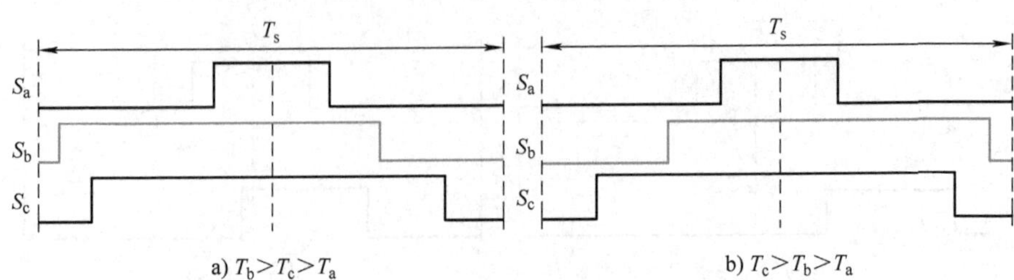

图 4-12 S_b移动时 PWM 波形情况

次采样时间为（$T_a + T_c$）/2；如图 4-12b 所示，当$T_c > T_b > T_a$时，第一次采样时间为（$T_c + T_b$）/2，第二次采样时间为（$T_a + T_c$）/2。

（5）在第Ⅴ扇区，S_a和S_b发生移相，有以下几种情况。

1）S_a移动时 PWM 波形如图 4-13 所示。

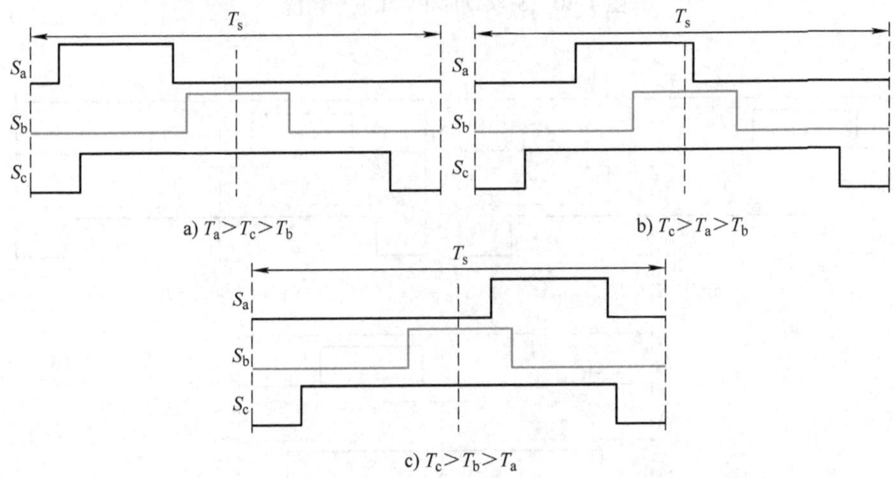

图 4-13 S_a移动时 PWM 波形情况

如图 4-13a 所示，当$T_a > T_c > T_b$时，第一次采样时间为（$T_a + T_c$）/2，第二次采样时间为（$T_c + T_b$）/2；如图 4-13b 所示，当$T_c > T_a > T_b$时，第一次采样时间为（$T_a + T_c$）/2，第二次采样时间为（$T_a + T_b$）/2；如图 4-13c 所示，当$T_c > T_b > T_a$时，第一次采样时间为（$T_c + T_b$）/2，第二次采样时间为（$T_a + T_b$）/2。

2）S_c移动时 PWM 波形如图 4-14 所示。

如图 4-14a 所示，当$T_c > T_a > T_b$时，第一次采样时间为（$T_a + T_c$）/2，第二次采样时间为（$T_c + T_b$）/2；如图 4-14b 所示，当$T_a > T_c > T_b$时，第一次采样时间为（$T_a + T_c$）/2，第二次采样时间为（$T_c + T_b$）/2。

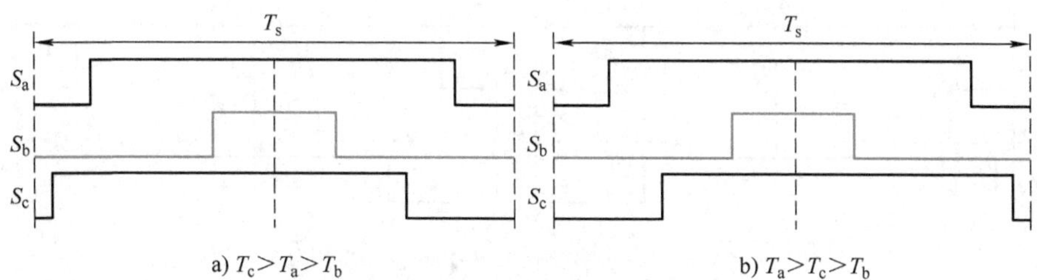

a) $T_c>T_a>T_b$　　b) $T_a>T_c>T_b$

图 4-14　S_c移动时 PWM 波形情况

（6）在第Ⅵ扇区，S_b和S_c发生移相，有以下几种情况。

1）S_b移动时 PWM 波形如图 4-15 所示。

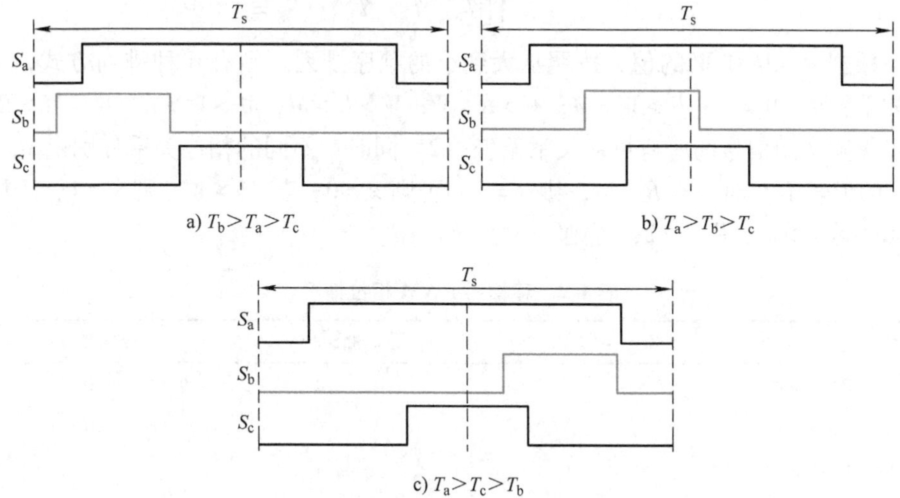

a) $T_b>T_a>T_c$　　b) $T_a>T_b>T_c$

c) $T_a>T_c>T_b$

图 4-15　S_b移动时 PWM 波形情况

如图 4-15a 所示，当$T_b>T_a>T_c$时，第一次采样时间为（T_a+T_b)/2，第二次采样时间为（T_a+T_c)/2；如图 4-15b 所示，当$T_a>T_b>T_c$时，第一次采样时间为（T_a+T_b)/2，第二次采样时间为（T_c+T_b)/2；如图 4-15c 所示，当$T_a>T_c>T_b$时，第一次采样时间为（T_a+T_c)/2，第二次采样时间为（T_c+T_b)/2。

2）S_c移动时 PWM 波形如图 4-16 所示。

如图 4-16a 所示，当$T_c>T_a>T_b$时，第一次采样时间为（T_a+T_c)/2，第二次采样时间为（T_a+T_b)/2；如图 4-16b 所示，当$T_a>T_c>T_b$时，第一次采样时间为（T_a+T_c)/2，第二次采样时间为（T_c+T_b)/2。

针对上述情况，首先，为了方便计算，将三个脉冲宽度信号的上升时间分别赋值给三个变量：R、M和W，赋值规律如式（4-14）所示。

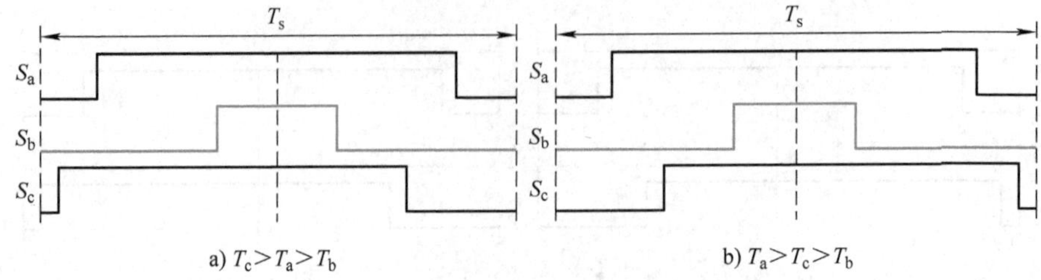

图 4-16　S_c移动时 PWM 波形情况

$$[R \quad M \quad W]=\begin{cases}[T_a \quad T_b \quad T_c] & S_e=1\\ [T_b \quad T_a \quad T_c] & S_e=2\\ [T_c \quad T_a \quad T_b] & S_e=3\end{cases} \tag{4-14}$$

根据 R、M 和 W 的值，按照从大到小的顺序排列，则有 6 种排列方式，分别如下：$R>M>W$；$R>W>M$；$M>R>W$；$W>R>M$；$M>W>R$；$W>M>R$。三个脉宽调制信号的所有可能关系见表 4-2。同时，不同的相位关系分别由 x、y 和 z 的值表示。即：若 $R>M$，则 $x=1$，否则 $x=0$；若 $M>W$，则 $y=1$，否则 $y=0$；若 $R>W$，则 $z=1$，否则 $z=0$。

表 4-2　移相后 PWM 相位情况

	$R>M(x)$	$M>W(y)$	$R<W(z)$
$R>M>W$	1	1	0
$R>W>M$	1	0	0
$M>R>W$	0	1	0
$W>R>M$	1	0	1
$M>W>R$	0	1	1
$W>M>R$	0	0	1

此外，还有两种情况违背了逻辑，不可能存在，即：000（$R<M<W$，$R>W$）；111（$R>M>W$，$R<W$）。为了在采样时能够根据不同的情况触发采样，可给采样模块输入一个标志位作为情况的判断。利用二进制的运算方式，令三位二进制数从左到右的数值分别为 x、y、z，设标志位数为 H：

$$H=4x+2y+z \tag{4-15}$$

由此可得：$H(W>M>R)=1$；$H(M>R>W)=2$；$H(M>W>R)=3$；$H(R>W>M)=4$；$H(W>R>M)=5$；$H(R>M>W)=6$；$H=0$ 和 $H=7$ 不存在。则不可观测区内第一次采样时间和第二次采样时间分别可归纳为式（4-16）和式（4-17）。

$$T'_{\text{sample1}}=\begin{cases}(R+M)/2+T_{\text{delay}} & H=2,6\\(M+W)/2+T_{\text{delay}} & H=1,3\\(R+W)/2+T_{\text{delay}} & H=4,5\end{cases} \tag{4-16}$$

$$T'_{\text{sample2}}=\begin{cases}(R+M)/2+T_{\text{delay}} & H=1,5\\(M+W)/2+T_{\text{delay}} & H=4,6\\(R+W)/2+T_{\text{delay}} & H=2,3\end{cases} \tag{4-17}$$

4.2.2 ASVPWM 相电流重构策略

上一节中已经分析了移相后 PWM 波形可能出现的情况，并根据不同情况确定了采样时刻。同样地，在不同情况下两次采样值所对应的相电流信息也不尽相同，例如图 4-17 中所示的三种情况。

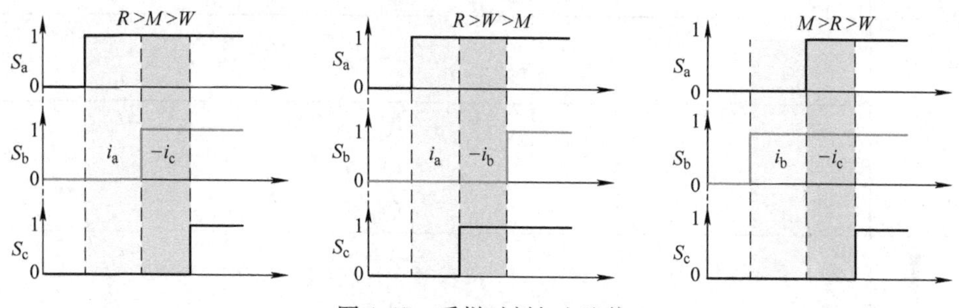

图 4-17　采样时刻与电流值

在不同的 H 值下，两个采样值包含的相电流信息是不同的。另外需要注意的是，当 S_e 的值不同时，两个采样值对应的相电流信息也会发生变化。因此，采样值与相电流信息的对应关系由 S_e 和 H 的值共同决定，表 4-3 给出了可能的组合。

表 4-3　不同情况下两次采样值所采集的电流信息

扇区	S_e	H	第一次采样电流信息	第二次采样电流信息
1	1	6	i_a	$-i_c$
		2	i_b	$-i_c$
	2	6	i_b	$-i_c$
		2	i_a	$-i_c$
		3	i_a	$-i_b$
2	1	6	i_a	$-i_c$
		2	i_b	$-i_c$
	3	4	i_c	$-i_a$
		5	i_b	$-i_a$
		1	i_b	$-i_c$

（续）

扇区	S_e	H	第一次采样电流信息	第二次采样电流信息
3	2	4	i_b	$-i_a$
		5	i_c	$-i_a$
	3	4	i_c	$-i_a$
		5	i_b	$-i_a$
		1	i_b	$-i_c$
4	2	4	i_b	$-i_a$
		5	i_c	$-i_a$
	1	4	i_a	$-i_b$
		5	i_c	$-i_b$
		1	i_c	$-i_a$
5	3	6	i_c	$-i_b$
		2	i_a	$-i_b$
	1	4	i_a	$-i_b$
		5	i_c	$-i_b$
		1	i_c	$-i_a$
6	3	6	i_c	$-i_b$
		2	i_a	$-i_b$
	2	6	i_b	$-i_c$
		2	i_a	$-i_c$
		3	i_a	$-i_b$

表4-3中，一共有30种情况，每个S_e和H的组合都代表了一种情况，每种情况下第一次采样结果和第二次采样结果所对应的相电流值不同。可总结出的规律见表4-4。

表4-4 两次采样电流信息与S_e以及H的关系

	电流信息	(S_e, H)
第一次采样	i_a	(1, 6); (2, 2); (2, 3); (1, 4); (3, 2)
	i_b	(1, 2); (2; 6); (3, 1); (3, 5); (2, 4)
	i_c	(3, 4); (2, 5); (1, 1); (1, 5); (3, 6)
第二次采样	$-i_a$	(3, 4); (3, 5); (2, 4); (2, 5); (1, 1)
	$-i_b$	(2, 3); (1, 4); (1, 5); (3, 6); (3, 2)
	$-i_c$	(1, 6); (1, 2); (2, 6); (2, 2); (3, 1)

4.3 实验及结果分析

为了验证 ASVPWM 的实际性能开展了实验。实验中 PWM 的载波频率为 10kHz，死区时间 $T_{db}=2\mu s$，最小采样时间 $T_{min}=6\mu s$。为了清楚地判断并验证所提方法的 PWM 波形、采样点，图 4-18 和图 4-19 所示为直流母线电流采样单元的输出波形和 PWM 波形。具体地，图 4-18 所示为可观测区域的 PWM 和直流母线电流瞬时波形，可以看出在可观测区域的有效电压作用时间足够长，因此调制方式依然为传统 SVPWM。

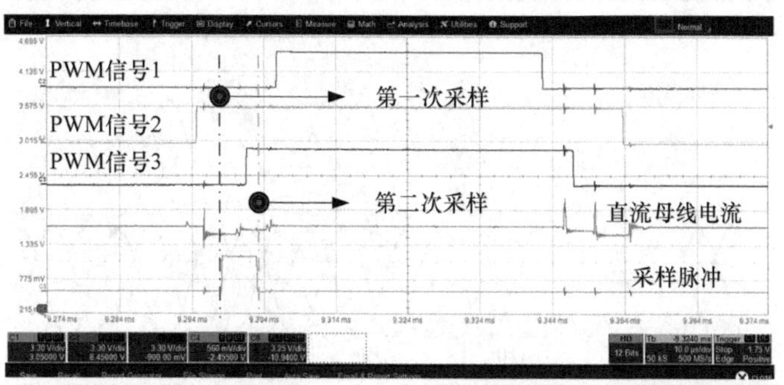

图 4-18　可观测区域 PWM 波形与直流母线电流瞬时波形

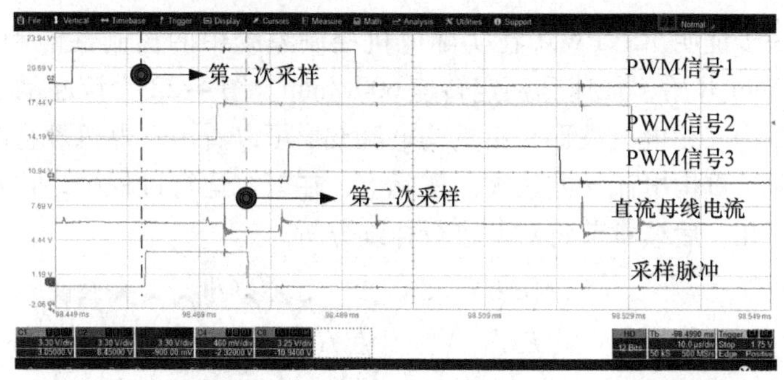

图 4-19　不可观测区域 PWM 波形与直流母线电流瞬时波形

图 4-19 为不可观测区域的 PWM 波形和直流母线电流瞬时波形，可以看出在不可观测区域使用 ASVPWM 调制方式，此时的 PWM 已经发生了移相。移相后，电流采样发生在非零电压矢量 $\boldsymbol{V}_1$（100）和 $\boldsymbol{V}_2$（110）期间。PWM 的有效电压矢量作用时间分布满足最小采样时间 T_{min}，且采样脉冲触发时，直流母线电流已经完全稳定，因此可以对可靠相电流进行采样。

图 4-20 和图 4-21 展示了不同的相电流值下实际电流和重构电流的波形对比。图 4-20 所示为相电流 1A 时的实际电流和重构电流波形，如图 4-21 所示为

相电流为 2.5A 时实际电流波形和重构电流波形。可以看出，ASVPWM 可在不同电流值下消除不可观测区的影响，实现电流重构。

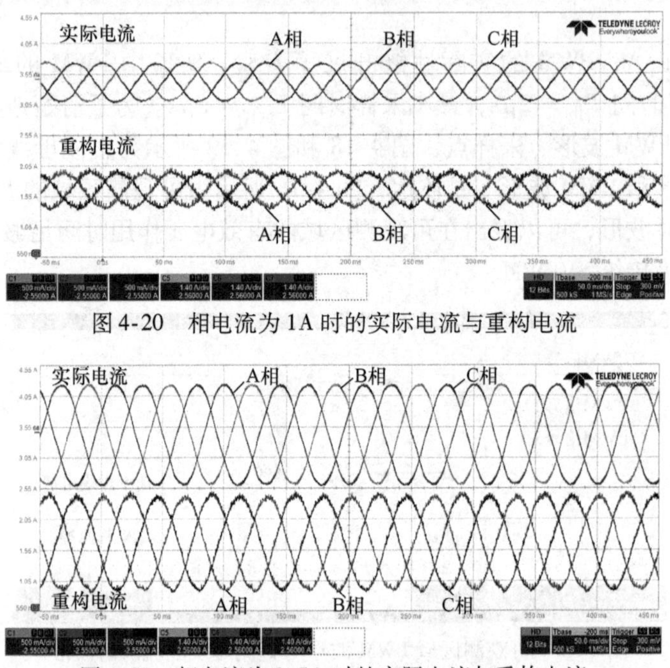

图 4-20　相电流为 1A 时的实际电流与重构电流

图 4-21　相电流为 2.5A 时的实际电流与重构电流

为了进一步证明 ASVPWM 在实际电机控制系统中的控制性能和跟踪效果，令电机从 0r/min 开始，加速到额定转速 600r/min。图 4-22 为该起动过程的实际三相电流和重构三相电流波形，由重构电流波形可以看出，电机静止时，由于零点漂移的存在，重构电流误差较大。实际上，在电机运行过程中，这种零点漂移的影响仍然存在，后续章节将对此进行详细分析。

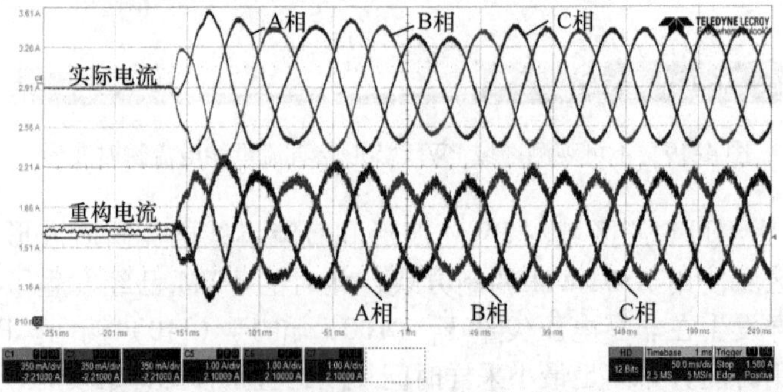

图 4-22　电机由静止起动加速到额定转速时的实际三相电流与重构三相电流波形

为了验证 ASVPWM 及其重构策略在动态运行时的有效性，使调制度发生阶跃变化，即将调制度 m 由 0.2 迅速抬升到 0.5，运行一段时间后，再使相电流快速恢复到原来的水平（从 0. 5 到 0. 2）。动态运行时的实际电流和重构电流波形如图 4-23a 和 b 所示。

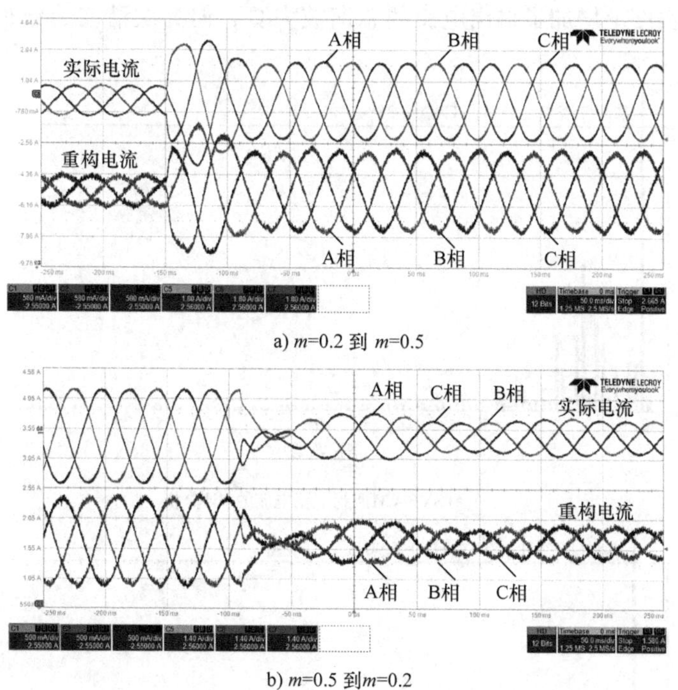

a) m=0.2 到 m=0.5

b) m=0.5 到 m=0.2

图 4-23　动态运行时的实际电流和重构电流波形

为了进一步评估不同调制度下 SSVPWM 及其电流重构策略的性能，在电机运行过程中不断改变调制指数 m 的值：第一阶段，m = 0. 25；第二阶段，m = 0. 7；第三阶段，m = 0. 4。不同调制度下的实际电流和重构电流波形如图 4-24 所示。

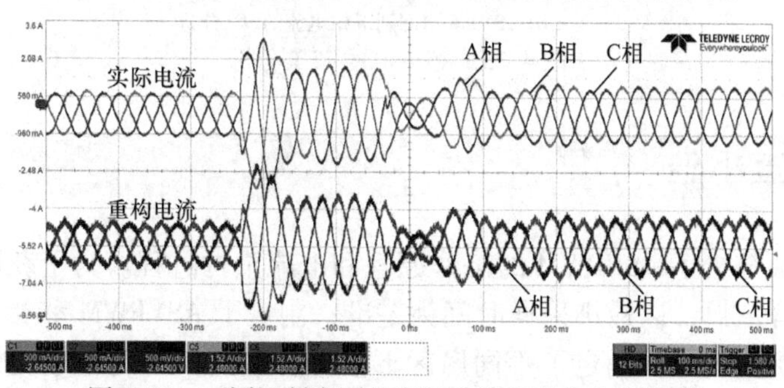

图 4-24　不同调制度下的实际电流和重构电流波形

分别对 ASVPWM 和 SVPWM 调制下的电机相电流波形进行了 FFT 分析，以评估该调制方法对输出交流电流的影响。图 4-25a 和 b 分别给出了 SVPWM 和

ASVPWM 方法相电流的总谐波失真（Total Harmonic Distortion，THD）比较。与 SVPWM 策略相比，所提出的方法使得 THD 由 4.38% 上升到 4.90%，故该调制方法在一定程度上增加了输出电流的总谐波失真，但高次谐波的分布较 SVPWM 更加均匀。

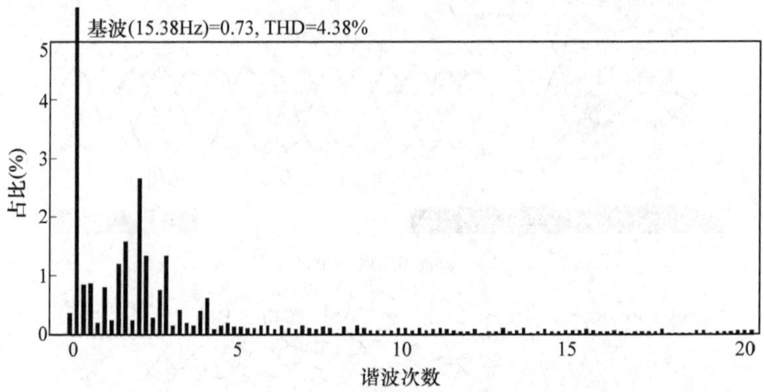

a) SVPWM调制下相电流的FFT分析

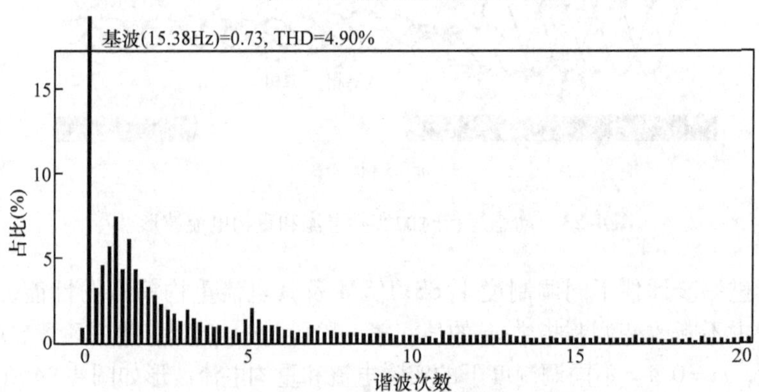

b) ASVPWM调制下相电流的FFT分析

图 4-25 相电流的 FFT 分析

4.4 本章小结

本章主要分析了 ASVPWM 的工作原理和电流重构过程。为了获取充足且稳定的电流采样窗口，以最小采样时间为基准，制定了 ASVPWM 移相规则，从而消除了不可观测区域；确定了不同扇区下的采样时刻，实现了电流的采样和重构。最后，实验结果表明，ASVPWM 技术可以在较宽的工作范围内提供高质量的相电流重构，没有增加开关损耗，相电流 THD 与传统 SVPWM 相比虽略有增加，但高次谐波的分布更加均匀。

参考文献

[1] MUHAMMAD H R，电力电子学：电路、器件及应用［M］．罗昉，裴学军，梁俊睿，等译．4版．北京：机械工业出版社，2018.

[2] 蒋栋．电力电子变换器的先进脉冲宽度调制技术［M］．北京：机械工业出版社，2018.

[3] MONMASSON E. 电力电子变换器：PWM策略与电流控制技术［M］．冬雷，译．北京：机械工业出版社，2016.

[4] HOLMES D G，LIPO T A. Pulse width modulation for power converters：principles and practice［M］．Hoboken：John Wiley & Sons，2003.

[5] SHEN Y，ZHENG Z，WANG Q，et al. DC bus current sensed space vector pulsewidth modulation for three－phase inverter［J］．IEEE Transactions on Transportation Electrification，2020，7（2）：815－824.

[6] SHEN Y，LIU D，LIANG W，et al. Current reconstruction of three－phase voltage source inverters considering current ripple［J］．IEEE Transactions on Transportation Electrification，doi：10. 1109/TTE. 2022. 3199431.

[7] 申永鹏，郑竹风，杨小亮，等．直流母线电流采样电压空间矢量脉冲宽度调制［J］．电工技术学报，2021，36（8）：1617－1627.

第5章
混合空间矢量脉冲宽度调制相电流重构策略

本章通过在不可观测区域利用非零互补电压矢量来替代零电压矢量，提出了混合空间矢量脉冲宽度调制（Mixed Space Vector Pulse Width Modulation，MSVPWM）策略，从而增加电流观测窗口时长，实现对直流母线电流的准确采集，完成了三相电流的完整重构。最后通过仿真和实验，在静态和动态实验工况下验证了所提 MSVPWM 策略的有效性。

5.1 MSVPWM 工作原理

以Ⅰ扇区为例，MSVPWM 中参考电压矢量 $\boldsymbol{V}_{ref}$合成过程如图 5-1 所示。在一个 PWM 载波周期内，若 $\boldsymbol{V}_{ref}$位于可观测区域，如图 5-1a 所示，作用时间为 T_1和 T_2的两个相邻电压矢量 $\boldsymbol{V}_1$（100）和 $\boldsymbol{V}_2$（110）用于合成 $\boldsymbol{V}_{ref}$，剩余时间 T_0用零电压矢量 $\boldsymbol{V}_7$（111）和 $\boldsymbol{V}_0$（000）补充，且 T_0的表达式为

$$T_0 = T_s - T_1 - T_2 \tag{5-1}$$

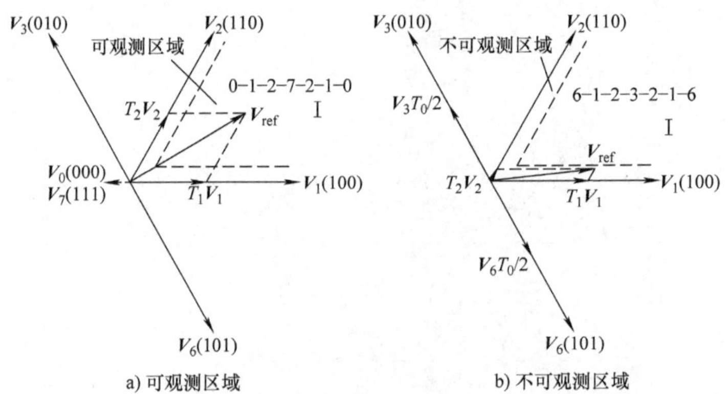

图 5-1　参考电压矢量 $\boldsymbol{V}_{ref}$位于Ⅰ扇区时 MSVPWM 原理

若参考电压矢量 $\boldsymbol{V}_{ref}$位于不可观测区域，图 5-1a 中 $\boldsymbol{V}_0$和 $\boldsymbol{V}_7$将被互补的有效电压矢量 $\boldsymbol{V}_3$和 $\boldsymbol{V}_6$代替，该过程如图 5-1b 所示。将 T_0平均分配到两个互补矢量，即 $T_0/2 = T_3 = T_6$，则零电压矢量合成规则可用式（5-2）表示，

$$\boldsymbol{V}_0 T_0 = \boldsymbol{V}_3 \frac{T_0}{2} + \boldsymbol{V}_6 \frac{T_0}{2} \tag{5-2}$$

式中，$\boldsymbol{V}_3$和 $\boldsymbol{V}_6$为两个互补的电压矢量。根据伏秒平衡原则，图 5-1b 中参考电压

矢量 $\boldsymbol{V}_{\mathrm{ref}}$满足，

$$\boldsymbol{V}_{\mathrm{ref}}T_{\mathrm{s}}=\boldsymbol{V}_1T_1+\boldsymbol{V}_2T_2+\boldsymbol{V}_3T_3+\boldsymbol{V}_6T_6 \tag{5-3}$$

式中，T_{s}为 PWM 载波周期；T_{k}为电压空间矢量 $\boldsymbol{V}_{\mathrm{k}}$（k = 1，2，3，6）的作用时间。可得，MSVPWM 策略各空间矢量的作用时间可用式（5-4）表示。

$$\begin{cases}T_1=\dfrac{\sqrt{2}T_{\mathrm{s}}\boldsymbol{V}_{\mathrm{ref}}}{U_{\mathrm{d}}}\sin\left(\dfrac{\pi}{3}-\theta\right)\\ T_2=\dfrac{\sqrt{2}T_{\mathrm{s}}\boldsymbol{V}_{\mathrm{ref}}}{U_{\mathrm{d}}}\sin(\theta)\\ T_3=T_6=\dfrac{T_{\mathrm{s}}-T_1-T_2}{2}\end{cases} \tag{5-4}$$

式中，当 θ 位于第 Ⅱ 到 Ⅵ 扇区时，需减去当前数值 $\pi/3$ 的整数倍，即 $\theta-(N-1)\pi/3$，其中 N 是扇区序号。

MSVPWM 策略的具体实现流程框图以及对应 PWM 波形产生过程（以 Ⅰ 扇区为例）如图 5-2 所示，依靠系统时基计数器增减计数模式来产生 PWM 载波。三相电流值 i_{a}、i_{b}和 i_{c}经过 Clark 和 Park 变换后，转换至 dq 坐标系下的实际电流

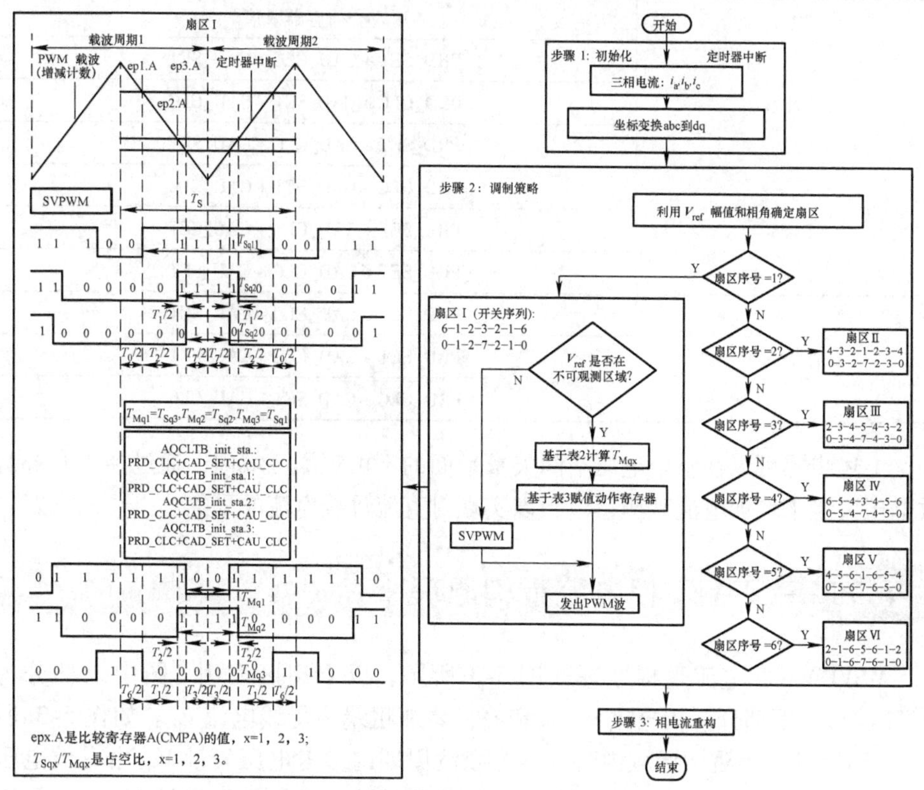

图 5-2　MSVPWM 算法程序流程图及 PWM 波形发生过程

i_d和i_q，控制器根据实际电流值和目标电流值，并经坐标反变换后，输出参考电压矢量$\boldsymbol{V}_{ref}$。然后，系统根据$\boldsymbol{V}_{ref}$模值和相角确定当前所在扇区。当$\boldsymbol{V}_{ref}$位于可观测区域时，利用SVPWM来控制逆变器开关动作；当$\boldsymbol{V}_{ref}$位于不可观测区域时，根据SVPWM与MSVPWM两种方法得出PWM波占空比之间的关系，依据表5-1调整开关动作时间，表中T_{Mqx}和T_{Sqx}分别表示MSVPWM和SVPWM两种调制方法中PWMx的占空比，其中$x=1$、2、3。最后，根据表5-2对动作寄存器进行赋值，表5-2中PRD_SET/CLEAR、CAD_SET/CLEAR和CAU_SET/CLEAR分别表示在计数器的值等于周期值、比较值A和比较值B时将PWM脉冲置高/低。

表5-1　MSVPWM各扇区开关动作时间表

扇区	开关动作时间变换算法		
Ⅰ&Ⅳ	$T_{Mq1}=T_{Sq3}$	$T_{Mq2}=T_{Sq2}$	$T_{Mq3}=T_{Sq1}$
Ⅱ&Ⅴ	$T_{Mq1}=T_{Sq1}$	$T_{Mq2}=T_{Sq3}$	$T_{Mq3}=T_{Sq2}$
Ⅲ&Ⅵ	$T_{Mq1}=T_{Sq2}$	$T_{Mq2}=T_{Sq1}$	$T_{Mq3}=T_{Sq3}$

表5-2　MSVPWM各扇区动作寄存器赋值表

扇区	动作寄存器赋值
Ⅰ & Ⅳ	PRD_SET + CAD_CLC + CAU_SET
	PRD_CLC + CAD_SET + CAU_CLC
	PRD_SET + CAD_CLC + CAU_SET
Ⅱ & Ⅴ	PRD_CLC + CAD_SET + CAU_CLC
	PRD_SET + CAD_CLC + CAU_SET
	PRD_SET + CAD_CLC + CAU_SET
Ⅲ & Ⅵ	PRD_SET + CAD_CLC + CAU_SET
	PRD_SET + CAD_CLC + CAU_SET
	PRD_CLC + CAD_SET + CAU_CLC

上述步骤可以在整个电压空间矢量平面的不可观测区域内，通过插入互补有效电压矢量来增加电流观测窗口，以实现对直流母线电流的采集。

5.2　MSVPWM相电流重构原理

MSVPWM相电流重构原理如图5-3所示。以Ⅰ扇区为例，图中上部分为PWM波形，下部分为相电流i_a、i_b和i_c，叠加粗线为母线电流i_{dc}。如图5-3a所示，当$\boldsymbol{V}_{ref}$位于可观测区域内时，一个载波周期内参考电压矢量$\boldsymbol{V}_{ref}$由有效电压矢量$\boldsymbol{V}_1$、$\boldsymbol{V}_2$和零矢量$\boldsymbol{V}_0$、$\boldsymbol{V}_7$构成。电流重构策略在有效电压矢量$\boldsymbol{V}_1$和$\boldsymbol{V}_2$作用

产生的电流观测窗口 T_{spl1} 和 T_{spl2} 内分别对直流母线电流 i_{dc} 进行采样，得到 i_a 和 $-i_c$，再根据基尔霍夫电流定律得到 i_b，即可得到一个载波周期内的三相电流 i_a、i_b 和 i_c[1-2]。

如图 5-3b 所示，当 $\boldsymbol{V}_{ref}$ 位于不可观测区域时（$T_{spl1} > T_{min}$，$T_{spl2} < T_{min}$），零电压矢量 $\boldsymbol{V}_7$ 被作用时间为 $T_0/2$ 的有效矢量 $\boldsymbol{V}_6$ 代替，对应产生的电流观测窗口 T_{spl4} 用于采集相电流 $-i_b$。电流观测窗口 T_{spl1}、T_{spl4} 保证了 i_a 和 $-i_b$ 电流信息能够被准确采集。同理，当 $T_{spl1} < T_{min}$，$T_{spl2} > T_{min}$ 时，电流观测窗口 T_{spl2}、T_{spl4} 保证了 $-i_c$ 和 $-i_b$ 电流信息能够被准确采集。

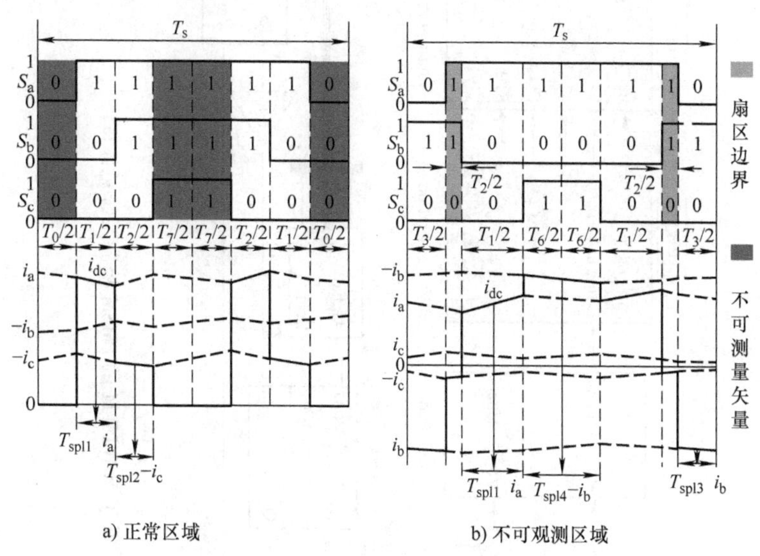

图 5-3　MSVPWM 相电流重构原理

5.3　MATLAB/Simulink 仿真分析

5.3.1　仿真模型

MSVPWM 仿真模型如图 5-4 和图 5-5 所示，其中图 5-4 为 MATLAB/Simulink 中基于 MSVPWM 的 PMSM 控制系统总体框图，图 5-5 为 PWM 发生部分系统框图。直流母线电压为 310V，PWM 载波频率为 10kHz，死区时间为 2μs，负载为永磁同步电机，其参数如表 5-3 所示。整个仿真系统步长固定，值为 1μs，用于计算电流 THD 的示波器频率为 200kHz，$T_{min} = 3.0\mu s$。所提 MSVPWM 方法实现单电流传感器相电流重构建模过程如下。

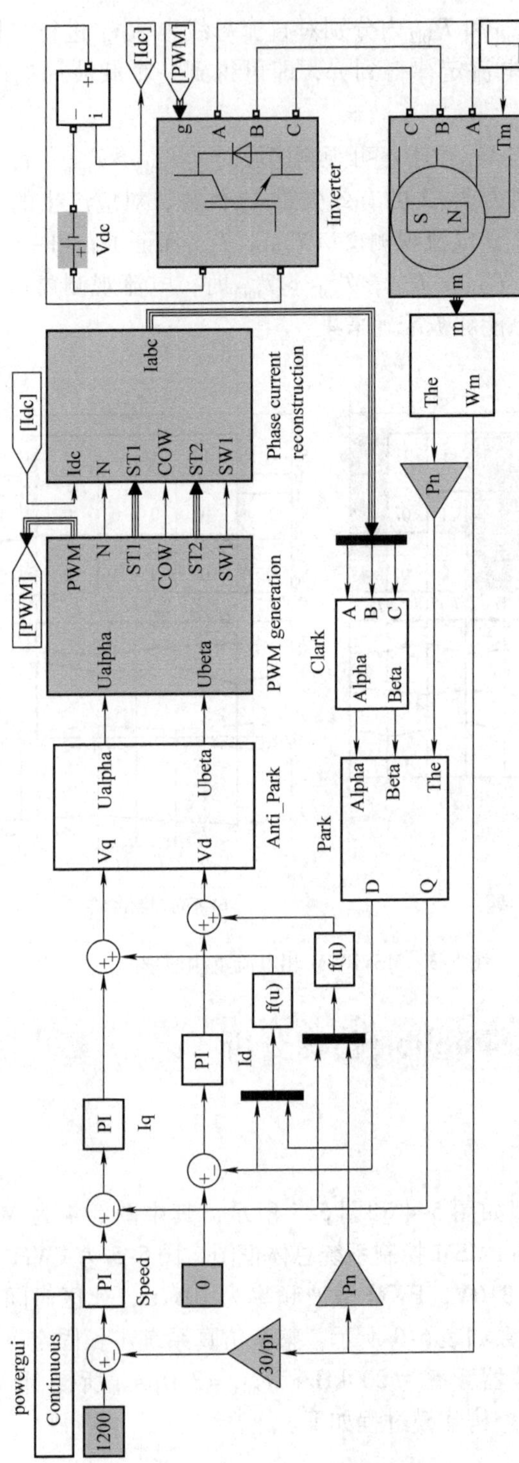

图 5-4 基于 MSVPWM 的 PMSM 控制系统总体框图

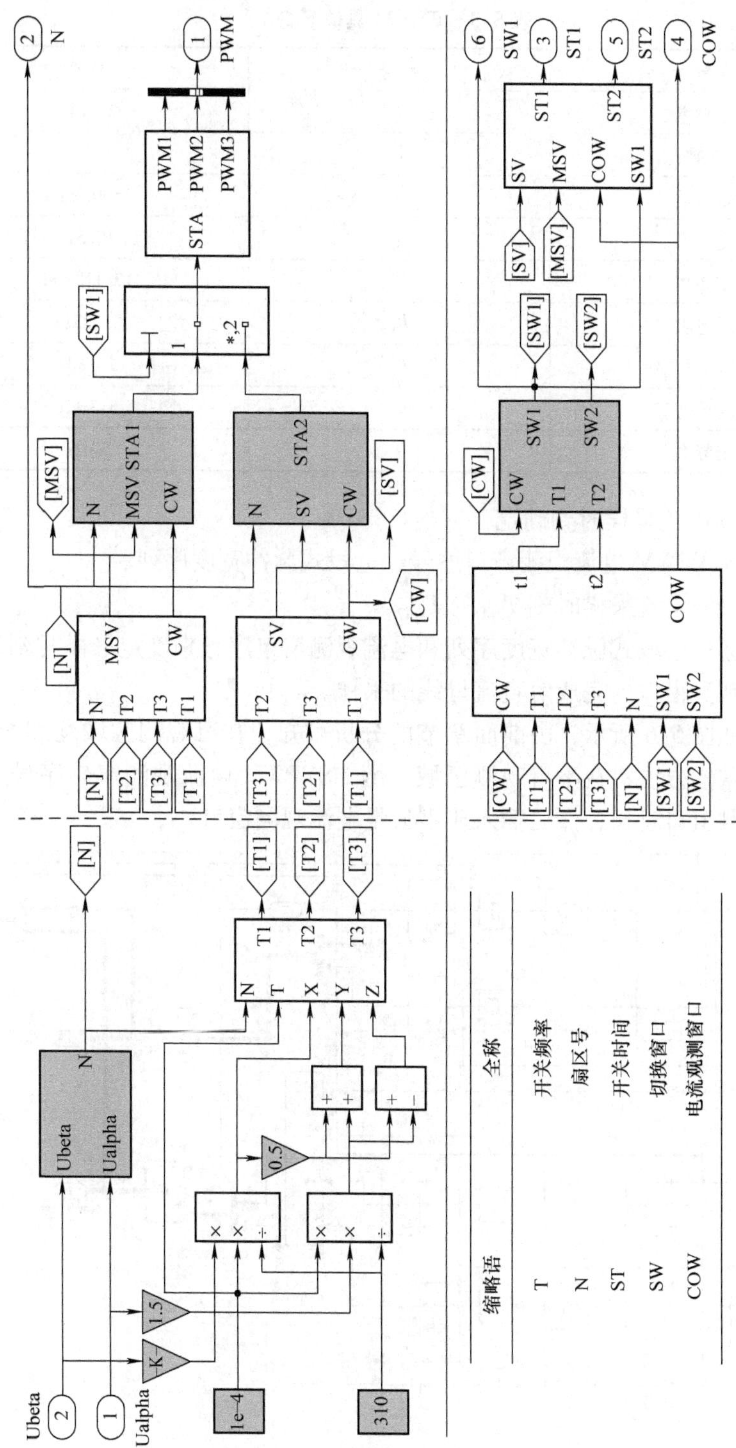

缩略语	全称
T	开关频率
N	扇区号
ST	开关时间
SW	切换窗口
COW	电流观测窗口

图 5-5　基于 MSVPWM 的 PMSM 控制系统 PWM 发生部分框图

表 5-3 PMSM 具体参数

参数	标号	数值
额定功率	P	2.7kW
极对数	p	2
额定转速	n	1500r/min
额定电流	I	10.5A
额定转矩	T	17.1N · m
定子电阻	R_s	0.322Ω
d 轴定子电感	L_d	5.3mH
q 轴定子电感	L_q	5.3mH
额定频率	f	50Hz

（1）母线电流采样时刻确定

输入：MSVPWM 电流观测窗口序号、七段式脉冲宽度序列。

输出：母线电流采样时刻 T_{spl1}、T_{spl2}。

功能：通过七段式脉冲宽度序列和电流观测窗口序号来确定采样时刻，实现在两个电流观测窗口内完成对直流母线的采样。

实现：如图 5-6 所示，由前面章节的分析可知，在可观测区域延续 SVPWM 调制相电流重构方法；在不可观测区域，由 MSVPWM 电流观测窗口序号来确定采样电流观测窗口时长，然后插入非零矢量电流观测窗口。

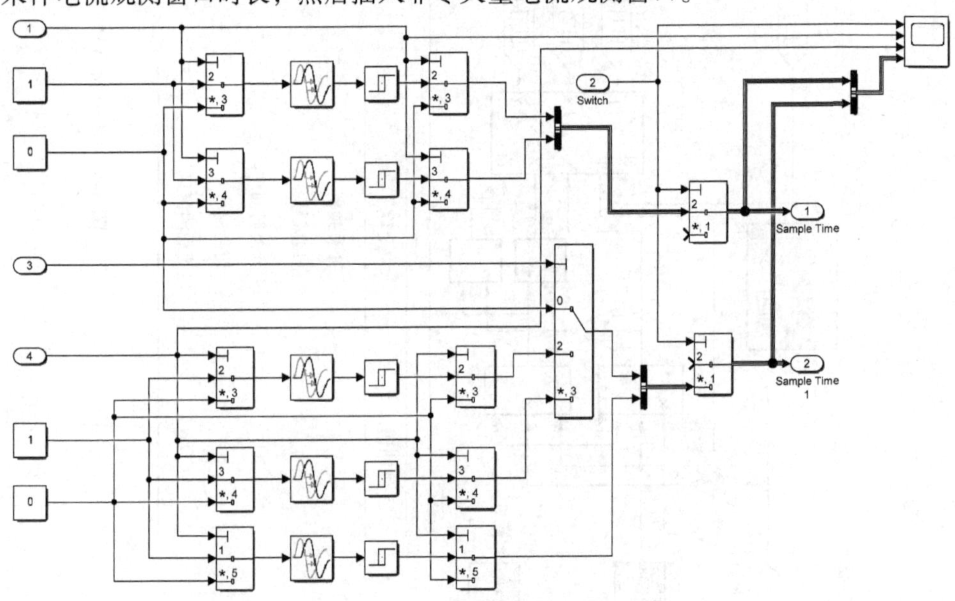

图 5-6 MSVPWM 采样脉冲发生模块

（2）相电流重构

输入：扇区 N、七段式脉冲宽度序列、母线电流 DC－current 和采样脉冲序列。

输出：重构三相电流 i_a、i_b和 i_c。

功能：根据输入参数，完成 MSVPWM 相电流重构过程。

实现：如图 5-7 所示，在可观测区域内，相电流重构过程同 SVPWM 调制方法，不再详述；在不可观测区域内将由图 5-8 所示模块来实现相电流重构。

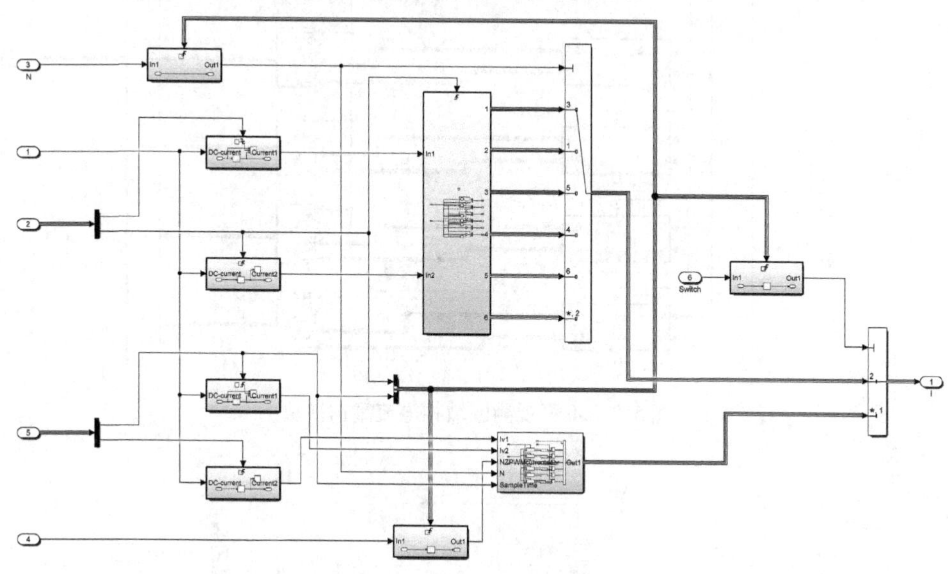

图 5-7　混合调制相电流重构模块

在不可观测区域内，当采样脉冲序列触发直流母线采样时，采样得到的电流将由不可观测区域电流观测窗口序列来决定相电流的重构算法，如图 5-9 所示。以Ⅰ扇区为例，产生两组电流观测窗口：第一组由第 1 个和第 2 个窗口组成，对应采样电流为 i_a和 $-i_b$；第二组由第 1 个窗口和第 3 个窗口组成，对应采样电流为 i_a和 $-i_c$。经过如上步骤后，由于每个 PWM 波的采样脉冲与该 PWM 波起始位置并不一致，因此将导致在 PWM 波起始时刻到第二个采样脉冲到来这一段时间内相电流重构失败。

为解决上述问题，在模型加入重构算法触发模块，触发脉冲用每个 PWM 波第二个采样脉冲来代替，在这之前的重构电流波形用前一个 PWM 波重构的相电流来代替。并且将扇区切换时刻和 MSVPWM 方法切换时刻波形均加入触发脉冲，该触发脉冲亦为每个 PWM 波第二个电流采样脉冲，即可保证每个相电流重构算法触发脉冲到来时，对应采样电流为该扇区和该调制方法的母线电流，以此来保证相电流重构过程的完整性。

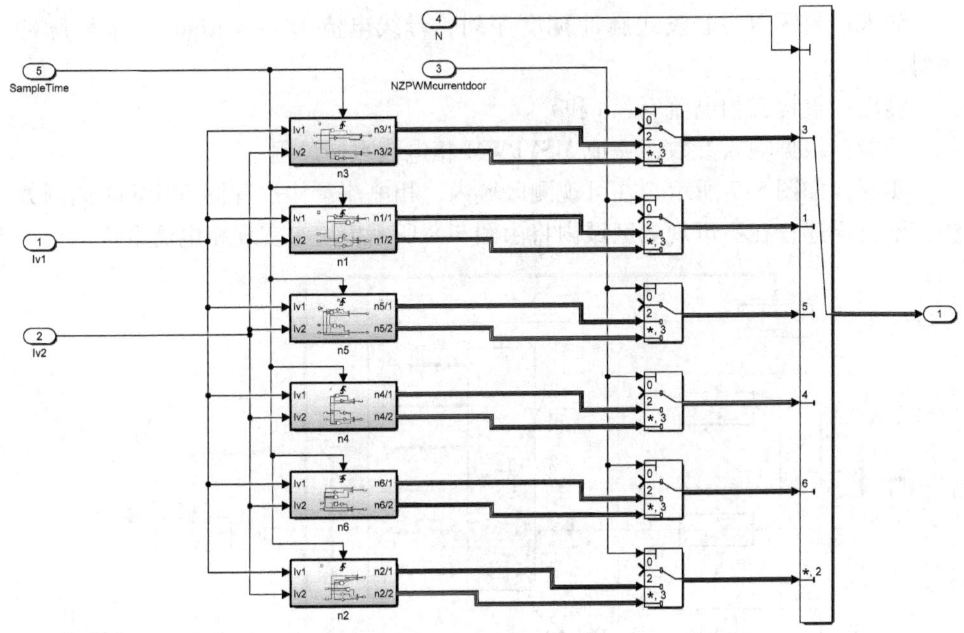

图 5-8　不可观测区域相电流重构模块

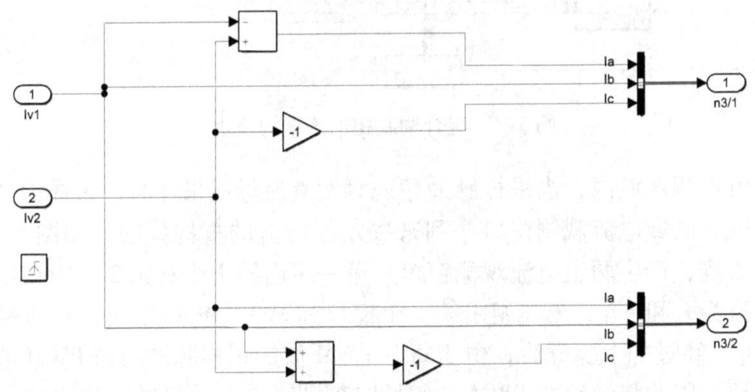

图 5-9　不可观测区域内 Ⅰ 扇区电流观测窗口选择模块

5.3.2 仿真结果分析

在调制度 $m=0.55$ 时，分别采用传统 SVPWM 和 MSVPWM 进行了仿真。随着参考电压矢量 $\boldsymbol{V}_{\mathrm{ref}}$位置的变化，电流观测窗口作用时间（$T_{\mathrm{spl1}}$、$T_{\mathrm{spl2}}$、$T_{\mathrm{spl3}}$和 T_{spl4}）曲线如图 5-10 所示。$\boldsymbol{V}_{\mathrm{ref}}$的扇区位置如图 5-10a 所示，其中扇区边界用灰

色区域表示。如图 5-10b 所示，当采用传统 SVPWM 时，在扇区边界，T_{spl1} 或 T_{spl2} 小于 T_{min}（$T_{spl1} < T_{min}$ 或 $T_{spl2} < T_{min}$）。然而，当应用 MSVPWM 方法时，T_{spl3} 和 T_{spl4} 均大于 T_{min}（$T_{spl3} > T_{min}$ 且 $T_{spl4} > T_{min}$），如图 5-10c 所示。

图 5-11 显示了调制度 m（$0.05 \leqslant m \leqslant 1$）变化时，电流观测窗口时长 T_{spl3} 和 T_{spl4} 的变化趋势。如图 5-11 所示，不同调制度下的 T_{spl3} 大于 5.0μs，T_{spl4} 随着 m（$0.05 \leqslant m \leqslant 0.2$）的增加而上升，在 $0.2 \leqslant m \leqslant 0.95$ 时大于 3μs。因此，当调制度 m 值为 0.2～0.95 时，可以对三相电流进行整体重构。

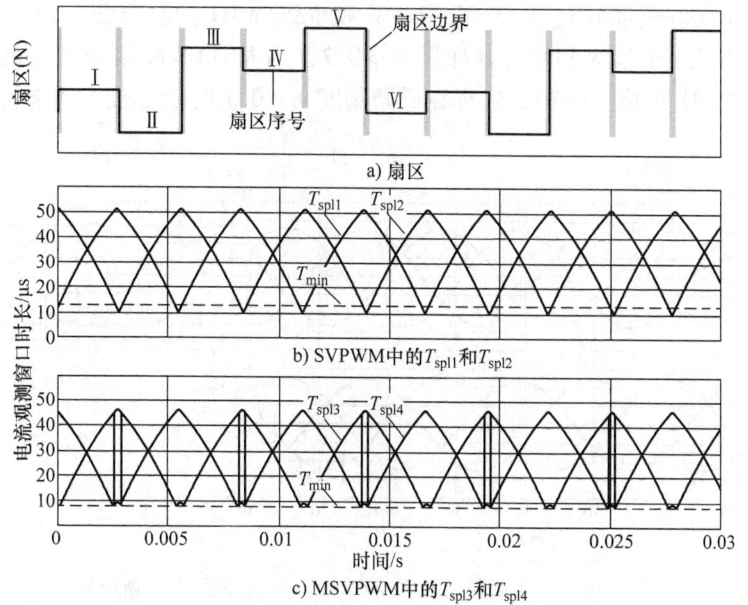

图 5-10　电流观测窗口作用时间

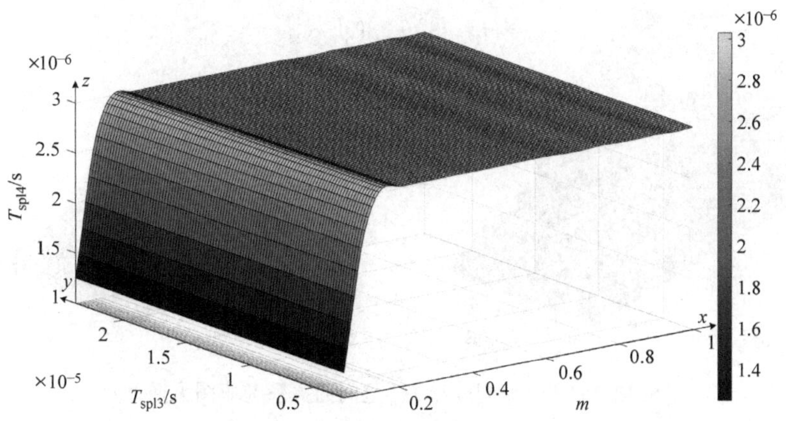

图 5-11　T_{spl3} 和 T_{spl4} 随 m 变化时的变化趋势（彩图见插页）

MSVPWM 策略的三相重构电流曲线和 αβ 坐标系上的磁链轨迹如图 5-12 所示，其中重构电流和实际测量电流分别由 i_{x_rc} 和 i_{x_ac}（x = a，b，c）表示。

对 MSVPWM 方法和 AZSPWM1（Active Zero Space Pulse Width Modulation，AZSPWM1）得到的相电流 THD 进行了对比分析[3-5]。当 T_{min} 和 m 处于固定数值区间（$0\mu s \leqslant T_{min} \leqslant 5\mu s$，$0.1 \leqslant m \leqslant 1$）时，$T_{min}$ 与电流 THD 的函数关系对比分析结果如图 5-13 所示。当 $T_{min} = 0\mu s$ 时，所有通过不同方法重构的相电流都等于三相负载电流。当 $T_{min} = 0\mu s$ 时，以 SVPWM 方法得到的相电流 THD（<1%）为基准平面（红色部分），对于 MSVPWM 和 AZSPWM1 两种方法，当 m 固定时，THD 均随着 T_{min} 的增大而增大。如果 $m > 0.2$，则 MSVPWM 策略产生的 THD 值低于 AZSPWM1 策略。两种方法都在低调制度 $m = 0.1$ 时产生较大的电流失真。

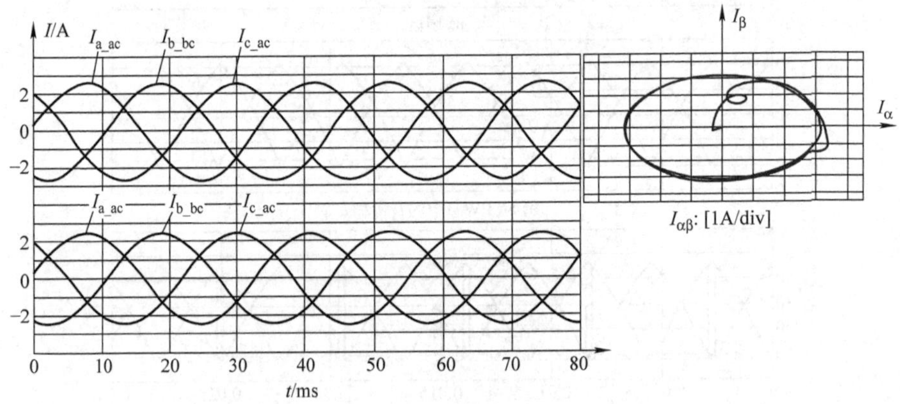

图 5-12 MSVPWM 所得三相重构电流和 αβ 坐标系上的磁链轨迹

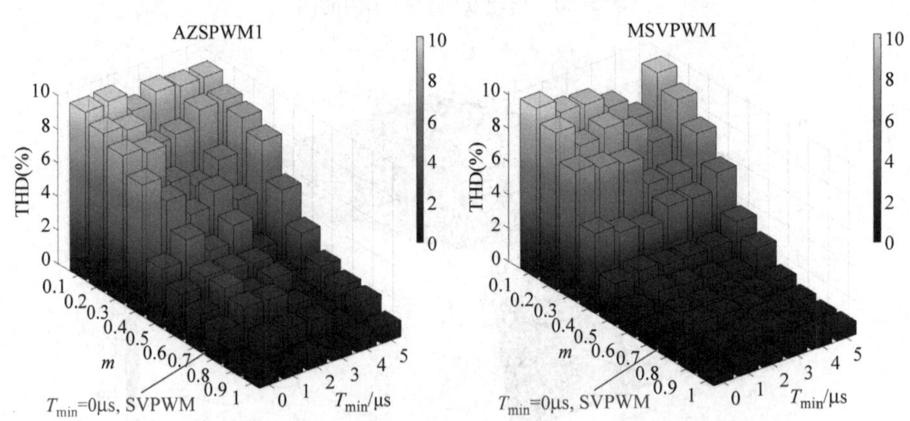

图 5-13 THD、调制度和 T_{min} 之间的关系（彩图见插页）

5.4 实验结果分析

进一步搭建了如图 5-14 所示的实验系统，对 MSVPWM 进行了实验验证。从 PWM 波形和采样脉冲、重构准确度和相电流谐波三个方面进行了实验研究。

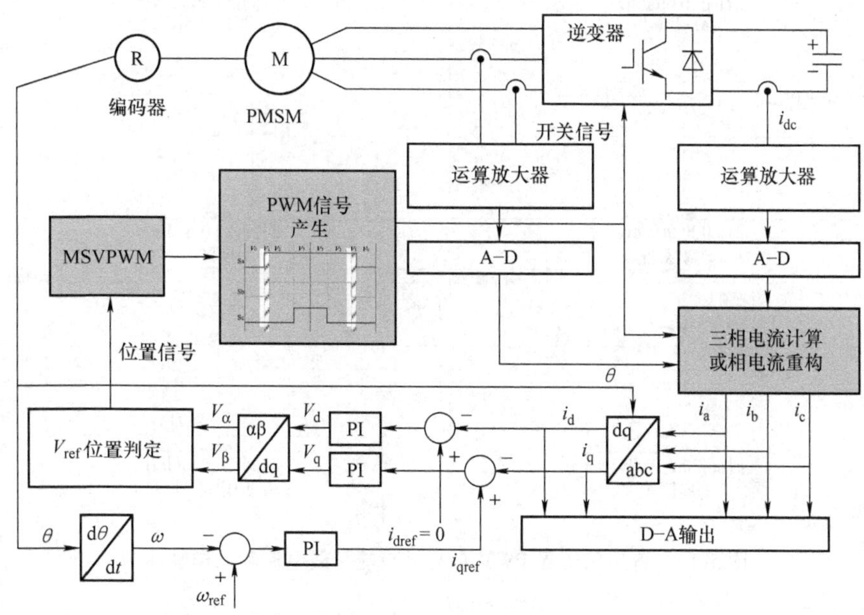

图 5-14　实验系统框图

5.4.1　PWM 波形和采样脉冲

图 5-15 将各扇区 PWM 信号、直流母线电流和采样脉冲放在一起，以显示扇区边界不同电压矢量下的采样时间。可见，各扇区内采样点的位置随电流观测窗口动态变化，且采样窗口满足 T_{min}要求。

5.4.2　重构准确度

图 5-16 显示了在电机转速 1000r/min、$m=0.7$ 时的重构电流（I_{a_rc}、I_{b_rc}和 I_{c_rc}）和实测三相电流（I_{a_ac}、I_{b_ac}和 I_{c_ac}）。其中，I_{c_ac}和 I_{c_rc}之间的误差曲线如图 5-16b 所示，重构误差小于 2.6%。

从实验结果可以看出，在不可观测区域，重构电流与实际电流基本一致，证

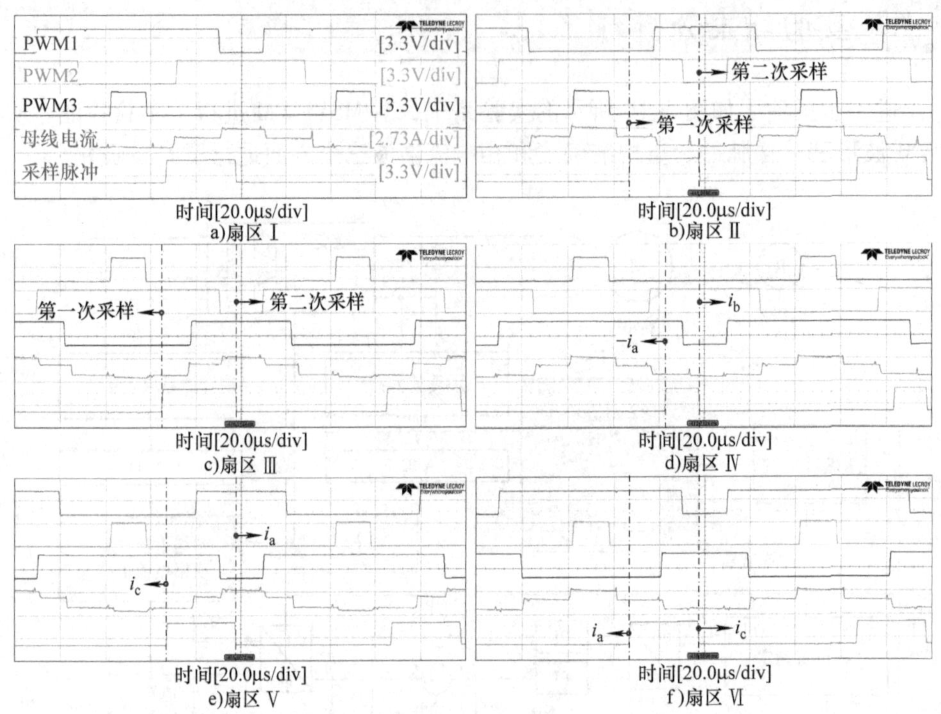

图 5-15　各扇区边界 PWM 信号、直流母线电流和采样脉冲

明了稳态下 MSVPWM 可以提供高可靠性的重构电流。由于 PWM 波是中心对称的，并且占空比与 SVPWM 相同，因此实测相电流呈现出良好的正弦波形。

由于 MSVPWM 中，零电压矢量在不可观测区域被一对有效的互补矢量代替，因此会出现电压反转，如图 5-17 所示。同时电流纹波会一定程度增加，如图 5-18 所示。

图 5-19 为电机保持低速运行（120r/min）时的实测相电流、重构相电流以及误差曲线。可以观察到，实测相电流和重构相电流仍保持良好的正弦曲线，但谐波含量有所增加，重构误差保持在 3.7% 以内。

为了进一步验证 MSVPWM 的性能，在几种瞬态条件下进行了实验。电机起动过程中的实测相电流和重构相电流如图 5-20 所示。可见，电机起动时电流急剧增加，之后保持稳定。在此期间，重构电流可以完全跟随实测电流的变化。但在电机静止时，由于零点漂移的存在，仍然存在较大的重构误差。

如图 5-21 所示，为了评估 MSVPWM 在低、中和高三种调制度下的性能，令 m 在电机运行时步进变化（低调制度 $m=0.25$，中调制度 $m=0.4$，高调制度

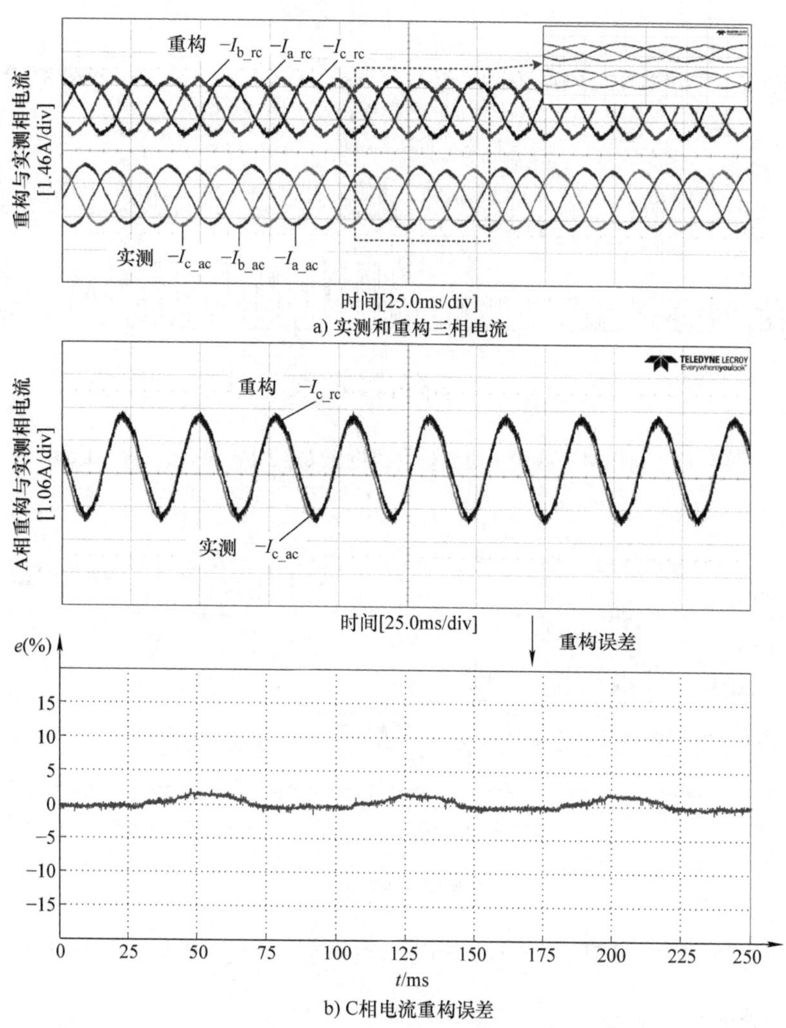

a) 实测和重构三相电流

b) C相电流重构误差

图 5-16　MSVPWM 下实测和重构三相电流（1000r/min，$m=0.7$）

$m=0.8$）。可以看出，MSVPWM 在不同的调制度动态切换过程中均可实现相电流重构。

负载转矩下降时的实验波形如图 5-22 所示。从图 5-22a 可以看出，当负载转矩迅速减小时，实测电流和重构电流不发生突变，保持平稳过渡，B 相电流的重构误差如图 5-22b 所示。

在负载转矩增加的情况下，得到的实验结果如图 5-23 所示。可以观察到，实测电流和重构电流仍然保持平稳变化。实验结果验证了 MSVPWM 在该过渡过

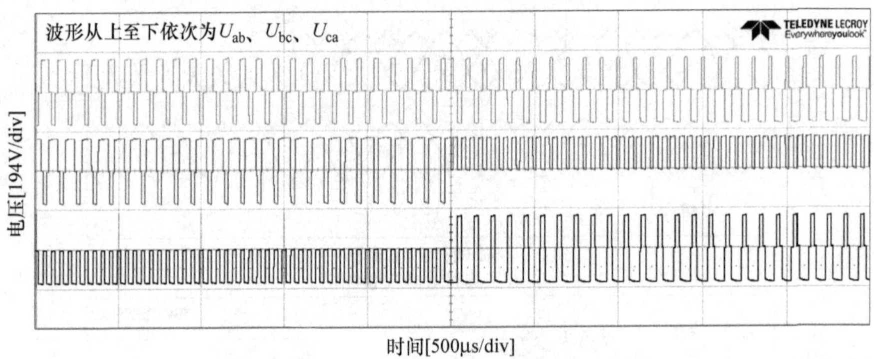

图 5-17　扇区Ⅵ和扇区Ⅰ边界处的线电压 U_{ab}、U_{bc}和 U_{ca}（$m=0.6$）

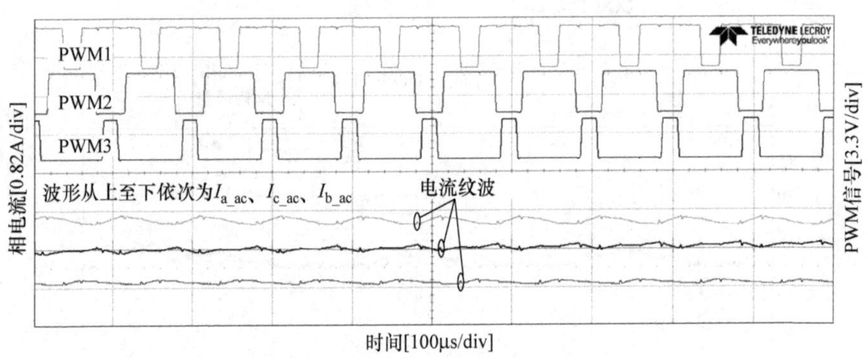

图 5-18　PWM 脉冲和扇区Ⅰ边界中实际电流 I_{a_ac}、I_{c_ac}和 I_{b_ac}（$m=0.6$）

程中的可靠性和正确性。

5.4.3　相电流谐波

由 MATLAB FFT Analysis Tool 得到的 SVPWM、SSVPWM、MSVPWM 实测相电流 FFT 分析结果分别如图 5-24a、b、c 所示。可见，相同运行条件下，MSVPWM 的相电流 THD 为4.02%，小于 SSVPWM 的5.26%。但由于采用有效互补电压矢量代替零矢量，MSVPWM 的相电流 THD 比 SVPWM 增加了 0.15%（从3.87%增加到4.02%）。但是，其谐波集中在高次，更易于滤除。

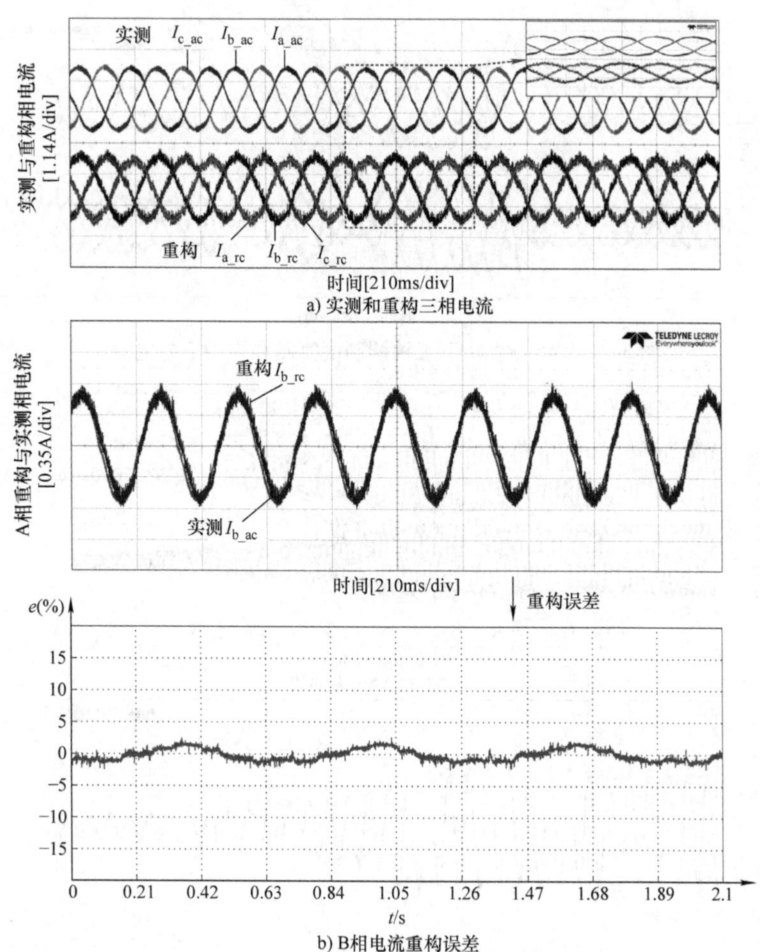

图 5-19 MSVPWM 下的实测和重构三相电流（120r/min，$m=0.3$）

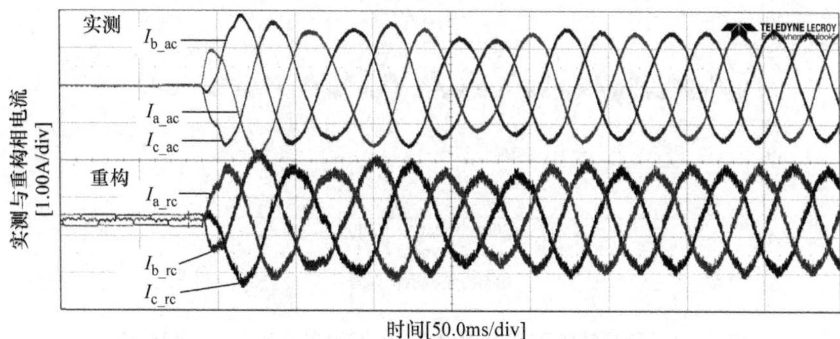

图 5-20 电机起动时实测和重构三相电流（MSVPWM）

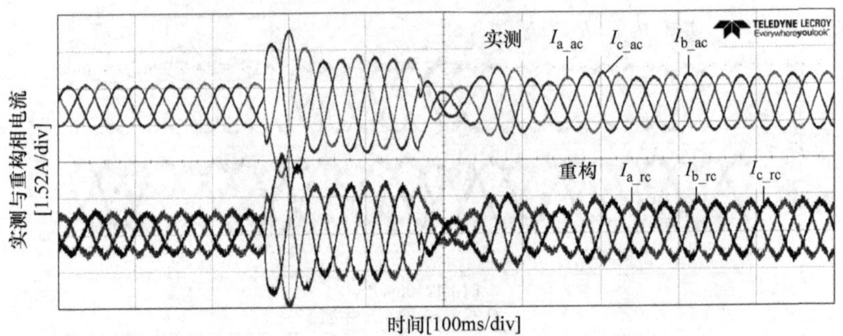

图 5-21 MSVPWM 下三种调制度实测和重构三相电流

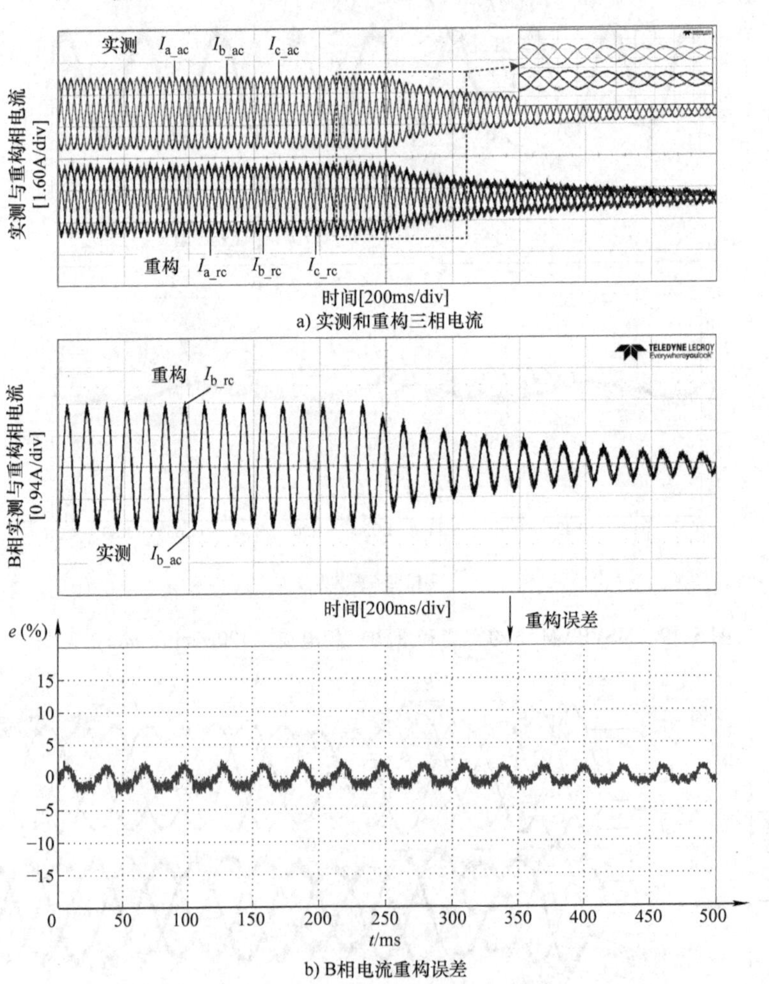

图 5-22 负载转矩下降时 MSVPWM 下的实测和重构三相电流

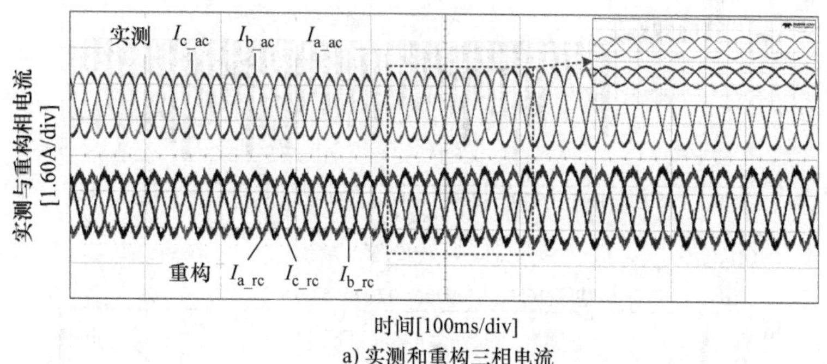

a) 实测和重构三相电流

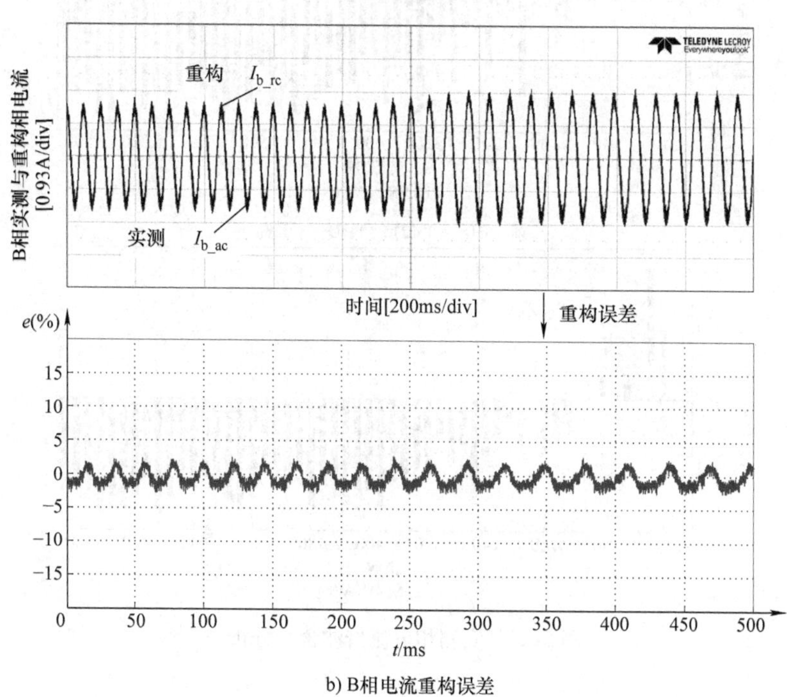

b) B相电流重构误差

图 5-23　负载转矩增加时 MSVPWM 下的实测和重构三相电流

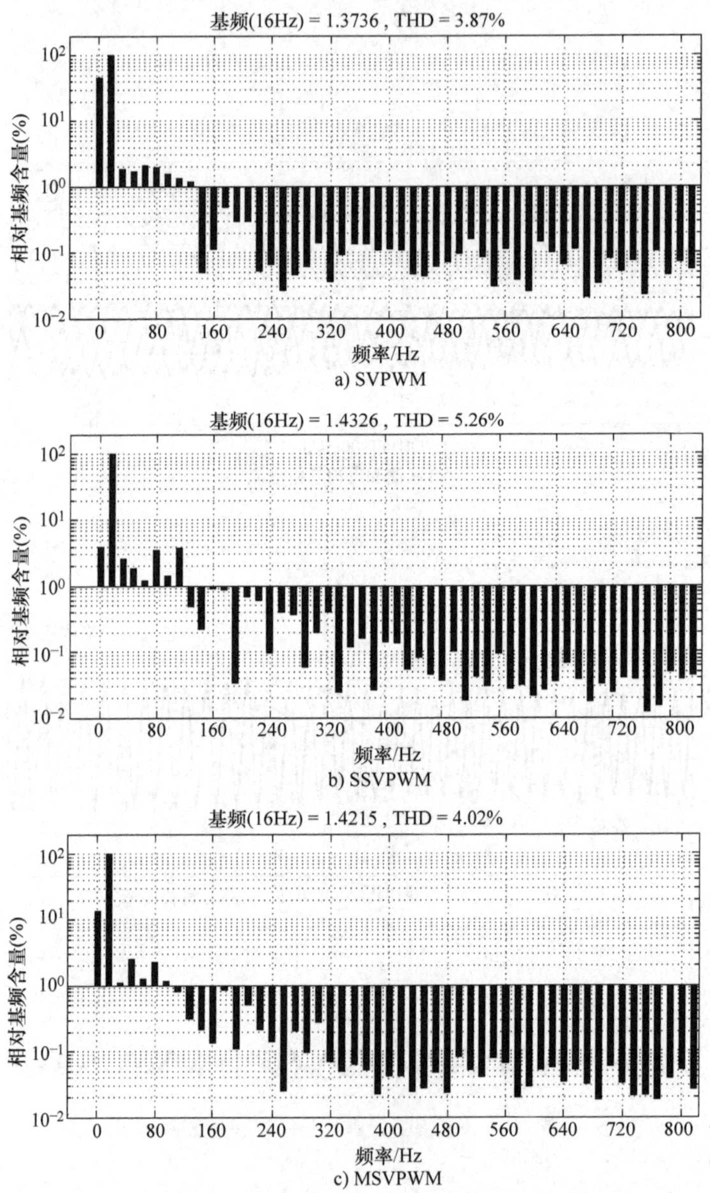

图 5-24 实测相电流谐波含量分析

5.5 本章小结

本章研究了用于直流母线电流采样的 MSVPWM 策略，其核心包括：两个零矢量被互补的有效电压矢量代替，以在不可观测区域提供电流测量窗口；在可观测区域内使用传统的 SVPWM 发波方法，在不可观测区域内采用互补矢量代替零矢量。从理论分析和实验结果可以得出以下三个结论：

1）通过将零矢量替换为两个互补的有效矢量，消除了传统 SVPWM 中的不可观测区域，PWM 波在一个开关周期内保持对称性，因此保持了 SVPWM 优良的动态和静态特性。

2）在不同电机运行条件下，重构相电流能准确跟随实际相电流，重构误差小于 3.7%，为高性能控制提供可靠的反馈电流信息。

3）与 SVPWM 相比，MSVPWM 的相电流 THD 提高了 0.15%，但其谐波更集中在高次，更容易被滤除。

MSVPWM 只增加了矢量选择和采样脉冲调整两相工作，并没有显著增加复杂度。开关频率为 10kHz 时，该方法可在主频 60MHz 的 TMS320F28035 上稳定运行。

参 考 文 献

[1] SHEN Y, ZHENG Z, WANG Q, et al. DC bus current sensed space vector pulsewidth modulation for three - phase inverter [J]. IEEE Transactions on Transportation Electrification, 2020, 7 (2): 815 - 824.

[2] 申永鹏，王前程，王延峰，等. 误差自校正混合脉宽调制策略 [J]. 电工技术学报，2022，37 (14): 3643 - 3653.

[3] LAI Y S, SHYU F S. Optimal common - mode Voltage reduction PWM technique for inverter control with consideration of the dead - time effects - part I: basic development [J]. IEEE transactions on industry applications, 2004, 40 (6): 1605 - 1612.

[4] LAI Y S, CHEN P S, LEE H K, et al. Optimal common - mode voltage reduction PWM technique for inverter control with consideration of the dead - time effects - part II: applications to IM drives with diode front end [J]. IEEE transactions on industry applications, 2004, 40 (6): 1613 - 1620.

[5] HAVA A M, ÜN E. A high - performance PWM algorithm for common - mode voltage reduction in three - phase voltage source inverters [J]. IEEE Transactions on Power Electronics, 2010, 26 (7): 1998 - 2008.

第 6 章 误差扩大效应及其抑制方法

针对前文指出的由零点漂移造成的重构误差问题，本章重点分析了直流母线电流零点漂移产生的原因，阐明了单电流传感器相电流采样的误差扩大效应。然后基于 MSVPWM 策略，对互补有效电压矢量进行动态电流双采样，在消除电流不可观测区域的同时，实现了电流零点漂移量的自检测和自校正。

6.1 电流零点漂移自校正方法

相电流的重构准确度对交流电驱动控制系统的性能至关重要。在实际控制系统中，相电流重构误差包括振荡误差、畸变误差、采样延迟误差、零点漂移误差等，其中零点漂移误差对控制系统的影响较大，因此实现对零点漂移的检测与校正对相电流重构准确度的提升至关重要。

6.1.1 直流母线电流零点漂移分析

典型的直流母线单电流传感器采样系统结构如图 6-1 所示，直流母线电流零点漂移主要包括电压基准漂移[1, 2]、霍尔电流传感器零点漂移[3, 4]和运算放大器零点漂移[5, 6]。无论哪个环节出现零点漂移，均会最终在测量结果中引入漂移量 Δi，使得重构相电流整体偏移实测相电流值。造成零点漂移的主要因素包括：

1）霍尔电流传感器零点漂移：受温度和封装应力的影响，由传感器内部霍尔元件和运算放大器产生的漂移，直接造成霍尔电流传感器输出信号的零点漂移[1]。

2）电压基准漂移：电压基准芯片的输出准确度和稳定性是其最重要的性能，受初始准确度、温度漂移、噪声等因素影响，其输出电压信号偏离理论值所造成的漂移量[2]。

3）运算放大器零点漂移：运算放大器内部元器件参数的不一致性，环境温度变化等因素将会导致零点漂移现象，其中温度是造成漂移的最主要原因[3,4]。

假设负载三相电流为 I_{r}（r = a，b，c），直流母线实际电流值为 I_{m}，零点漂移导致的电流漂移量为 I_{d}。由三相两电平逆变器直流母线电流与三相输出电流之间的关系可以得到，通过安装在直流母线上的单电流传感器进行采样时，以 A

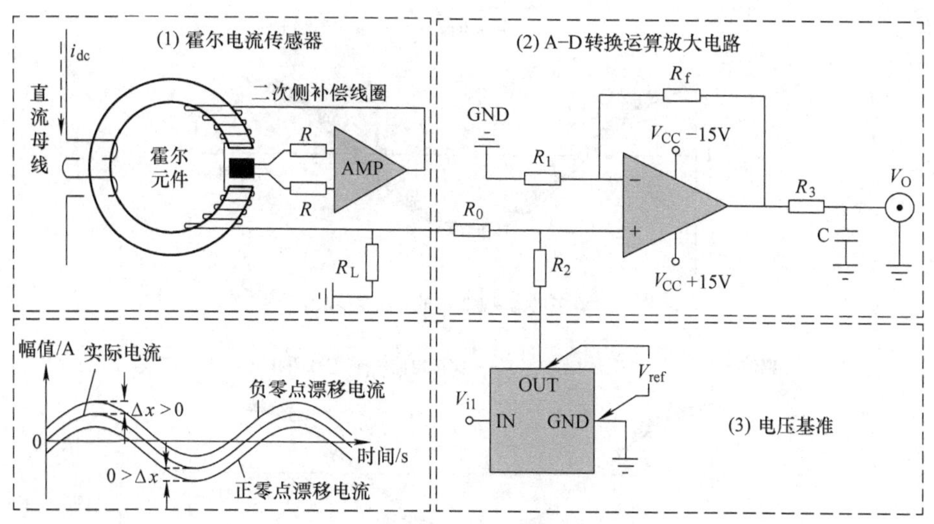

图 6-1　典型直流母线单电流传感器采样系统结构

相电流为例，当电压矢量 $\boldsymbol{V}_1$（100）或 $\boldsymbol{V}_4$（011）作用时，对应相电流信息为 i_a 或 $-i_a$，若 $I_a>0$，则

$$I_a=\begin{cases}I_{a1}=I_m+I_d & (100)\\ I_{a2}=-(-I_m+I_d) & (011)\end{cases} \tag{6-1}$$

式中，I_{a1} 和 I_{a2} 分别代表电压矢量 $\boldsymbol{V}_1$（100）或 $\boldsymbol{V}_4$（011）作用时控制系统实际获取的 A 相电流值，即测量值。显然 $I_{a1}-I_{a2}=2I_d$，即实际测量误差将扩大为 $2I_d$。当 $I_a<0$ 时，误差亦相同。该现象即为直流母线单电流传感器电流采样系统的误差扩大效应。如图 6-2 所示，用 γ 表示电流噪声，相比于多电流传感器，使用单电流传感器进行相电流重构时，零点漂移产生的误差将扩大至原来的两倍[5-7]。

6.1.2　动态电流双采样方法

基于所提 MSVPWM 方法，以参考电压矢量 $\boldsymbol{V}_{ref}$ 位于Ⅵ扇区和Ⅰ扇区的边界为例，在互补非零有效电压矢量插入后，PWM 脉冲及其对应的采样电流如图 6-3 所示，其中 i_{ec1} 和 i_{ec2} 为校正电流；i_{rc1} 和 i_{rc2} 为重构电流；i_{ec2} 和 i_{rc2} 为一次采样电流，整个误差自校正和电流采样过程，共需 3 次采样[7]。由于对互补非零有效电压矢量 $\boldsymbol{V}_3$（010）或 $\boldsymbol{V}_6$（101）进行了两次电流采样，故称动态电流双采样。每个扇区自校正时使用的有效电压矢量和对应自校正电流见表 6-1。

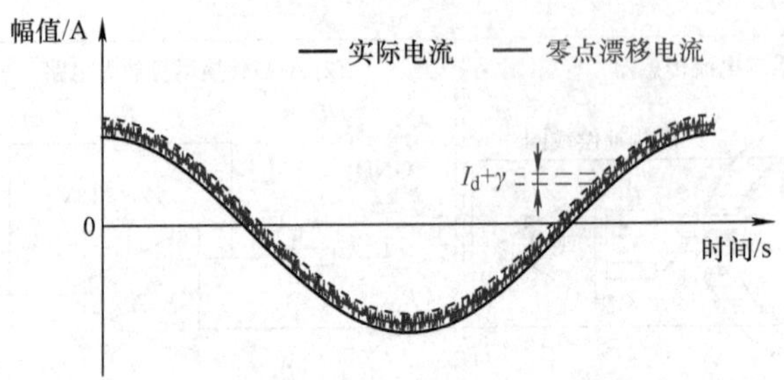

a) 多电流传感器时的零点漂移误差

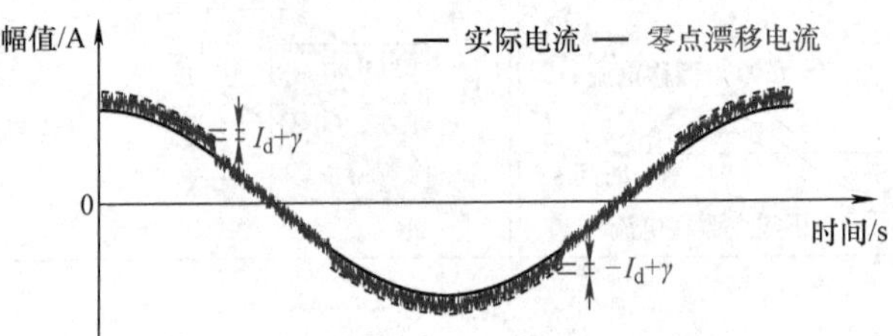

b) 直流母线单电流传感器电流采样系统的误差

图 6-2 直流母线单电流传感器电流采样系统的误差扩大效应（彩图见插页）

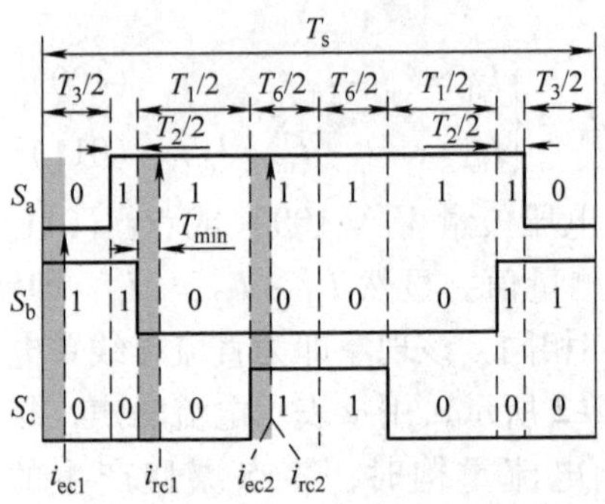

图 6-3 动态电流双采样时 PWM 脉冲和采样时刻波形（$\boldsymbol{V}_{ref}$位于Ⅰ扇区）

表 6-1 自校正时各扇区有效矢量及测量电流

扇区	有效矢量	测量电流	
		重构电流	自校正电流
Ⅰ	$\boldsymbol{V}_1$、$\boldsymbol{V}_2$、$\boldsymbol{V}_3$、$\boldsymbol{V}_6$	前：i_a、$-i_b$	i_b、$-i_b$
		后：$-i_c$、$-i_b$	i_b、$-i_b$
Ⅱ	$\boldsymbol{V}_1$、$\boldsymbol{V}_2$、$\boldsymbol{V}_3$、$\boldsymbol{V}_4$	前：i_a、$-i_c$	i_a、$-i_a$
		后：$-i_a$、i_b	i_a、$-i_a$

（续）

扇区	有效矢量	测量电流	
		重构电流	自校正电流
Ⅲ	$\boldsymbol{V}_2$、$\boldsymbol{V}_3$、$\boldsymbol{V}_4$、$\boldsymbol{V}_5$	前：i_b、$-i_c$	i_c、$-i_c$
		后：$-i_a$、i_c	i_c、$-i_c$
Ⅳ	$\boldsymbol{V}_3$、$\boldsymbol{V}_4$、$\boldsymbol{V}_5$、$\boldsymbol{V}_6$	前：$-i_a$、i_b	i_b、$-i_b$
		后：i_c、$-i_b$	i_b、$-i_b$
Ⅴ	$\boldsymbol{V}_1$、$\boldsymbol{V}_4$、$\boldsymbol{V}_5$、$\boldsymbol{V}_6$	前：i_c、$-i_a$	i_a、$-i_a$
		后：$-i_b$、i_a	i_a、$-i_a$
Ⅵ	$\boldsymbol{V}_1$、$\boldsymbol{V}_2$、$\boldsymbol{V}_5$、$\boldsymbol{V}_6$	前：$-i_b$、i_c	i_c、$-i_c$
		后：i_a、$-i_c$	i_c、$-i_c$

6.1.3　误差自校正策略

消除误差扩大效应的方法是检测到零点漂移误差，并对采样结果进行校正。根据零点漂移对采样结果的影响，可以发现，如果能在一个载波周期内同时得到某相电流的正值或负值，便可以通过两次采样值之差是否等于零来判断是否存在零点漂移以及漂移量的大小。仍以 A 相电流为例，当电压矢量 $\boldsymbol{V}_1$(100) 或 $\boldsymbol{V}_4$(011)作用时，若 $I_a>0$，由于 $I_{a1}-I_{a2}=2I_d$，可得 $I_d=(I_{a1}-I_{a2})/2$。在计算实际电流值时，减去该漂移量，即可实现零点漂移的误差自校正。

动态电流双采样方法通过对互补非零有效电压矢量进行两次采样，可得到某相电流的正值或负值，误差自校正策略基于该值，便可实现漂移量 I_d 的检测，从而完成了重构电流自校正。

6.2　实验结果分析

电机起动阶段实测与重构相电流波形如图 6-4 所示，由于直流母线电流零点漂移现象，实测相电流为零时，重构相电流在漂移量附近波动，误差校正使能后，漂移量降低。正常运行时，校正前后实测与重构相电流波形如图 6-5a 所示。电流零点漂移自校正前相电流曲线如图 6-5b 所示，各重构相电流之间存在漂移量差值。校正后的相电流曲线如图 6-5c 所示，漂移量差值为零。

当 $m=0.7$ 电机平稳运行在转速 1000r/min 时，实测相电流和重构相电流如图 6-6 所示。在整个电机运行矢量平面内，各扇区切换处电流平滑且在不可观测区域相电流能够准确重构。

由于两次采样时刻不同步和重构算法执行时间等因素的影响，重构相电流相

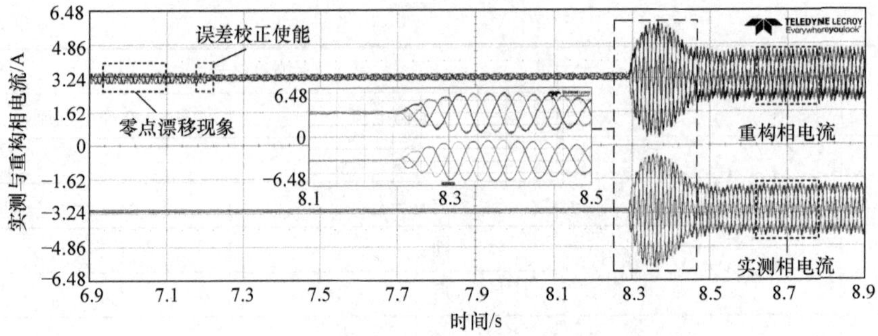

图 6-4 电机起动阶段实测与重构相电流曲线

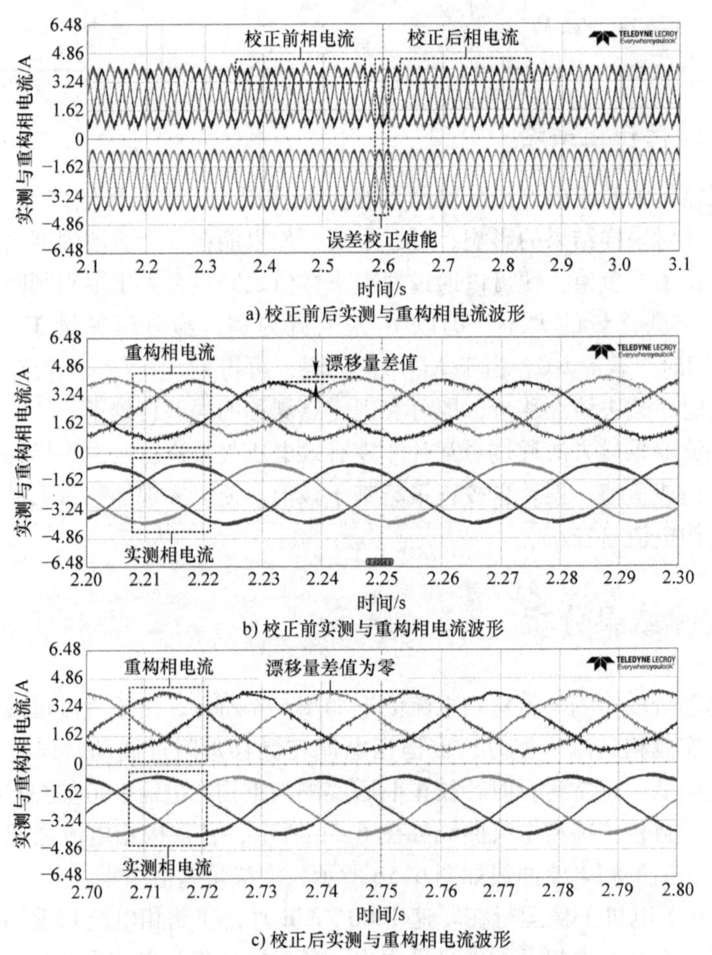

a) 校正前后实测与重构相电流波形

b) 校正前实测与重构相电流波形

c) 校正后实测与重构相电流波形

图 6-5 零点漂移自校正前后实测与重构相电流曲线

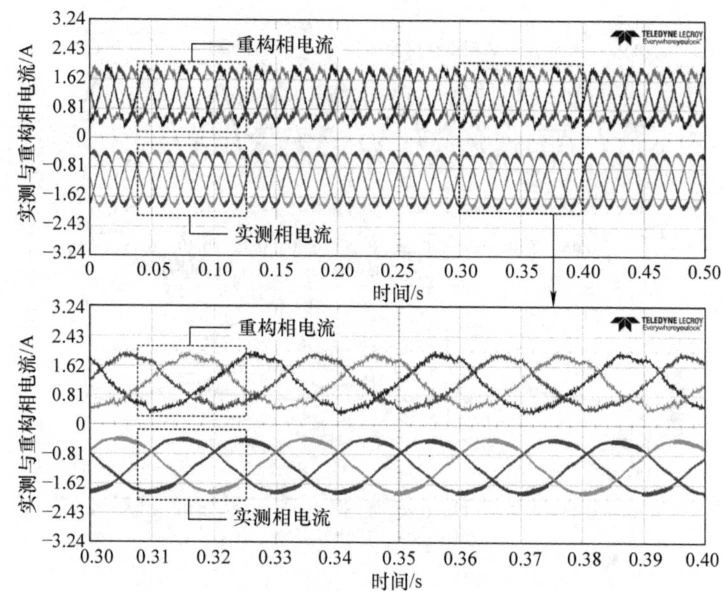

图 6-6 自校正策略使能后实测和重构相电流（转速 1000r/min）

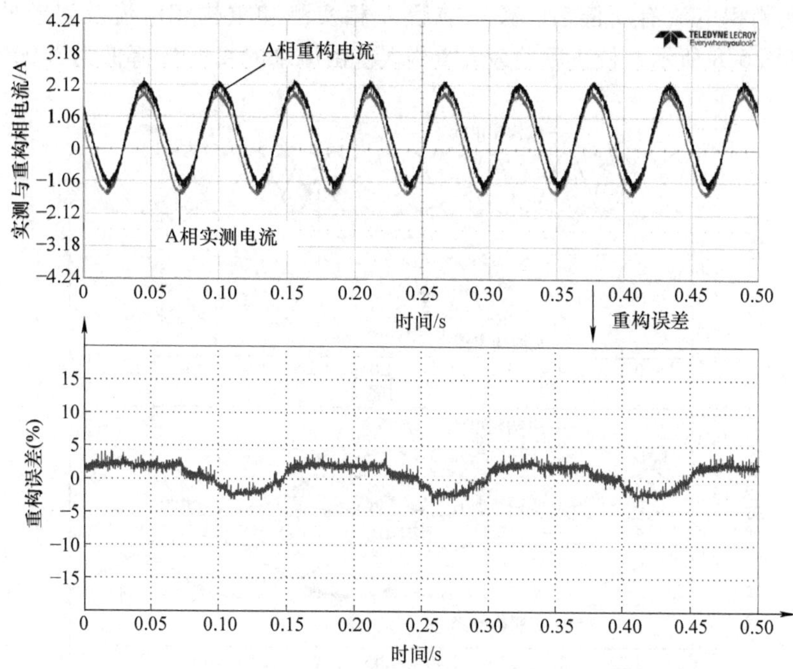

图 6-7 校正前 A 相实测和重构相电流及误差曲线

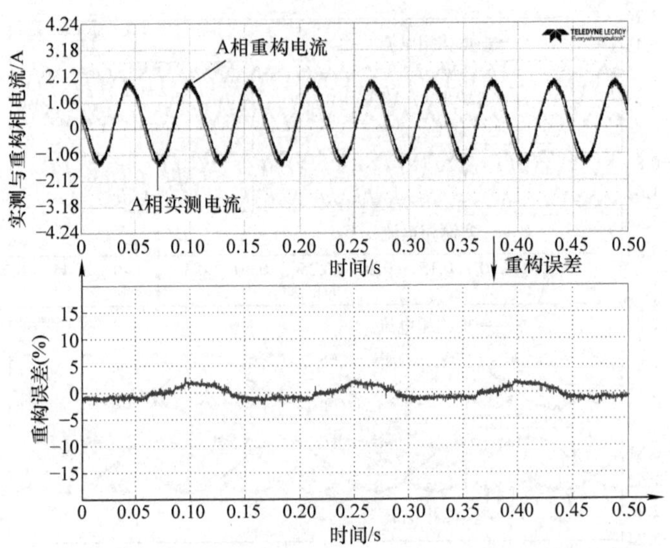

图 6-8　校正后 A 相实测和重构相电流及误差曲线

位相比实测相电流有所滞后。校正前后 A 相实测和重构相电流及误差曲线如图 6-7和图 6-8 所示，校正后的最大重构误差由原来的 4. 12% 降低为 3. 06% 。

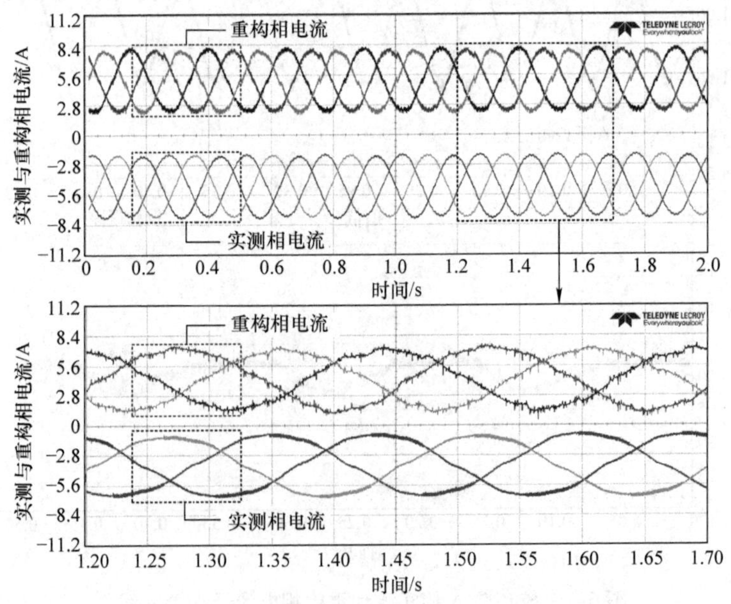

图 6-9　低速下误差自校正策略实测和重构相电流

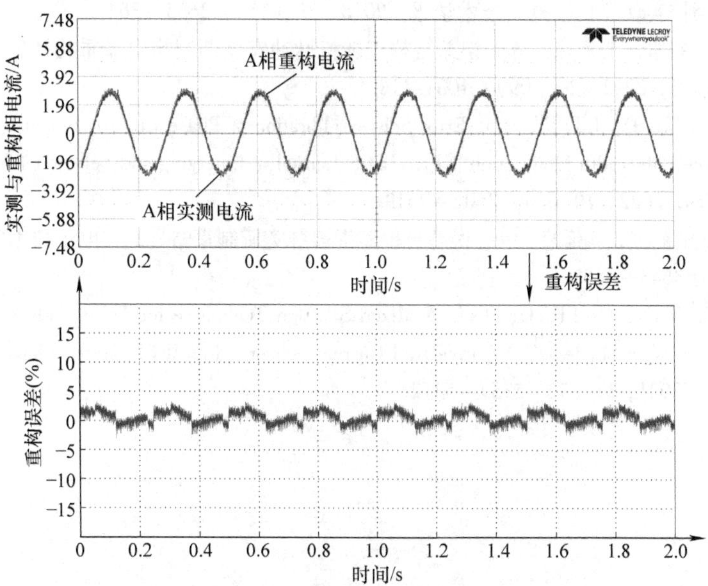

图6-10 低速下A相实测和重构相电流及误差曲线

在低调制度下测试了误差自校正策略的重构效果，图6-9给出了电机在低速（120r/min，$m=0.3$）运行时，实测相电流和重构相电流曲线。从图6-9中可以看出，实测相电流与重构相电流仍保持良好的正弦曲线。低速下所提方法A相实测和重构相电流及误差曲线如图6-10所示，校正后的相电流重构误差控制在3.57%以内。

6.3 本章小结

针对由零点漂移造成的重构误差问题，本章在阐明单电流传感器相电流采样误差扩大效应的基础上，通过动态电流双采样和误差自校正策略实现了零点漂移误差的自检测和自校正，在一定程度上消除了由于电流零点漂移引入的重构误差，提高了电流重构准确度，保证最大重构误差小于3.57%。

参考文献

[1] 王瑞峰，米银锁. 霍尔传感器在直流电流检测中的应用 [J]. 仪器仪表学报，2006（S1）：312-313，333.

[2] 谢海情，王振宇，曾健平，等. 一种低温漂高电源电压抑制比带隙基准电压源设计 [J]. 湖南大学学报（自然科学版），2021，48（08）：119-124.

[3] 袁臣虎，王岁，刘晓明，等. 基于PMSM的EPS系统电流传感器零点误差在线标定策略

研究与调控实现［J］．电工技术学报，2018，33（15）：3635－3643.

［4］申永鹏，刘迪，王延峰，等．误差自校正随机脉冲宽度调制相电流重构研究［J］．电机与控制学报，2022，26（09）：108－118.

［5］SHEN Y，LIU D，LIU P，et al. Error Self－Calibration of Phase Current Reconstruction Based on Random Pulsewidth Modulation［J］．IEEE Journal of Emerging and Selected Topics in Power Electronics，2022，10（6）：7502－7513.

［6］申永鹏，王前程，王延峰，等．误差自校正混合脉宽调制策略［J］．电工技术学报，2022，37（14）：3643－3653.

［7］SHEN Y，WANG Q，LIU D，et al. A Mixed SVPWM Technique for Three－Phase Current Reconstruction With Single DC Negative Rail Current Sensor［J］．IEEE Transactions on Power Electronics，2021，37（5）：5357－5372.

第7章 T型三电平逆变器及电压空间矢量调制

三电平逆变器相比两电平逆变器拥有更小的 dv/dt 和更好的电能质量，广泛应用于新能源电能变换、中压和高压变频驱动等领域。此外，T 型三电平逆变器相比于二极管箝位式三电平逆变器少 6 个快恢复二极管，具有器件少、导通损耗小和功率损耗均匀等优点，是中高电压等级和大功率逆变器领域的理想电力电子变换器[1-6]。本章介绍了 T 型三电平逆变器拓扑结构，分析了其电压空间矢量调制算法的关键环节，设计了其 Simulink 仿真模型。

7.1 T 型三电平逆变器拓扑结构

7.1.1 拓扑结构概述

如图 7-1 所示，三相 T 型三电平逆变器共由 12 只开关管（IGBT、MOSFET 等全控型器件）构成，每相 4 只。例如 A 相为 S_{a1}、S_{a2}、S_{a3}和 S_{a4}。直流侧的两只均压直流电容 C_{d1}和 C_{d2}将母线电压 U_d分为两个 $U_d/2$，中点为 N。A、B、C 三相分别通过两只反向串联的开关管与中点 N 连接，实现双向的可控开关。由于电

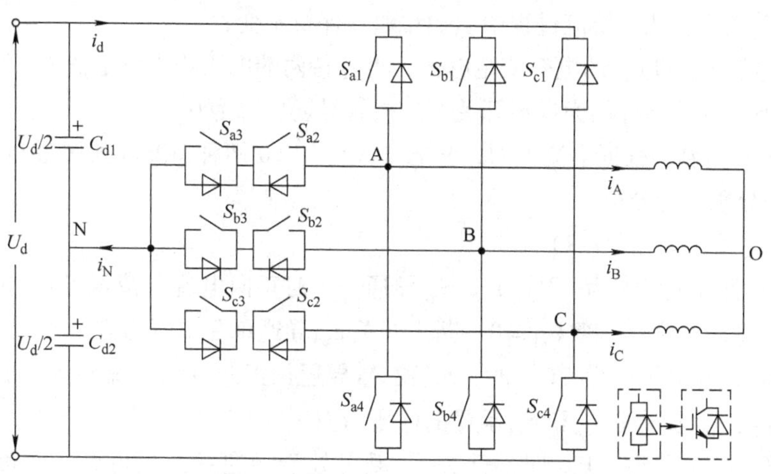

图 7-1 三相 T 型三电平逆变器拓扑结构

容 C_{d1} 和 C_{d2} 的电容值有限，中点电流 i_N 对电容的充放电会造成中点电压的偏移。

7.1.2 开关状态分析

以 A 相桥臂为例，T 型三电平逆变器每个桥臂的开关状态有三种，见表 7-1。

1）[P] 表示上桥臂开关 S_{a1} 导通、S_{a3} 和 S_{a4} 关断、S_{a2} 工作于任意状态，此时 A 相输出电压 $U_{AN} = U_d/2$；

2）[0] 表示上桥臂开关 S_{a1} 和下桥臂开关 S_{a4} 关断、S_{a2} 和 S_{a3} 导通，此时 A 相输出电压 $U_{AN} = 0$；

3）[N] 表示下桥臂开关 S_{a4} 导通、S_{a1} 和 S_{a2} 关断、S_{a3} 工作于任意状态，此时 A 相输出电压 $U_{AN} = -U_d/2$。

表 7-1 A 相基本开关状态

状态表示	器件开关状态				A 相输出电压 U_{AN}
	S_{a1}	S_{a2}	S_{a3}	S_{a4}	
[P]	导通	X/导通	关断	关断	$U_d/2$
[0]	关断	导通	导通	关断	0
[N]	关断	关断	X/导通	导通	$-U_d/2$

7.1.3 换流过程分析

为了便于换流过程的分析，假定：

1）负载为感性，换流过程中 i_A、i_B 和 i_C 保持不变；

2）电容 C_{d1} 和 C_{d2} 的电容值足够大，可保持两端电压均为稳定的 $U_d/2$；

3）所有开关器件均为理想开关，二极管导通压降为 0。

以 A 相为例，根据电流方向，分 $i_A > 0$ 和 $i_A < 0$ 两种情况和死区过渡状态三种情况来分别进行分析。

（1）$i_A > 0$（见图 7-2）

$i_A > 0$ 且开关状态为 [P] 时，S_{a1} 导通。此时正向电流 i_A 流经 S_{a1}，由于 S_{a1} 为理想开关，其导通压降 $U_{s1} = 0$，断态开关 S_{a4} 导通承受电压为 U_d。

$i_A > 0$ 且开关状态为 [0] 时，S_{a3} 和 S_{a2} 导通，正向电流 i_A 流经 S_{a3} 的续流二极管和 S_{a2}；断态开关 S_{a1} 和 S_{a4} 承受的电压为 $U_d/2$。

尽管开关状态为 [P] 时，开关 S_{a2} 既可处于导通状态也可处于关断状态，但是考虑由状态 [P] 至状态 [0] 的换流过程，如果 [P] 状态 S_{a2} 为关断状态，需要先关断 S_{a1}，然后先后开通 S_{a3} 和 S_{a2}，一次换流过程需要调整 3 只开关管的状态。如果［P］状态 S_{a2} 为导通状态，那么只需要先关断 S_{a1}，然后开通 S_{a3} 即可。因此，后续的分析过程中，开关状态为［P］时令 S_{a2} 为导通状态。

$i_A>0$ 且开关状态为［N］时，S_{a4} 导通。此时正向电流 i_A 流经 S_{a4} 的续流二极管。断态开关 S_{a1} 导通承受电压为 U_d。

尽管开关状态为［N］时，开关 S_{a3} 既可处于导通状态也可处于关断状态，但是考虑由状态［0］至状态［N］的换流过程，如果状态［N］下 S_{a3} 为关断状态，需要先关断 S_{a2}，然后先后开通 S_{a3} 和 S_{a4}，一次换流过程需要调整 3 只开关管的状态。如果状态［N］下 S_{a3} 为导通状态，那么只需要先关断 S_{a2}，然后开通 S_{a4} 即可。因此，后续的分析过程中，开关状态为［N］时令 S_{a3} 为导通状态。$i_A>0$时的整个换流过程如图 7-2 所示。

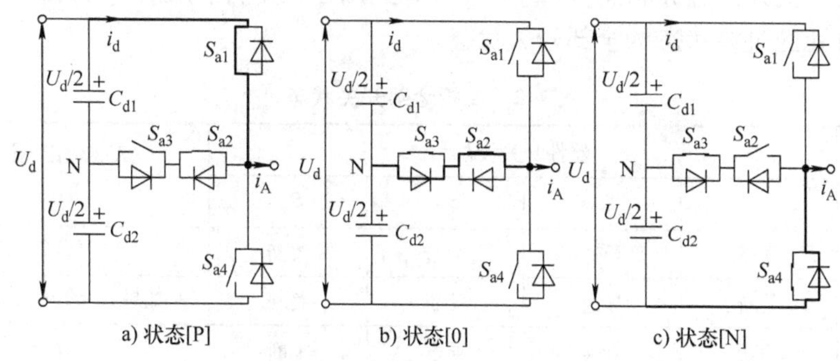

图 7-2　$i_A>0$ 时，由［P］至［0］再至［N］的换流过程（图中黑粗线为电流通路）

（2）$i_A<0$（见图 7-3）

$i_A<0$ 且开关状态为［P］时，S_{a1} 和 S_{a2} 导通。此时反向电流 i_A 流经 S_{a1} 的续流二极管，断态开关 S_{a4} 导通承受电压为 U_d。此时需要注意，图 7-3 中由于仅画出了 A 相桥臂，此时直流母线电流 i_d 的流向需综合考虑 i_B 和 i_C 的情况。

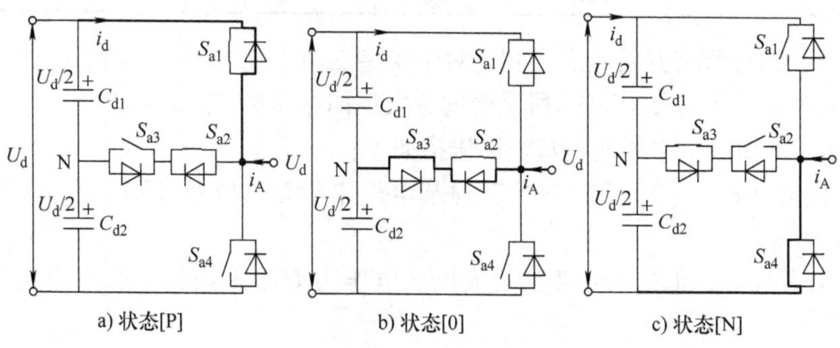

图 7-3　$i_A<0$ 时，由［P］至［0］再至［N］的换流过程（图中黑粗线为电流通路）

$i_A<0$ 且开关状态为［0］时，S_{a3} 和 S_{a2} 导通，反向电流 i_A 流经 S_{a2} 的续流二极管和 S_{a3}；断态开关 S_{a1} 和 S_{a4} 承受电压为 $U_d/2$。

$i_A<0$ 且开关状态为［N］时，S_{a4} 导通。此时反向电流 i_A 流经 S_{a4}，由于 S_{a4} 为理想开关，其导通压降 $U_{s4}=0$。断态开关 S_{a1} 导通承受电压为 U_d。

上述过程分别分析了 $i_A>0$ 和 $i_A<0$ 两种情况下，A 相桥臂的开关状态由［P］至［0］再至［N］的换流过程，需要指出的是开关状态由［0］至［P］或者由［N］至［0］的换流过程遵循同样的原理。

(3) 死区过渡状态

除了［P］、［0］和［N］三种稳定工作状态外，T 型三电平逆变器还存在［P］和［0］状态切换过程中的死区过渡状态［T1］，以及［N］和［0］状态切换过程中的死区过渡状态［T2］。表 7-2 列出了按顺序列出了包含三种稳定模态和两种死区过渡状态的全部开关状态。

表 7-2　A 相全部开关状态

状态表示	器件开关状态				A 相输出电压
	S_{a1}	S_{a2}	S_{a3}	S_{a4}	U_{AN}
[P]	导通	导通	关断	关断	$U_d/2$
[T1]	关断	导通	关断	关断	如果 $i_A<0$ 则为 $U_d/2$
[0]	关断	导通	导通	关断	0
[T2]	关断	关断	导通	关断	如果 $i_A>0$ 则为 $-U_d/2$
[N]	关断	关断	导通	导通	$-U_d/2$
[T2]	关断	关断	导通	关断	如果 $i_A>0$ 则为 $-U_d/2$
[0]	关断	导通	导通	关断	0
[T1]	关断	导通	关断	关断	如果 $i_A<0$ 则为 $U_d/2$
[P]	导通	导通	关断	关断	$U_d/2$

此外，综合所有开关状态可知，对于 T 型三电平逆变器，S_{a1} 和 S_{a4} 所承受的最大反向电压为 U_d，S_{a2} 和 S_{a3} 所承受的最大反向电压为 $U_d/2$。

综上，T 型三电平逆变器特征可概括如下：

1) 包含［P］、［0］和［N］三种基本工作状态，以及［T1］、［T2］两种死区过渡状态；

2) 开关管 S_{a1} 和 S_{a4} 所承受的最大反向电压为 U_d，S_{a2} 和 S_{a3} 所承受的最大反向电压为 $U_d/2$；

3) ［P］和［N］的状态切换需经过过渡状态［T1］或［T2］以及［0］状态。

7.2 T 型三电平逆变器的电压空间矢量调制

7.2.1 基本电压空间矢量

结合前述 T 型三电平逆变器的 3 种稳定模态开关状态，考虑 A、B、C 三相，可知，逆变器共有 $3^3=27$ 种开关状态组合，具体见表 7-3，如图 7-4 所示。

表 7-3　基本矢量

空间矢量		开关状态	U_{AN}	U_{BN}	U_{CN}	矢量类别	矢量值 $U(t)$
$\boldsymbol{V}_0$		[PPP] [000] [NNN]	0	0	0	零矢量	0
$\boldsymbol{V}_1$	$\boldsymbol{V}_{1P}$	[P00]	$U_d/2$	0	0	小矢量	$\frac{1}{3}U_d e^{j0}$
	$\boldsymbol{V}_{1N}$	[0NN]	0	$-U_d/2$	$-U_d/2$		
$\boldsymbol{V}_2$	$\boldsymbol{V}_{2P}$	[PP0]	$U_d/2$	$U_d/2$	0	小矢量	$\frac{1}{3}U_d e^{j\pi/3}$
	$\boldsymbol{V}_{2N}$	[00N]	0	0	$-U_d/2$		
$\boldsymbol{V}_3$	$\boldsymbol{V}_{3P}$	[0P0]	0	$U_d/2$	0	小矢量	$\frac{1}{3}U_d e^{j2\pi/3}$
	$\boldsymbol{V}_{3N}$	[N0N]	$-U_d/2$	0	$-U_d/2$		
$\boldsymbol{V}_4$	$\boldsymbol{V}_{4P}$	[0PP]	0	$U_d/2$	$U_d/2$	小矢量	$\frac{1}{3}U_d e^{j\pi}$
	$\boldsymbol{V}_{4N}$	[N00]	$-U_d/2$	0	0		
$\boldsymbol{V}_5$	$\boldsymbol{V}_{5P}$	[00P]	0	0	$U_d/2$	小矢量	$\frac{1}{3}U_d e^{j4\pi/3}$
	$\boldsymbol{V}_{5N}$	[NN0]	$-U_d/2$	$-U_d/2$	0		
$\boldsymbol{V}_6$	$\boldsymbol{V}_{6P}$	[P0P]	$U_d/2$	0	$U_d/2$	小矢量	$\frac{1}{3}U_d e^{j5\pi/3}$
	$\boldsymbol{V}_{6N}$	[0N0]	0	$-U_d/2$	0		
$\boldsymbol{V}_7$		[P0N]	$U_d/2$	0	$-U_d/2$	中矢量	$\frac{\sqrt{3}}{3}U_d e^{j\pi/6}$
$\boldsymbol{V}_8$		[0PN]	0	$U_d/2$	$-U_d/2$	中矢量	$\frac{\sqrt{3}}{3}U_d e^{j\pi/2}$
$\boldsymbol{V}_9$		[NP0]	$-U_d/2$	$U_d/2$	0	中矢量	$\frac{\sqrt{3}}{3}U_d e^{j5\pi/6}$
$\boldsymbol{V}_{10}$		[N0P]	$-U_d/2$	0	$U_d/2$	中矢量	$\frac{\sqrt{3}}{3}U_d e^{j7\pi/6}$
$\boldsymbol{V}_{11}$		[0NP]	0	$-U_d/2$	$U_d/2$	中矢量	$\frac{\sqrt{3}}{3}U_d e^{j3\pi/2}$

（续）

空间矢量	开关状态	U_{AN}	U_{BN}	U_{CN}	矢量类别	矢量值 $U(t)$
$\boldsymbol{V}_{12}$	[PN0]	$U_d/2$	$-U_d/2$	0	中矢量	$\frac{\sqrt{3}}{3}U_d e^{j11\pi/6}$
$\boldsymbol{V}_{13}$	[PNN]	$U_d/2$	$-U_d/2$	$-U_d/2$	大矢量	$\frac{2}{3}U_d e^{j0}$
$\boldsymbol{V}_{14}$	[PPN]	$U_d/2$	$U_d/2$	$-U_d/2$	大矢量	$\frac{2}{3}U_d e^{j\pi/3}$
$\boldsymbol{V}_{15}$	[NPN]	$-U_d/2$	$U_d/2$	$-U_d/2$	大矢量	$\frac{2}{3}U_d e^{j2\pi/3}$
$\boldsymbol{V}_{16}$	[NPP]	$-U_d/2$	$U_d/2$	$U_d/2$	大矢量	$\frac{2}{3}U_d e^{j\pi}$
$\boldsymbol{V}_{17}$	[NNP]	$-U_d/2$	$-U_d/2$	$U_d/2$	大矢量	$\frac{2}{3}U_d e^{j4\pi/3}$
$\boldsymbol{V}_{18}$	[PNP]	$U_d/2$	$-U_d/2$	$U_d/2$	大矢量	$\frac{2}{3}U_d e^{j5\pi/3}$

根据电压空间矢量的定义，不同开关状态下的矢量值 $U(t)$ 可以表示为

$$U(t)=\mathrm{k}[U_{AN}(t)+U_{BN}(t)e^{j2\pi/3}+U_{CN}(t)e^{j4\pi/3}]=|U(t)|e^{j\theta} \tag{7-1}$$

式中，k 为常数因子，如根据空间矢量瞬时功率相等原则，$\mathrm{k}=\sqrt{\frac{2}{3}}$；根据空间矢量幅值相等原则时，$\mathrm{k}=\frac{2}{3}$[7-8]。

根据 27 种电压矢量的幅值，可分为四组：

(1) 零矢量 $\boldsymbol{V}_0$，其幅值为 0，包含 [PPP]、[000] 和 [NNN] 三种开关状态；

(2) 小矢量 $\boldsymbol{V}_1 \sim \boldsymbol{V}_6$，其幅值为$\frac{1}{3}U_d$，每个小矢量均可由两种开关状态完成，其开关特征为均包含一个 [0] 状态，另外两种开关状态一致；或者包含两个 [0] 状态；

(3) 中矢量 $\boldsymbol{V}_7 \sim \boldsymbol{V}_{12}$，其幅值为$\frac{\sqrt{3}}{3}U_d$，其开关特征为三种开关状态均不同；

(4) 大矢量 $\boldsymbol{V}_{13} \sim \boldsymbol{V}_{18}$，其幅值为$\frac{2}{3}U_d$，其开关特征为不包含 [0] 状态。

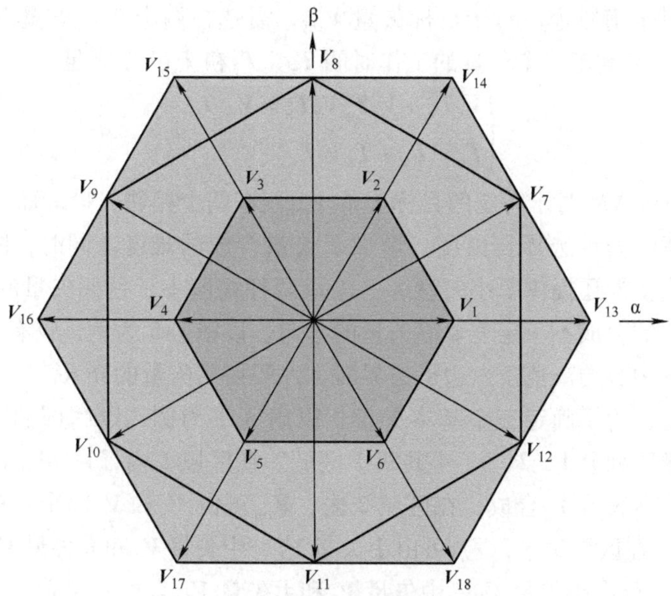

图 7-4　T 型三电平逆变器的空间矢量图

7.2.2　电压矢量合成

如何基于 18 种基本电压矢量，合成任意电压矢量，是电压空间矢量调制下一步要解决的问题。为了便于分析，将图 7-5 所示的电压空间矢量图划分为六个三角形扇区 Ⅰ 至 Ⅵ。

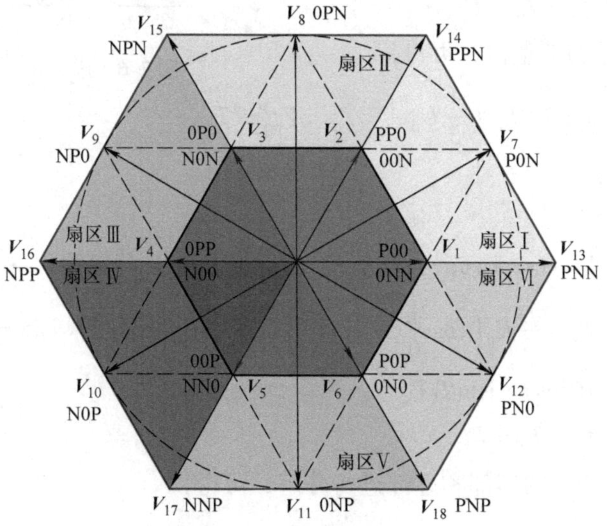

图 7-5　T 型三电平逆变器矢量、扇区和区域

根据伏秒平衡原理，对于目标矢量 $\boldsymbol{V}_{\mathrm{ref}}$，需选择两个相邻矢量 $\boldsymbol{V}_{\mathrm{x}}$、$\boldsymbol{V}_{\mathrm{y}}$ 和一个零矢量 $\boldsymbol{V}_{\mathrm{z}}$，并确定三个矢量的工作时间 $\boldsymbol{T}_{\mathrm{x}}$、$\boldsymbol{T}_{\mathrm{y}}$ 和 $\boldsymbol{T}_{\mathrm{z}}$，以满足，

$$\begin{cases}\boldsymbol{V}_{\mathrm{x}}\boldsymbol{T}_{\mathrm{x}}+\boldsymbol{V}_{\mathrm{y}}\boldsymbol{T}_{\mathrm{y}}\boldsymbol{V}_{\mathrm{z}}\boldsymbol{T}_{\mathrm{z}}=\boldsymbol{V}_{\mathrm{ref}}\boldsymbol{T}_{\mathrm{s}}\\ \boldsymbol{T}_{\mathrm{x}}+\boldsymbol{T}_{\mathrm{y}}+\boldsymbol{T}_{\mathrm{z}}=\boldsymbol{T}_{\mathrm{s}}\end{cases}\tag{7-2}$$

两电平 SVPWM 对于特定的目标矢量 $\boldsymbol{V}_{\mathrm{ref}}$ 仅有两个相邻矢量，而三电平 SVPWM 拥有较高的矢量选择自由度，增加了矢量合成的难度。同时，除了零矢量外，三电平逆变器还提供了小矢量、中矢量两种幅值小于目标矢量的基本矢量，因此目标矢量的合成不一定需要零矢量的参与。以图 7-5 为例，仅有当目标矢量的幅值小于图中心的灰色正六边形边界时，才需要零矢量的介入。

进一步地，为了确定三个基本矢量，以扇区Ⅰ为例，以内部的蓝色曲线为界，可将该扇区划分 1、2、3、4 共四个区域。在区域 1 内，$\boldsymbol{V}_{\mathrm{ref}}$ 可由 $\boldsymbol{V}_1$ 和 $\boldsymbol{V}_2$ 两个小矢量以及零矢量 $\boldsymbol{V}_0$ 合成；在区域 2 内，$\boldsymbol{V}_{\mathrm{ref}}$ 可由 $\boldsymbol{V}_1$ 和 $\boldsymbol{V}_2$ 两个小矢量以及中矢量 $\boldsymbol{V}_7$ 合成；在区域 3 内，$\boldsymbol{V}_{\mathrm{ref}}$ 可由小矢量 $\boldsymbol{V}_1$、中矢量 $\boldsymbol{V}_7$ 和大矢量 $\boldsymbol{V}_{13}$ 合成；在区域 4 内，$\boldsymbol{V}_{\mathrm{ref}}$ 可由小矢量 $\boldsymbol{V}_2$、中矢量 $\boldsymbol{V}_7$ 和大矢量 $\boldsymbol{V}_{14}$ 合成。尽管，还存在其他基本矢量的选择方式，但是可能会造成输出谐波或者开关损耗的增大。

例如，如图 7-6 所示，当 $\boldsymbol{V}_{\mathrm{ref}}$ 落入区域 2 时，三个基本矢量为 $\boldsymbol{V}_1$、$\boldsymbol{V}_2$ 和 $\boldsymbol{V}_7$，此时三个矢量的作用时间需满足，

$$\begin{cases}\boldsymbol{V}_1\boldsymbol{T}_{\mathrm{x}}+\boldsymbol{V}_7\boldsymbol{T}_{\mathrm{y}}+\boldsymbol{V}_2\boldsymbol{T}_{\mathrm{z}}=\boldsymbol{V}_{\mathrm{ref}}\boldsymbol{T}_{\mathrm{s}}\\ \boldsymbol{T}_{\mathrm{x}}+\boldsymbol{T}_{\mathrm{y}}+\boldsymbol{T}_{\mathrm{z}}=\boldsymbol{T}_{\mathrm{s}}\end{cases}\tag{7-3}$$

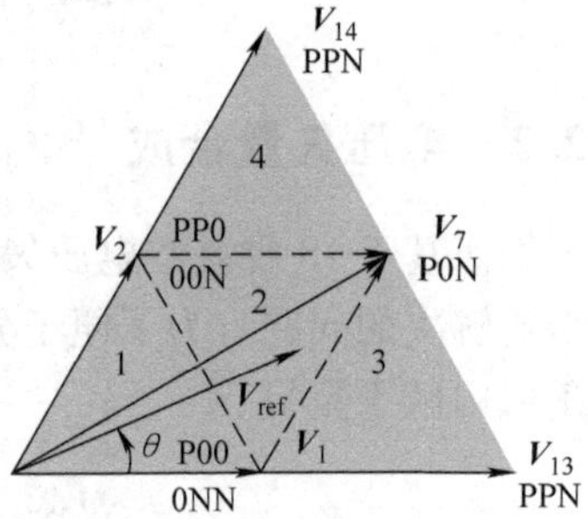

图 7-6 扇区Ⅰ矢量及作用时间

代入各基础矢量的矢量值，可得，

$$\begin{cases}\dfrac{1}{3}U_{\mathrm{d}}\mathrm{e}^{\mathrm{j}0}\boldsymbol{T}_{\mathrm{x}}+\dfrac{\sqrt{3}}{3}U_{\mathrm{d}}\mathrm{e}^{\mathrm{j}\pi/6}\boldsymbol{T}_{\mathrm{y}}+\dfrac{1}{3}U_{\mathrm{d}}\mathrm{e}^{\mathrm{j}\pi/3}\boldsymbol{T}_{\mathrm{z}}=\boldsymbol{V}_{\mathrm{ref}}\mathrm{e}^{\mathrm{j}\theta}\boldsymbol{T}_{\mathrm{s}}\\ \boldsymbol{T}_{\mathrm{x}}+\boldsymbol{T}_{\mathrm{y}}+\boldsymbol{T}_{\mathrm{z}}=\boldsymbol{T}_{\mathrm{s}}\end{cases}\tag{7-4}$$

根据欧拉公式 $\mathrm{e}^{\mathrm{j}x}=\cos x+\mathrm{j}\sin x$，可将式（7-4）进一步分解为

$$\begin{cases}\dfrac{1}{3}U_{\mathrm{d}}\boldsymbol{T}_{\mathrm{x}}+\dfrac{\sqrt{3}}{3}U_{\mathrm{d}}\left(\cos\dfrac{\pi}{6}+\mathrm{j}\sin\dfrac{\pi}{6}\right)\boldsymbol{T}_{\mathrm{y}}+\dfrac{1}{3}U_{\mathrm{d}}\left(\cos\dfrac{\pi}{3}+\mathrm{j}\sin\dfrac{\pi}{3}\right)\boldsymbol{T}_{\mathrm{z}}\\ =\boldsymbol{V}_{\mathrm{ref}}(\cos\theta+\mathrm{j}\sin\theta)\boldsymbol{T}_{\mathrm{s}}\\ \boldsymbol{T}_{\mathrm{x}}+\boldsymbol{T}_{\mathrm{y}}+\boldsymbol{T}_{\mathrm{z}}=\boldsymbol{T}_{\mathrm{s}}\end{cases}\tag{7-5}$$

进一步将式（7-5）的实部和虚部进行分解，可得，

$$\begin{cases} \boldsymbol{T}_x + \dfrac{3}{2}\boldsymbol{T}_y + \dfrac{1}{2}\boldsymbol{T}_z = 3\dfrac{\boldsymbol{V}_{ref}}{U_d}\cos\theta\boldsymbol{T}_s \\ \boldsymbol{T}_y + \boldsymbol{T}_z = \dfrac{\sqrt{3}}{2}\dfrac{\boldsymbol{V}_{ref}}{U_d}\sin\theta\boldsymbol{T}_s \\ \boldsymbol{T}_x + \boldsymbol{T}_y + \boldsymbol{T}_z = \boldsymbol{T}_s \end{cases} \tag{7-6}$$

最终可解得，

$$\begin{cases} \boldsymbol{T}_x = \boldsymbol{T}_s[1-2k\sin\theta] \\ \boldsymbol{T}_y = \boldsymbol{T}_s\left[2k\sin\left(\dfrac{\pi}{3}+\theta\right)-1\right] \\ \boldsymbol{T}_z = \boldsymbol{T}_s\left[1-2k\sin\left(\dfrac{\pi}{3}-\theta\right)\right] \end{cases} \tag{7-7}$$

式中，k 为调制度，

$$k = \frac{\sqrt{3}\boldsymbol{V}_{ref}}{U_d} \tag{7-8}$$

由于逆变器的线性调制区域为图 7-5 所示大正六边形的内切圆，因此电压矢量的最大幅值为$\dfrac{U_d}{\sqrt{3}}$，即三电平逆变器输出基波相电压的最大幅值为$\dfrac{U_d}{\sqrt{3}}$，和两电平逆变器一致。进一步，最大调制度 $k_{max}=1$，线性调制区域内 $0\leqslant k\leqslant 1$。

类似地，可以得出 $\boldsymbol{V}_{ref}$处于其他区域时各矢量的作用时间。进一步类似的，可以得出 $\boldsymbol{V}_{ref}$处于其他扇区时，可根据类似于扇区 I 的基本矢量选取原则确定三个基本矢量，而后确定各基本矢量工作时间。需要注意的是，由于 θ 是从 α 轴开始计算角度的，所以计算矢量作用时间时，应从矢量 $\boldsymbol{V}_{ref}$ 的实际幅角中减去 $N\dfrac{\pi}{3}$，即 $\theta'=\theta-(N-1)\dfrac{\pi}{3}$，$\theta'$为参与计算的幅角。

统一地，当 $\boldsymbol{V}_{ref}$处于扇区 N 的不同区域时，基本矢量的选取及作用时间见表 7-4。特别需要注意的是 $\boldsymbol{V}_{1+N}$为小矢量，当 $N=6$ 时，$\boldsymbol{V}_{1+N}$选取为 $\boldsymbol{V}_1$；$\boldsymbol{V}_{13+N}$为大矢量，当 $N=6$ 时，$\boldsymbol{V}_{13+N}$选取为 $\boldsymbol{V}_{13}$。

表 7-4　基本矢量作用时间

区域	$\boldsymbol{V}_x$	$\boldsymbol{T}_x$	$\boldsymbol{V}_y$	$\boldsymbol{T}_y$	$\boldsymbol{V}_z$	$\boldsymbol{T}_z$
1	$\boldsymbol{V}_N$	$\boldsymbol{T}_s\left[2k\sin\left(\frac{\pi}{3}-\theta'\right)\right]$	$\boldsymbol{V}_0$	$\boldsymbol{T}_s\left[1-2k\sin\left(\frac{\pi}{3}+\theta'\right)\right]$	$\boldsymbol{V}_{1+N}$	$\boldsymbol{T}_s[2k\sin\theta']$
2	$\boldsymbol{V}_N$	$\boldsymbol{T}_s[1-2k\sin\theta']$	$\boldsymbol{V}_{6+N}$	$\boldsymbol{T}_s\left[2k\sin\left(\frac{\pi}{3}+\theta'\right)-1\right]$	$\boldsymbol{V}_{1+N}$	$\boldsymbol{T}_s\left[1-2k\sin\left(\frac{\pi}{3}-\theta'\right)\right]$
3	$\boldsymbol{V}_N$	$\boldsymbol{T}_s\left[2-2k\sin\left(\frac{\pi}{3}+\theta'\right)\right]$	$\boldsymbol{V}_{6+N}$	$\boldsymbol{T}_s[2k\sin\theta']$	$\boldsymbol{V}_{12+N}$	$\boldsymbol{T}_s\left[2k\sin\left(\frac{\pi}{3}-\theta'\right)-1\right]$
4	$\boldsymbol{V}_{13+N}$	$\boldsymbol{T}_s[2k\sin\theta'-1]$	$\boldsymbol{V}_{6+N}$	$\boldsymbol{T}_s\left[2k\sin\left(\frac{\pi}{3}-\theta'\right)\right]$	$\boldsymbol{V}_{1+N}$	$\boldsymbol{T}_s\left[2-2k\sin\left(\frac{\pi}{3}+\theta'\right)\right]$

7.2.3 开关顺序优化

T 型三电平逆变器开关顺序优化主要应考虑以下方面：

1）开关状态对中点电压偏移（U_N与 $U_d/2$ 之差）最小；

2）当 $\boldsymbol{V}_{ref}$在扇区或者区域间切换时，所需开关动作次数最少；

3）任意时刻仅有一个桥臂上的开关状态发生切换。

由于中点 N 由母线电容 C_{d1}和 C_{d2}的串联点提供，仅当两电容的负荷一致时，U_N才能等于 $U_d/2$。可根据不同的开关状态，分如图 7-7 所示五种情况。

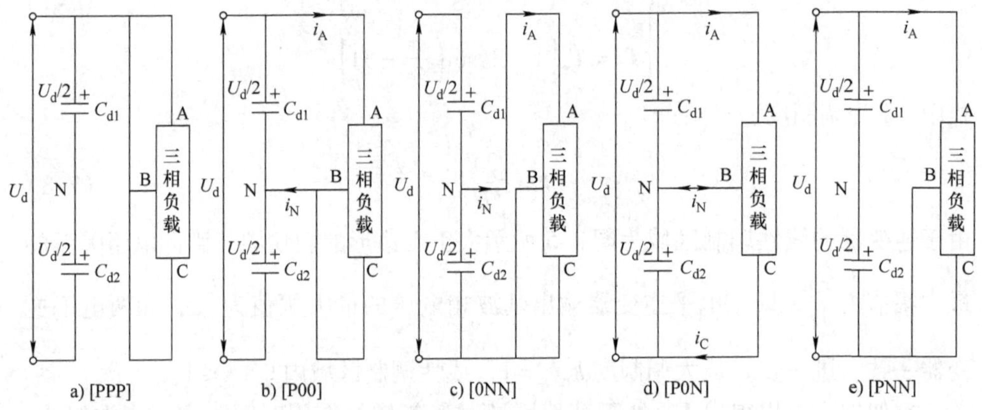

图 7-7　开关状态对中点电压偏移的影响

如图 7-7a 所示，此时逆变器工作在［PPP］零矢量状态，逆变器 A、B、C 三相输出均连接至直流母线正极，中点 N 至直流母线正极虽然物理上可导通，但中点 N 由于电位低于直流母线正极，所以实质上处于悬空状态。此时，中点电压 $U_N = U_d/2$；同样，［NNN］零矢量状态时，逆变器 A、B、C 三相输出均连接至直流母线负极，中点 N 处于悬空状态，$U_N = U_d/2$；［000］零矢量状态时，逆变器 A、B、C 连接，中点 N、直流母线正极和负极均不形成任何回路，$U_N = U_d/2$。

如图 7-7b 所示，此时逆变器工作在［P00］P 型小矢量状态，逆变器 A、B、C 三相输出均连接至直流母线正极，C_{d1}在 A 和 B 相之间形成回路，而 C_{d2}被旁路。C_{d1}的负荷增大导致其两端电压降低，此时 $U_N > U_d/2$。其他所有的 P 型小矢量均会产生同样效果。

如图 7-7c 所示，此时逆变器工作在［0NN］N 型小矢量状态，逆变器中点 N 连接至 A 相，B 相和 C 相连接至直流母线负极，C_{d2}在 A 相和 B 相、C 相之间形成回路，C_{d1}被旁路。此时 $U_N < U_d/2$。类似地，其他所有的 N 型小矢量均会产生同样效果。

如图 7-7d 所示，此时逆变器工作在［P0N］中矢量状态，逆变器中点 N 连接至 B 相，A 相和 C 相分别连接至直流母线正极和负极，C_{d1} 和 C_{d2} 分别在 A 相、B 相和 B 相、C 相之间形成回路。此时，根据具体负载情况，$U_N < U_d/2$ 或 $U_N > U_d/2$ 或 $U_N = U_d/2$ 三种情况均可能发生。其他中矢量均会产生类似效果。

如图 7-7e 所示，此时逆变器工作在［PNN］大矢量状态，逆变器中点 N 悬空，C_{d1} 和 C_{d2} 共同在 A 相和 B 相、C 相之间形成回路。此时，中点电压不受影响。其他大矢量均会产生类似效果。

对上述分析作如下总结：

1）零矢量和大矢量不会造成中点电压偏移；

2）中矢量会造成中点电压偏移，但是偏移方向由负载情况决定；

3）P 型小矢量使中点电压升高，N 型小矢量使中点电压降低。

由上述分析可知，欲从 SVPWM 发波层面消除开关状态对中点电压的影响，必须也仅能从 P 型小矢量和 N 型小矢量的选择上入手。分如下两种情况：

（1）三个基本矢量中只有一个小矢量，即 $\boldsymbol{V}_{ref}$ 处于表 7-4 所示的 3、4 区域时。此时该小矢量的工作时间 T_s 应在 P 型和 N 型小矢量之间平均分配。

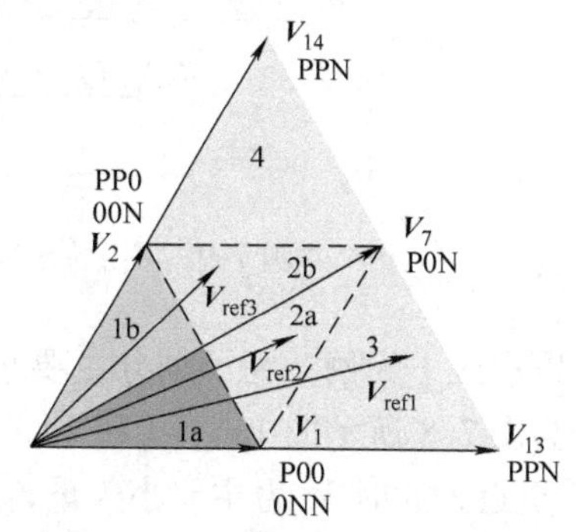

图 7-8　扇区 I 内小矢量的选择

如图 7-8 所示，假设 $\boldsymbol{V}_{ref1}$ 处于扇区 I 的区域 3 内，此时三个基本矢量为 $\boldsymbol{V}_1$、$\boldsymbol{V}_7$ 和 $\boldsymbol{V}_{13}$，小矢量 $\boldsymbol{V}_1$ 可有［P00］和［0NN］两种选择，当采取 7 段式 PWM 时，开关顺序状态如图 7-9 所示。

如图 7-9 所示的开关顺序具有以下特征：

1）一个载波周期 T_s 由 7 段波形构成，且任意两段之间的状态切换时仅有一个桥臂的状态发生变化；

2）P 型小矢量和 N 型小矢量的作用时间均匀分布；

3）一个载波周期 T_s 内，每个桥臂仅有两个开关导通或关断，且载波周期首部和尾部状态一致。如果 $\boldsymbol{V}_{ref1}$ 在区域和扇区之间切换时不需要额外的开关切换，器件的开关频率等于采样频率的一半，即 $f_{sw} = f_{sp}/2 = 1/(2T_s)$。

（2）三个基本矢量中有两个小矢量，即 $\boldsymbol{V}_{ref}$ 处于表 7-4 所示的 1、2 区域时。此时，理想的开关顺序是保障 N 型和 P 型小矢量均在两个小矢量中间均匀分布，但这样会带来额外的开关动作，且难以满足任意两段之间的状态切换时仅有一个桥臂的状态发生变化。鉴于此，通过将主要小矢量（作用时间较长）在 N 型和 P 型之间均分作用时间，来尽最大限度得消除中点电压漂移。

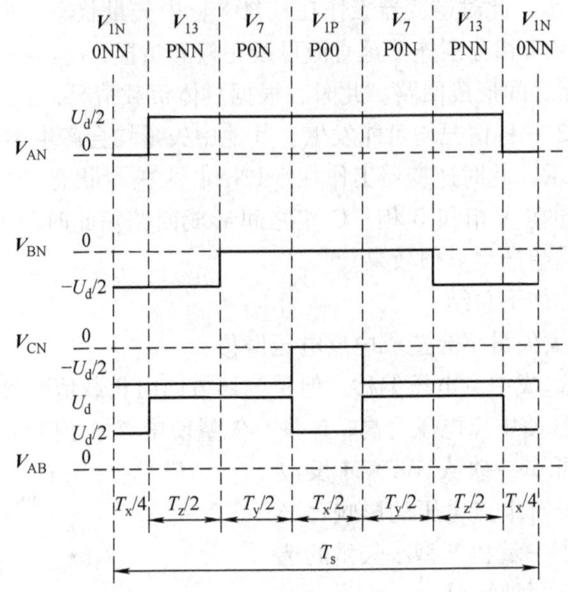

图 7-9　V_{ref1}位于扇区Ⅰ区域 3 内时的开关顺序

以扇区Ⅰ为例，为了划分主要小矢量，可将图 7-6 所示的 1、2 区域进一步划分为图 7-8 所示的 1a、1b 和 2a、2b 区域。如在 1a 和 2a 区域内，V_{ref}显然距离 V_1更近，此时 V_1为主要小矢量，比如图 7-8 所示的 V_{ref2}；如在 1b 和 2b 区域内，V_2则为主要小矢量。当 N 型和 P 型均分主要小矢量 V_1后，V_{ref2}的开关顺序如图 7-10 所示。

位于区域 2b 内的 V_{ref3}，其主要小矢量为 V_2，V_{2N}和 V_{2P}平均分布后，V_{ref3}的开关顺序如图 7-11 所示。

对比图 7-10 和图 7-11 可知，当目标矢量从 a 区域切换至 b 区域时，B 相桥臂状态由 0NN 切换至 00N，增加了一个额外的开关动作，其他扇区均存在类似情况。

当目标矢量从扇区Ⅰ区域 4 稳态运行至扇区Ⅱ的区域 3 时，7 段式开关顺序由“$V_{2N}\rightarrow V_7\rightarrow V_{14}\rightarrow V_{2P}\rightarrow V_{14}\rightarrow V_7\rightarrow V_{2N}$”切换至“$V_{2N}\rightarrow V_8\rightarrow V_{14}\rightarrow V_{2P}\rightarrow V_{14}\rightarrow V_8\rightarrow V_{2N}$”，没有产生额外的开关动作。类似的，当目标矢量在其他扇区间稳态切换时，同样不会产生额外的开关动作。如图 7-12 所示，当目标矢量沿着蓝色或红色虚线稳态运行时，在 a、b 区域间切换时（图 7-12 中黑点所示处）会产生额外的开关动作。由于每个额外的开关动作由 2 个开关切换完成，同时每个基波周期只有 6 次额外的开关动作，所以稳态运行时器件的开关频率为 $f_{sw}=f_{sp}/2+f_b$。

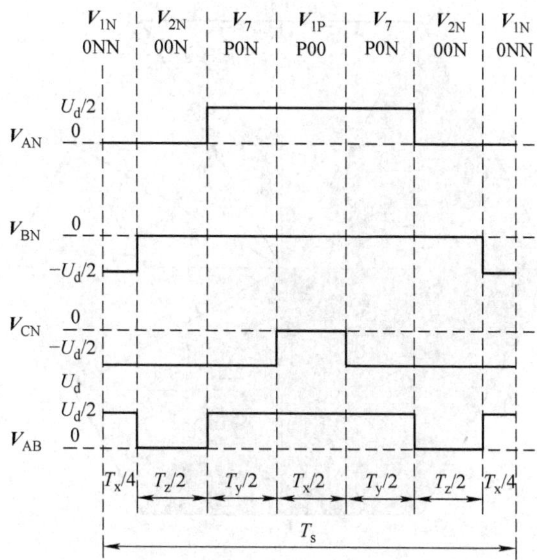

图 7-10 $\boldsymbol{V}_{ref2}$ 位于扇区Ⅰ区域 2a 内时的开关顺序

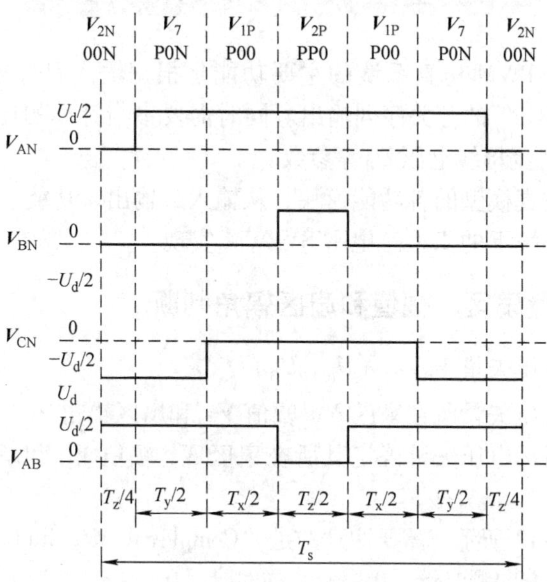

图 7-11 $\boldsymbol{V}_{ref3}$ 位于扇区Ⅰ区域 2b 内时的开关顺序

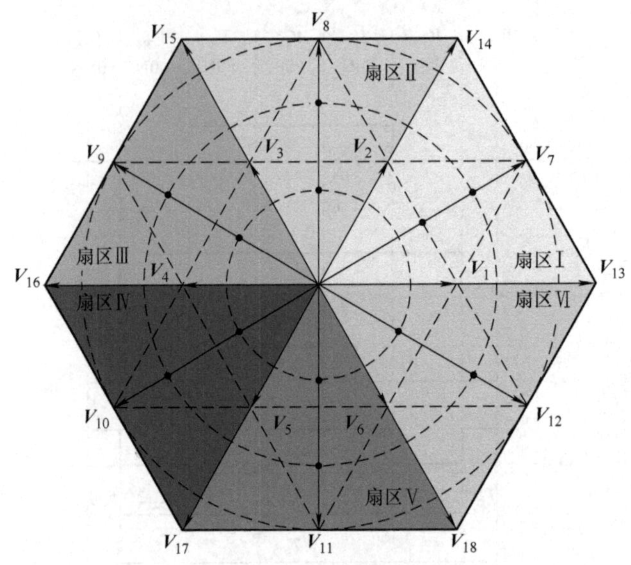

图 7-12　稳态运行时的额外开关动作

7.3　T 型三电平逆变器 SVPWM 的仿真实现

T 型三电平 SVPWM 仿真系统的主要功能是根据输入目标电压矢量（U_α 和 U_β），确定 12 只 IGBT 的开关序列输出。同时需要参与计算的还有 SVPWM 系统的采样周期 T_s、直流母线电压 U_d 等参数。

下面将按照仿真模型的各功能模块，从输入、输出、功能、实现方法等来阐述 Simulink 仿真环境下的 T 型三电平 SVPWM 实现。

7.3.1　目标矢量扇区、幅值和扇区辐角判断

输入：目标电压矢量 $\boldsymbol{V}_{ref}$ =（U_α，U_β）；

输出：目标电压矢量所在扇区 N、幅值 $\boldsymbol{V}_{ref}$ 和扇区辐角 θ；

功能：根据目标电压矢量确定其所在扇区 N、幅值 $\boldsymbol{V}_{ref}$ 和扇区辐角 θ，需要注意的是扇区辐角 $0 \leqslant \theta < \pi/3$。

实现：如图 7-13 所示，需要注意的是“Complex to Magnitude - Angle”模块的输出范围为沿水平方向顺时针［0，π］、逆时针［0，-π］，为了和常用［0，2π）辐角范围保持一致，当该模块输出为负时，加上 2π 以将整个辐角范围映射至［0，2π）。

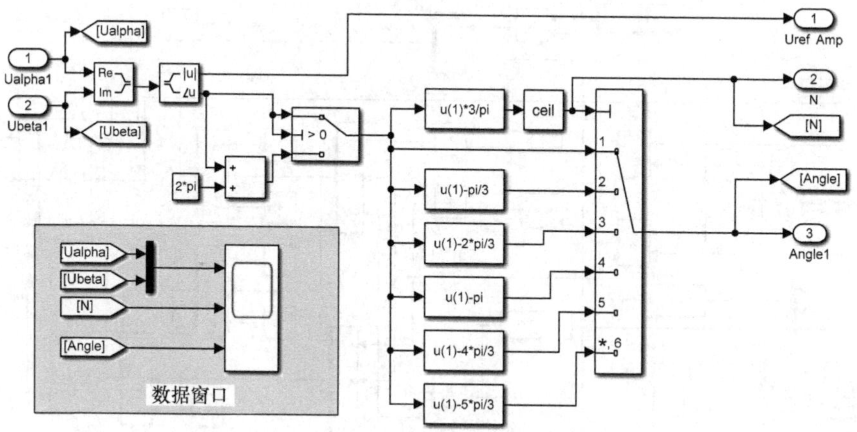

图 7-13　扇区、幅值和扇区辐角判断

7.3.2　目标矢量区域判断

输入：直流母线电压 U_d、幅值 $\boldsymbol{V}_{ref}$ 和扇区辐角 θ；

输出：目标电压矢量所在扇区区域 n、调制度 k；

功能：根据直流母线电压 U_d、幅值 $\boldsymbol{V}_{ref}$ 和扇区辐角 θ，确定目标电压矢量所在扇区区域 n。这里，为便于仿真实现，将图 7-8 所示的扇区区域重新命名为 1 ~ 6，如图 7-14 所示。

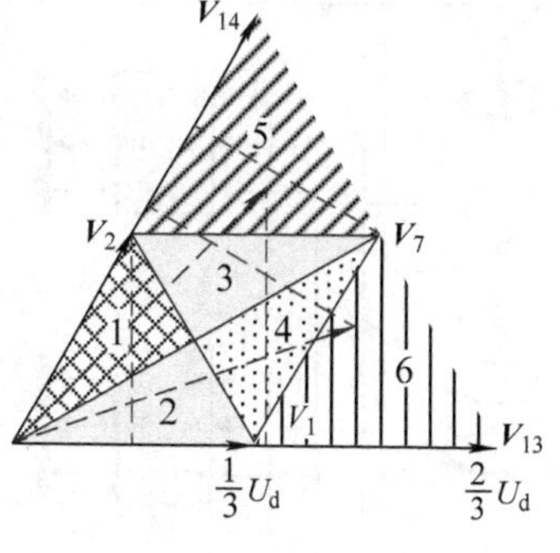

图 7-14　扇区区域划分

实现：根据目标电压矢量的幅值 $\boldsymbol{V}_{ref}$ 和扇区辐角 θ，利用三角函数判定目标矢量所在区域。如图 7-14 所示，位于区域 5 的矢量 $\boldsymbol{V}_{ref}$ 应满足 $\boldsymbol{V}_{ref}\sin\theta > \frac{\sqrt{3}}{6}U_d$；位于区域 6 的目标矢量应满足 $\sqrt{3}\boldsymbol{V}_{ref}\cos\theta - \boldsymbol{V}_{ref}\sin\theta > \frac{\sqrt{3}}{3}U_{dc}$。类似地，可以得出位于 1、2、3、4 区域的目标矢量应满足的函数关系。扇区区域判断如图 7-15 所示。

7.3.3　基本矢量作用时间计算

输入：扇区区域 n、调制度 k、扇区辐角 θ、载波周期 T_s；

输出：三个基本矢量的作用时间 T_x、T_y 和 T_z；

功能：计算三个基本矢量的作用时间；

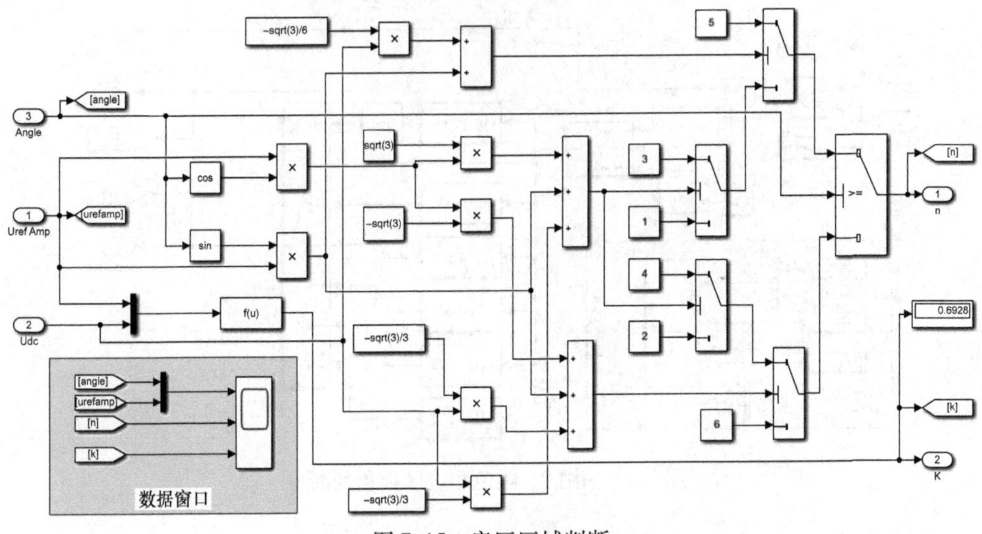

图 7-15　扇区区域判断

实现：根据表 7-4 计算所提供的公式，按扇区区域分四种情况分别计算基本矢量作用时间，如图 7-16 所示。

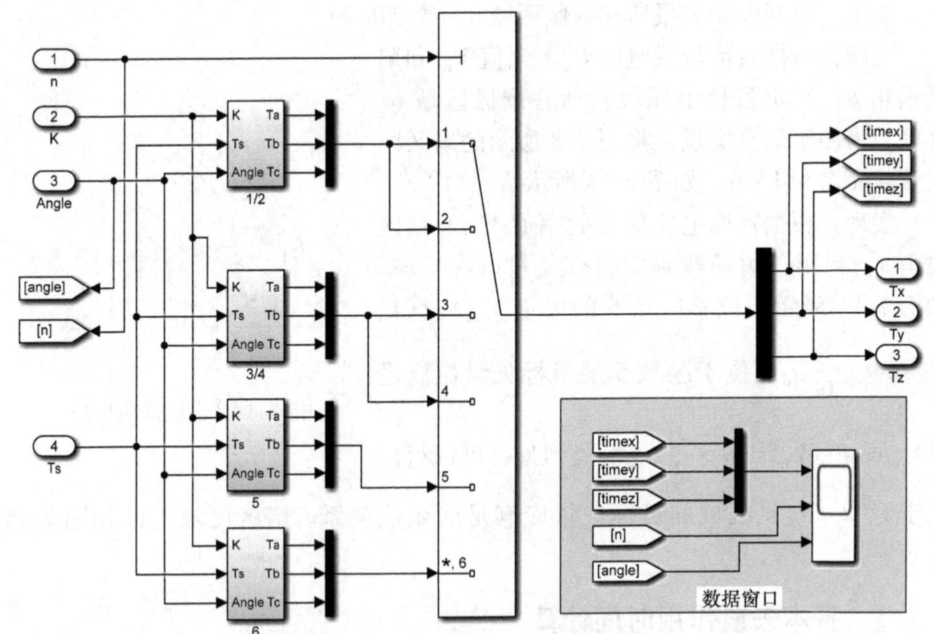

图 7-16　基本矢量作用时间计算

7.3.4　调整基本矢量作用顺序

输入：扇区 N，扇区区域 n，三个基本矢量的作用时间 T_x、T_y和 T_z；

输出：调整顺序后的基本矢量作用时间 T_1、T_2和 T_3；

功能：根据“7.2.3 开关顺序优化”所示的方法，可知实际的发波顺序并非按照 T_x、T_y和 T_z的固定顺序进行的，而是经过调整优化的，例如图 7-9、图 7-10和图 7-11 所示例子，该模块用于根据不同的扇区 N、区域 n 来调整 T_x、T_y和 T_z的作用顺序，调整后的时间顺序定义为 T_1、T_2和 T_3；

实现：根据如表 7-5 所示所提供的顺序，调整基本矢量作用顺序，具体实现如图 7-17 所示。

表 7-5　各扇区、区域作用顺序

扇区	区域	作用顺序
Ⅰ、Ⅲ、Ⅴ	1、3、5	T_z、T_y、T_x
	2、4、6	T_x、T_z、T_y
Ⅱ、Ⅳ、Ⅵ	1、3、5	T_z、T_x、T_y
	2、4、6	T_x、T_y、T_z

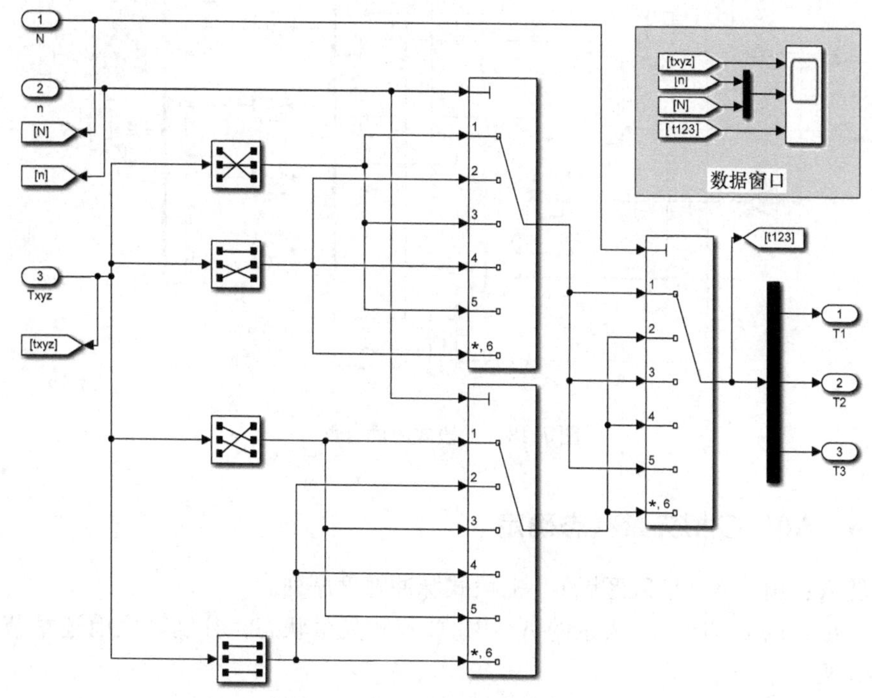

图 7-17　基本矢量作用顺序调整

7.3.5　七段式时间分配

输入：载波周期 T_s、调整顺序后的基本矢量作用时间 T_1、T_2和 T_3；

输出：七段式脉冲宽度序列；

功能：根据七段式脉冲宽度调制原则，结合载波周期 T_s将三个基本矢量的作用时间分配成时间上的七段式脉冲宽度系列。

实现：设定锯齿波周期等同于载波周期 T_s、幅值也等于 T_s。令锯齿波减去$\frac{1}{4}T_1$后作为“Relay”模块的输入，实现“Relay”模块的输出脉宽等同于$\frac{1}{4}T_1$的低脉冲。类似地，可以依次产生脉宽为$\frac{1}{2}T_2$、$\frac{1}{2}T_3$、$\frac{1}{2}T_1$、$\frac{1}{2}T_3$、$\frac{1}{2}T_2$且时间顺延的低脉冲。最后将产生的七个脉冲相加，便得到时间上顺延、幅值上递增的七段式脉冲宽度系列。具体实现如图 7-18 所示。

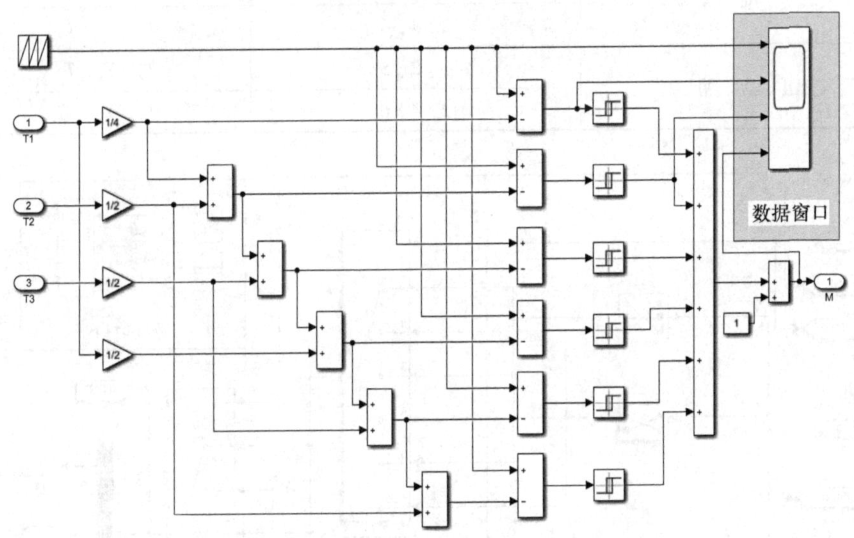

图 7-18　七段式时间分配

7.3.6　ABC 各相矢量状态确定

输入：扇区 N、扇区区域 n、七段式脉冲宽度序列。

输出：以 1、0、－1 表示的 A、B、C 三相矢量状态，分别对应前述章节的 P、0、N。

功能：根据上述输入，实时确定 A、B、C 三相矢量状态。

实现：根据扇区、扇区区域，查表确定 A、B、C 三相矢量状态；根据七段式脉冲宽度系列的宽度确定各状态作用时间。具体实现如图 7-19 所示。

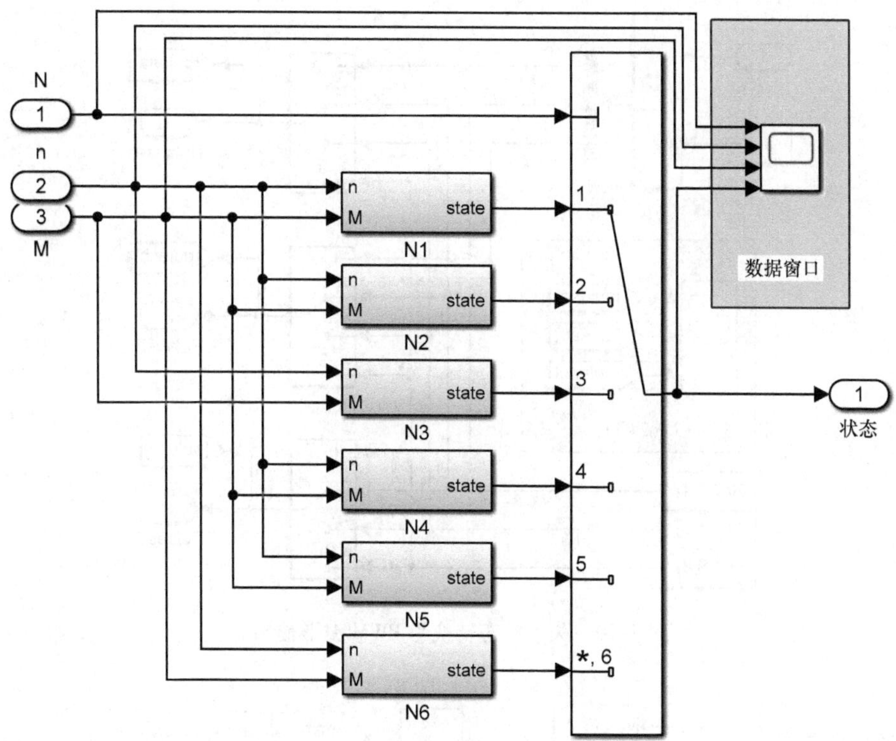

图7-19　ABC各相矢量状态确定

7.3.7　矢量状态转换为PWM波形输出

输入：以1、0、-1表示的A、B、C三相矢量状态。

输出：ABC三相PWM波形，每相包含四个开关管状态。

功能：根据上述输入，确定最终作用于12只开关管的3组、12路开关状态。

实现：根据表7-1 A相基本开关状态，确定最终作用于12只开关管的3组、12路开关状态（1表示导通、0表示关断）。具体实现如图7-20所示。

7.3.8　完整T型三电平SVPWM系统

输入：目标电压矢量 $V_{ref}=(U_\alpha, U_\beta)$。

参数：载波周期 T_s、直流母线电压 U_d。

输出：ABC三相PWM，每相包含四个开关管状态。

实现：由7.3.1~7.3.7节所述共7个模块，依次实现。如图7-21所示。

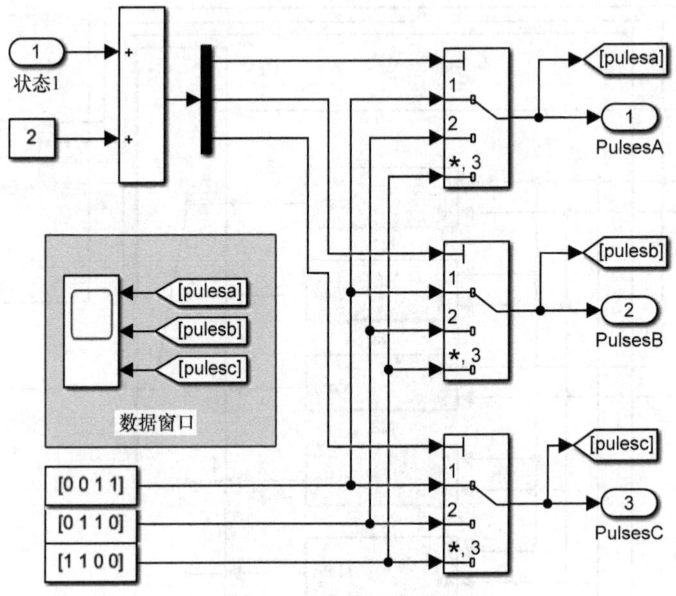

图 7-20 矢量状态转换为 PWM 波形输出

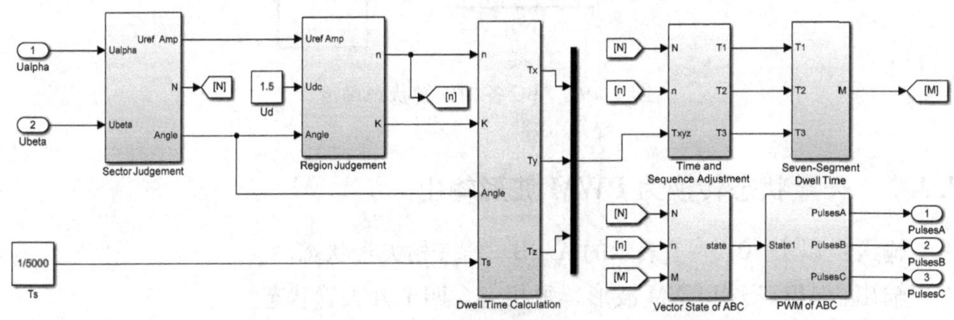

图 7-21 T 型三电平 SVPWM 仿真系统顶层视图

7.3.9 T 型电平 SVPWM 系统 RL 串联负载时的开环运行

为了验证 T 型三电平 SVPWM 系统的运行效果，搭建了 T 型三电平逆变器 RL 串联负载时的 SVPWM 开环运行仿真模型，如图 7-22 所示。直流母线电压 $U_d = 1500\text{V}$，$T_s = 1/10000$。k 初始设置为 0.4，0.05s 时调整至 0.8。负载 $L = 0.0256941\text{H}$ 和 $R = 20$ 的串联阻感负载。

图 7-23 和图 7-24 所示为逆变器输出的三相电流波形和电流矢量圆。可见，输出正弦电流在 0.05s 时跟随调制度突增。不同调制度下，电流矢量轨迹为近乎标准圆形。

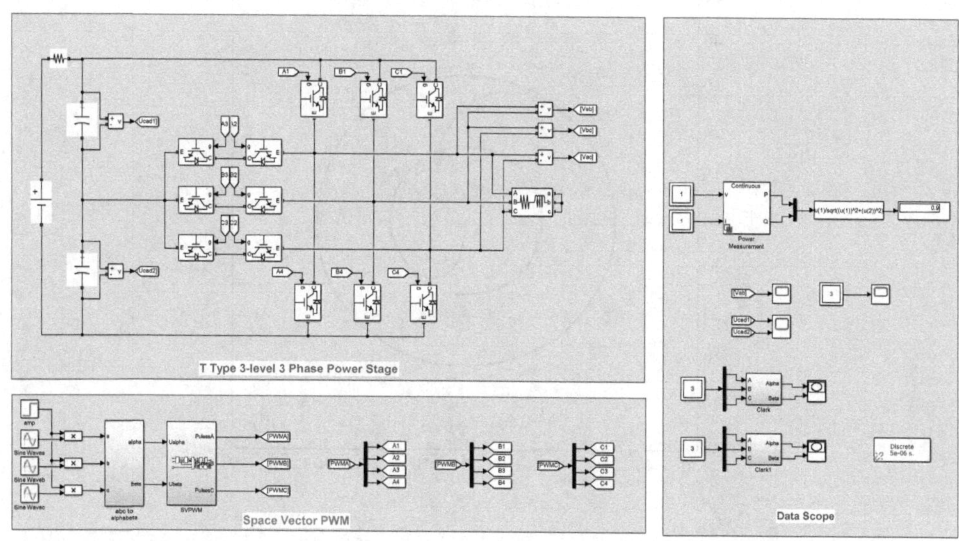

图 7-22　RL 串联负载时的 SVPWM 开环运行仿真模型

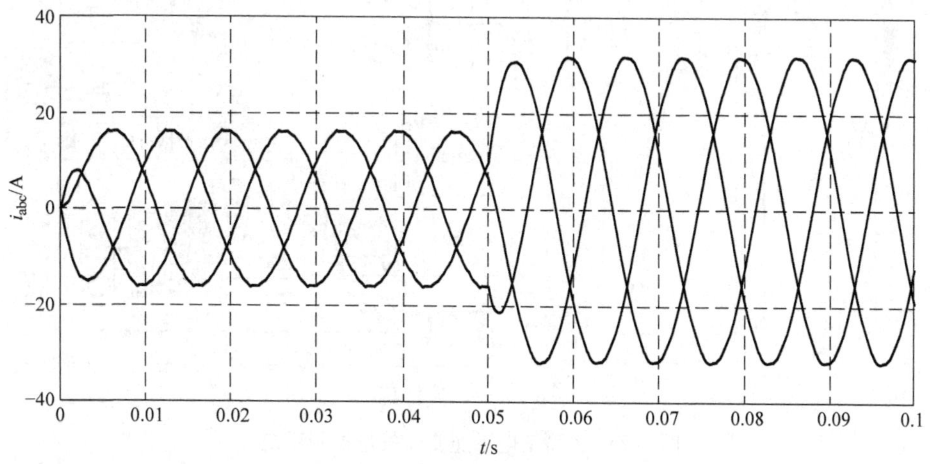

图 7-23　逆变器输出三相电流波形

7.4　T 型三电平逆变器矢量控制系统仿真

进一步搭建如图 7-25 所示的 T 型三电平逆变器驱动的永磁同步电机矢量控制系统仿真模型。

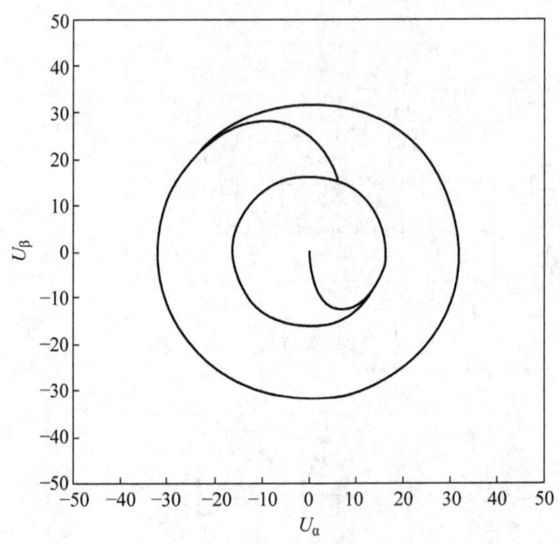

图 7-24　逆变器输出电流矢量圆

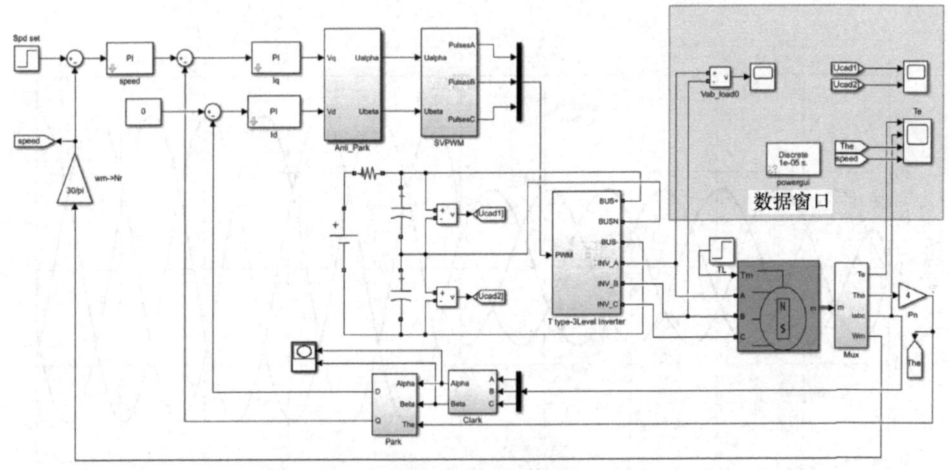

图 7-25　T 型三电平逆变器矢量控制系统

图 7-26 所示为永磁同步电机的转速和转矩响应曲线。由图 7-26a 可见，除有超调外，电机转速可较好地跟踪设定转速；由图 7-26b 可见，电机输出转矩可较好地跟踪负载转矩变化。图 7-27 所示为永磁同步电机定子三相电流波形，可见定子三相电流随设定转速值和负载转矩的变化而动态调整，稳态时定子电流矢量轨迹呈圆形，如图 7-28 所示。

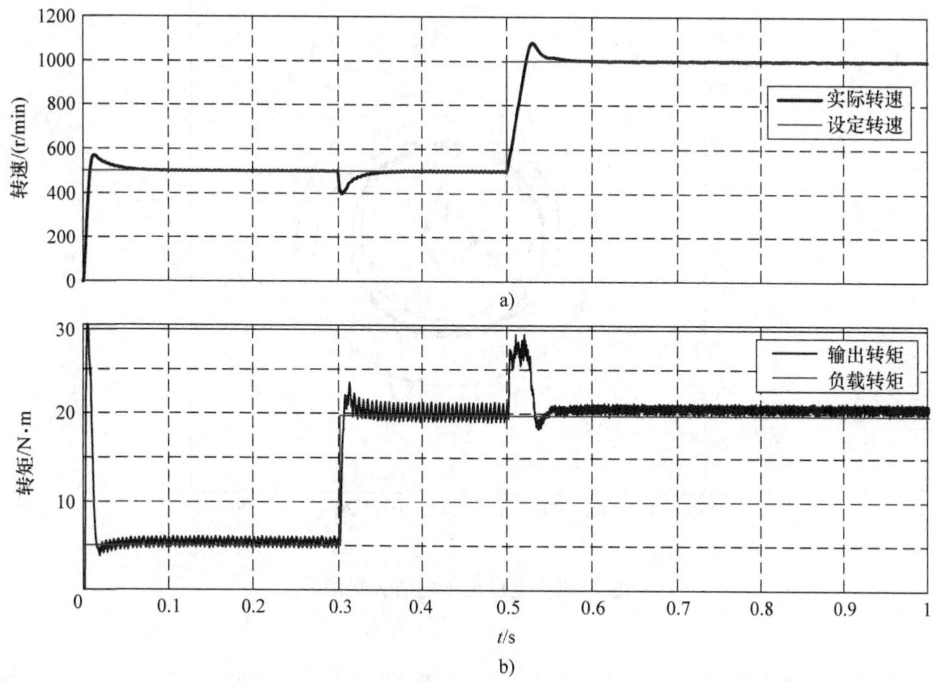

图 7-26　电机转速和转矩响应曲线（彩图见插页）

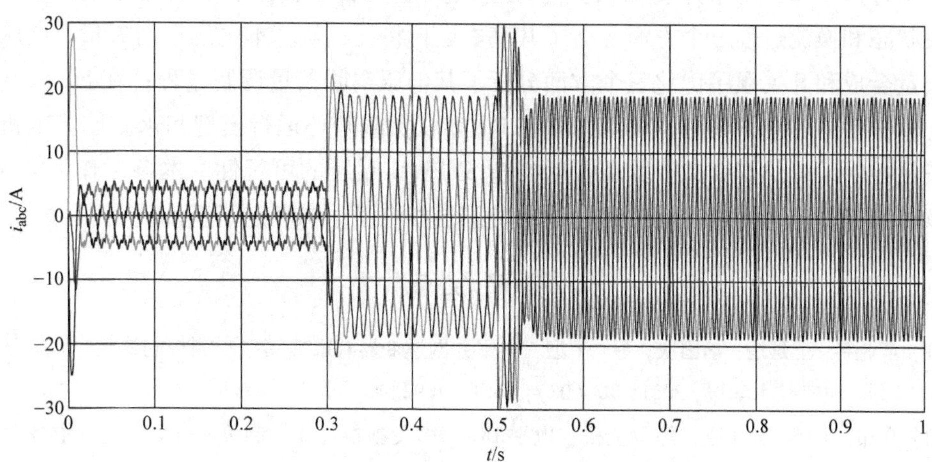

图 7-27　电机定子三相电流波形（彩图见插页）

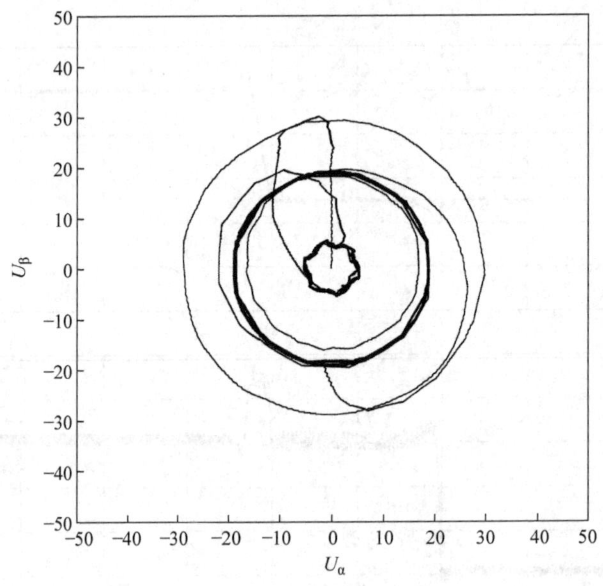

图 7-28　电机定子电流矢量圆

7.5 本章小结

针对T型三电平逆变器及其电压空间矢量调制方法，本章从拓扑结构、开关状态和换流过程三个方面分析了其基本运行特征；从基本电压空间矢量、电压矢量合成和开关顺序优化三个方面分析了其电压空间矢量调制过程；在Simulink仿真平台上建立了其仿真模型，并在RL串联负载开环运行模型和永磁同步电机矢量控制系统仿真模型上验证了所搭建SVPWM系统的可行性。本章工作为第8章开展T型三电平逆变器中点电流单传感器相电流重构奠定了基础。

参 考 文 献

[1] 辛业春，王延旭，李国庆，等．T型三电平并网逆变器有限集模型预测控制快速寻优方法［J］．电工技术学报，2021，36（08）：1681－1692.

[2] 李伟，王辉，黄守道，等．全桥三电平DC－DC变换器优化控制策略［J］．电工技术学报，2021，36（16）：3342－3353.

[3] 高瞻，李耀华，葛琼璇，等．适用于大功率三电平中点钳位整流器的SVPWM和DPWM策略研究［J］．电工技术学报，2020，35（23）：4864－4876.

[4] 张建忠，胡路才，徐帅．一种零序电压注入的T型三电平逆变器中点电位平衡控制方法

[J]. 电工技术学报, 2020. 35 (04): 07 - 816.
[5] 姚钢, 杨浩猛, 周荔丹, 等. 大容量海上风电机组发展现状及关键技术 [J]. 电力系统自动化, 2021, v. 45; No. 715 (21): 33 - 47.
[6] WU B, NARIMANI M. 大功率变频器及交流传动 [M]. 卫三民, 苏位峰, 宇文博, 等译. 2 版. 北京: 机械工业出版社, 2018. 12.
[7] CIRRINCIONE M, PUCCI M, VITALE G. Power converters and AC electrical drives with linear neural networks [M]. Boca Raton: CRC Press, 2016.
[8] 阮毅. 电力拖动自动控制系统: 运动控制系统 [M]. 北京: 机械工业出版社, 2016.

第 8 章 T型三电平逆变器CSVPWM相电流重构策略

针对传统 T 型三电平逆变器 SVPWM 单电流传感器相电流重构技术存在不可观测区问题，本章分析了 T 型三电平中点电流采样原理以及中点电流不可观测区的存在机理，提出中点电流单传感器采样合成空间矢量脉冲宽度调制（Composite Space Vector Pulse Width Modulation，CSVPWM）相电流重构策略，通过在不同区域对不满足最小采样时间要求的可观测电压矢量进行补偿，同时利用合成零矢量（Composite Zero Vector，CZV）原理对补偿矢量进行抵消以满足伏秒平衡原理，消除了不可观测区。

8.1 T 型三电平逆变电路中点电流采样

三电平逆变器共有 24 个非零矢量，其中包含 12 个小矢量、6 个中矢量和 6 个大矢量，并且不可观测区分布于六个子区域内[1]。关于三电平逆变器的单传感器相电流重构，目前的研究较少。文献［2］通过对不同区域进行划分，将低于最小采样时间的可观测矢量整体替换为测量矢量以完成相电流重构，但该方法在低调制区域两个周期才能完成一次相电流重构，增大了电流误差；文献［3］将整个扇区划分为三个区域，分别使用不同的调制方法，在区域 1 正常测量完成相电流重构，在区域 2 通过电流估计对另外一相电流进行估算，在区域 3 通过注入最优电压完成相电流重构，不同的调制算法会增大算法的复杂度进而导致控制系统稳定性降低；文献［4-5］提出了一种最小电压注入法（MVI），在不可观测区时通过注入中点电压，有效扩大了电流采样窗口，然而由于输出电压的限制，不可观测区并不能完全被消除；文献［6］根据各个不可观测区的特点，设计电压注入法，对不可观测区的原始参考电压矢量进行补偿，得到符合最小采样时间的参考电压矢量，最后再减去补偿电压以达到伏秒平衡，这样实现了电流重构，但对于低调制区域相电流重构改善效果不明显。

8.1.1 中点电流采样原理

针对现有上述三电平逆变器单传感器相电流重构方法的不足，提出了基于中点电流采样的 T 型三电平逆变器 CSVPWM 相电流重构策略。

如图 8-1 所示，安装于中点电位的电流传感器中流过的电流包含了逆变器输出相电流信息。中点瞬时电流与相电流之间的关系取决于逆变器的开关状态，即在不同基本电压矢量作用下，中点电流与相电流存在表 8-1 所述的映射关系。在每个 PWM 周期内，逆变器输出电压均由七段基本电压矢量组成，当小矢量和中矢量作用时，中点电位与正负电位构成闭合回路，可在中点电位处测得某一相输出电流值；当零矢量和大矢量作用时，整个电路无闭合回路或回路电流仅在正负电位之间构成，中点电位无电流流过。因此定义小矢量和中矢量为可观测电压矢量，定义零矢量和大矢量为不可观测电压矢量[7-8]。

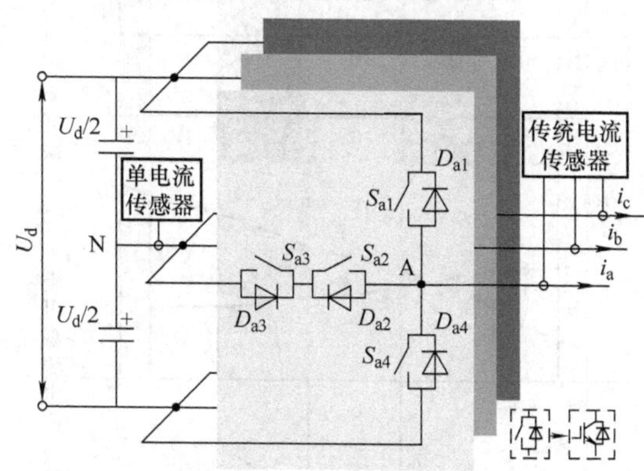

图 8-1 三相 T 型三电平逆变器中点电流采样系统

表 8-1 开关状态与采样电流对应关系

矢量类型	采样时刻	采样电流
小矢量	P00 或 0NN	$-i_a$或 i_a
	PP0 或 00N	i_c或 $-i_c$
	0P0 或 N0N	$-i_b$或 i_b
	0PP 或 N00	i_a或 $-i_a$
	00P 或 NN0	$-i_c$或 i_c
	P0P 或 0N0	i_b或 $-i_b$
中矢量	P0N	i_b
	0PN	i_a
	NP0	i_c
	N0P	i_b
	0NP	i_a
	PN0	i_c

如图 8-2 所示，以扇区 1 的区域 1a 为例，参考电压矢量由 3 个基本电压矢

量合成，七段式开关序列为 0NN－00N－000－P00－000－00N－0NN。当基本电压矢量 0NN 作用时，中点电位通过 $D_{a3}-S_{a2}-S_{b4}-S_{c4}$ 与负电位形成闭合回路，此时中点电流等于 i_a；当基本电压矢量 00N 作用时，中点电位通过 $D_{a3}-S_{a2}-S_{c4}$ 和 $D_{b3}-S_{b2}-S_{c4}$ 与负电位形成闭合回路，此时中点电流等于 $-i_c$。负载为三相对称负载，满足基尔霍夫电流定律（Kirchhoff's Current Law，KCL），因此 B 相电流可由 $i_a+i_b+i_c=0$ 计算得到[9]。

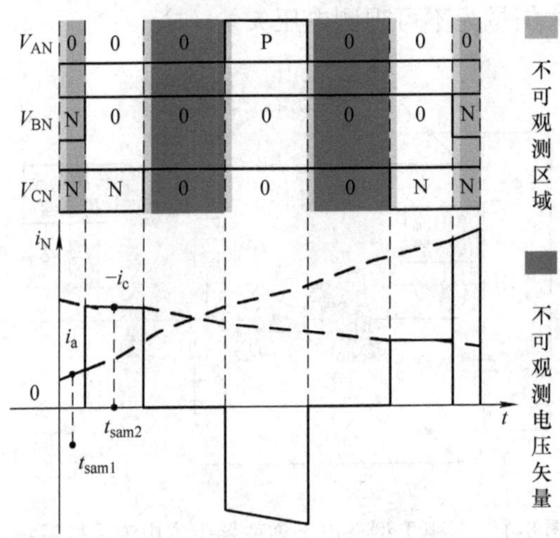

图 8-2　T 型三电平逆变器中点电流采样原理

8.1.2　中点电流不可观测区

图 8-3 为实际中点电流与理想中点电流，在 PWM 驱动信号动作后，由于死区时间、A－D 转换时间、电流振荡时间等因素的影响，中点电流不能立刻被准确采集，存在与直流母线单电流传感器类似的最小采样时间 T_{min} 限制。当目标矢量作用时，如载波周期内缺少两个或以上可测得不同相电流，且作用时间小于最小采样时间的可观测电压矢量，则称目标矢量区域为不可观测区。

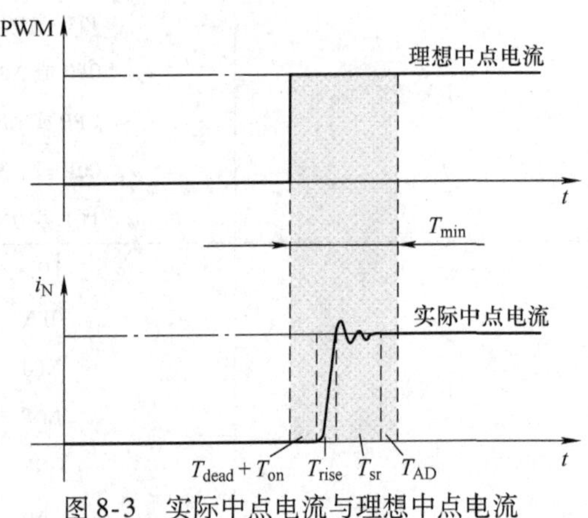

图 8-3　实际中点电流与理想中点电流

如图 8-4a 所示，为三电平逆变器空间矢量图。如图 8-4b 所示，扇区 I 的

A1 ~ A5 区域为不可观测区。为了准确地重构相电流，可观测电压矢量作用时间必须大于最小采样时间，才能获取到有效的相电流信息。以 A2 区域为例，参考电压矢量由 $\boldsymbol{V}_1$、$\boldsymbol{V}_0$和 $\boldsymbol{V}_2$构成，可观测电压矢量 $\boldsymbol{V}_2$作用时间小于最小采样时间无法准确采样中点电流，进而导致三相电流重构错误。图 8-4c 所示为子区域内不可观测区的基本电压矢量大小情况。

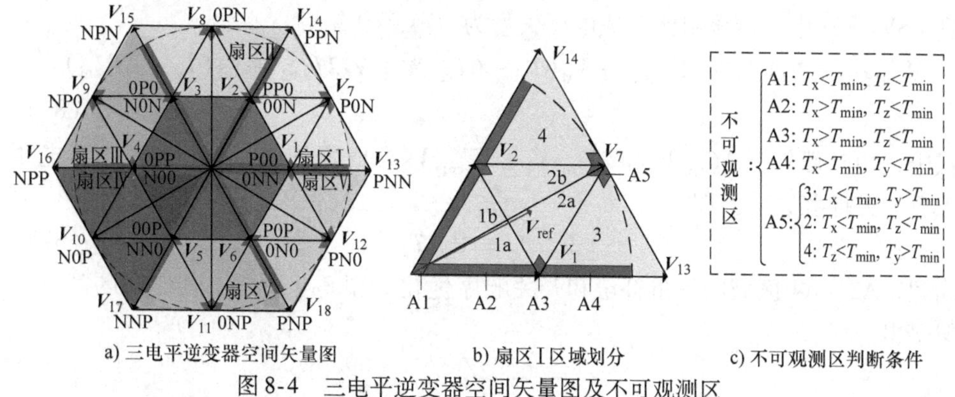

a) 三电平逆变器空间矢量图　　b) 扇区Ⅰ区域划分　　c) 不可观测区判断条件

图 8-4　三电平逆变器空间矢量图及不可观测区

8.2 CSVPWM 发波原理

根据 CZV 原理，在一个采样周期内插入三个首尾相接的电压矢量，根据伏秒平衡原理，不会对参考电压矢量造成影响。基于此，CSVPWM 采用一组合成电压矢量来补偿低于最小采样时间的可观测电压矢量，以增加可观测电压矢量的作用时间，合成电压矢量时间 T_{com}应满足，

$$T_{\mathrm{com}} \geqslant T_{\min} + T_{\mathrm{db}} = 2T_{\mathrm{db}} + T_{\mathrm{on}} + T_{\mathrm{rise}} + T_{\mathrm{AD}} + T_{\mathrm{sr}} \tag{8-1}$$

如果补偿电压矢量时间太长，将会导致额外的电流谐波；如果补偿电压矢量太短，会影响采样电流的准确度。根据实验经验，令 $T_{\mathrm{com}} = 1.2(T_{\min} + T_{\mathrm{db}})$。

8.2.1 A1 区域

如图 8-4 所示，当参考电压矢量位于扇区Ⅰ的 A1 区域时，整个采样周期几乎由基本电压矢量 $\boldsymbol{V}_0$构成，可观测电压矢量 $\boldsymbol{V}_1$和 $\boldsymbol{V}_2$的作用时间均小于最小采样时间，无法对中点电流进行采集，进而无法完成相电流重构。根据 CSVPWM 发波原理，分别插入 $2T_{\mathrm{com}}$的 $\boldsymbol{V}_1$、$\boldsymbol{V}_2$。为了减少开关次数，插入 $2T_{\mathrm{com}}$的 $\boldsymbol{V}_6$与补偿矢量 $\boldsymbol{V}_1$、$\boldsymbol{V}_2$合成零矢量，以满足伏秒平衡原理。与传统的矢量插入法不同的是，所提出的矢量插入法将插入矢量从 PWM 周期两端移至中间区域，在不增加额外开关次数的同时可保持 PWM 波形的对称性，以减小电流畸变。

如图 8-5 所示，当 $\boldsymbol{V}_{\mathrm{ref}}$位于不可观测区时，由于死区时间（浅灰色区域）、电流稳定时间和 A－D 转换时间的影响，将导致无法在可观测电压矢量作用时准确采集电流。采用 CSVPWM 调制策略后，00N 和 P00 的作用时间分别增加至 T_z+2T_{com} 和 T_x+2T_{com}，剩余时间由零电压矢量补充，低调制区域下传统 SVPWM有，

$$\boldsymbol{V}_{ref}T_s = \boldsymbol{V}_1T_x + \boldsymbol{V}_0\boldsymbol{T}_y + \boldsymbol{V}_2T_z \tag{8-2}$$

在 CSVPWM 中，令该扇区合成电压矢量为 $\boldsymbol{V}'_{ref}$，则有

$$\boldsymbol{V}'_{ref}T_s = \boldsymbol{V}_1(T_x+2T_{com}) + \boldsymbol{V}_0(T_y-6T_{com}) + \boldsymbol{V}_6 2T_{com} + \boldsymbol{V}_2(T_z+2T_{com}) \tag{8-3}$$

式中，由补偿矢量 $2T_{com}\boldsymbol{V}_6$ 和 $2T_{com}\boldsymbol{V}_1$、$2T_{com}\boldsymbol{V}_2$ 合成零矢量，不会改变参考电压矢量的方向和大小。即

$$\boldsymbol{V}_{ref}T_s = \boldsymbol{V}'_{ref}T_s \tag{8-4}$$

同理，A2～A4 区域的矢量补偿和开关顺序优化如图 8-6 所示。其他扇区都可类似得出。

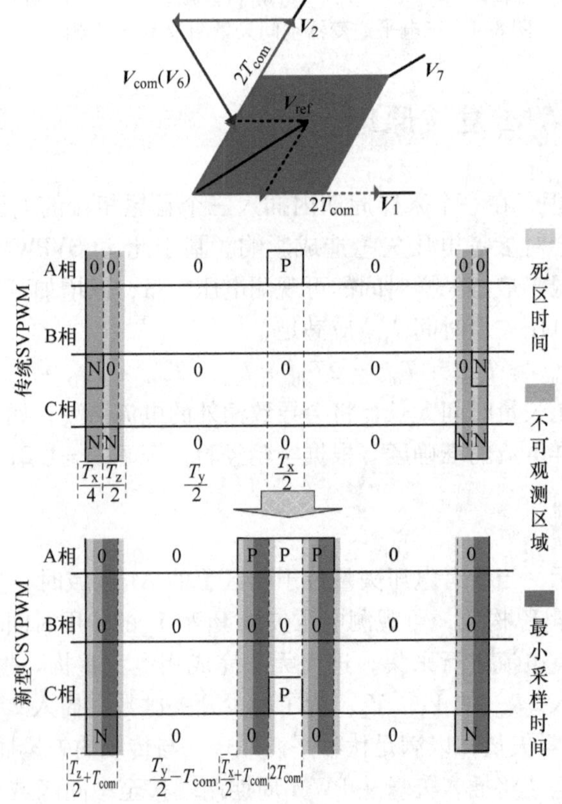

图 8-5 CSVPWM 工作原理（第Ⅰ扇区）

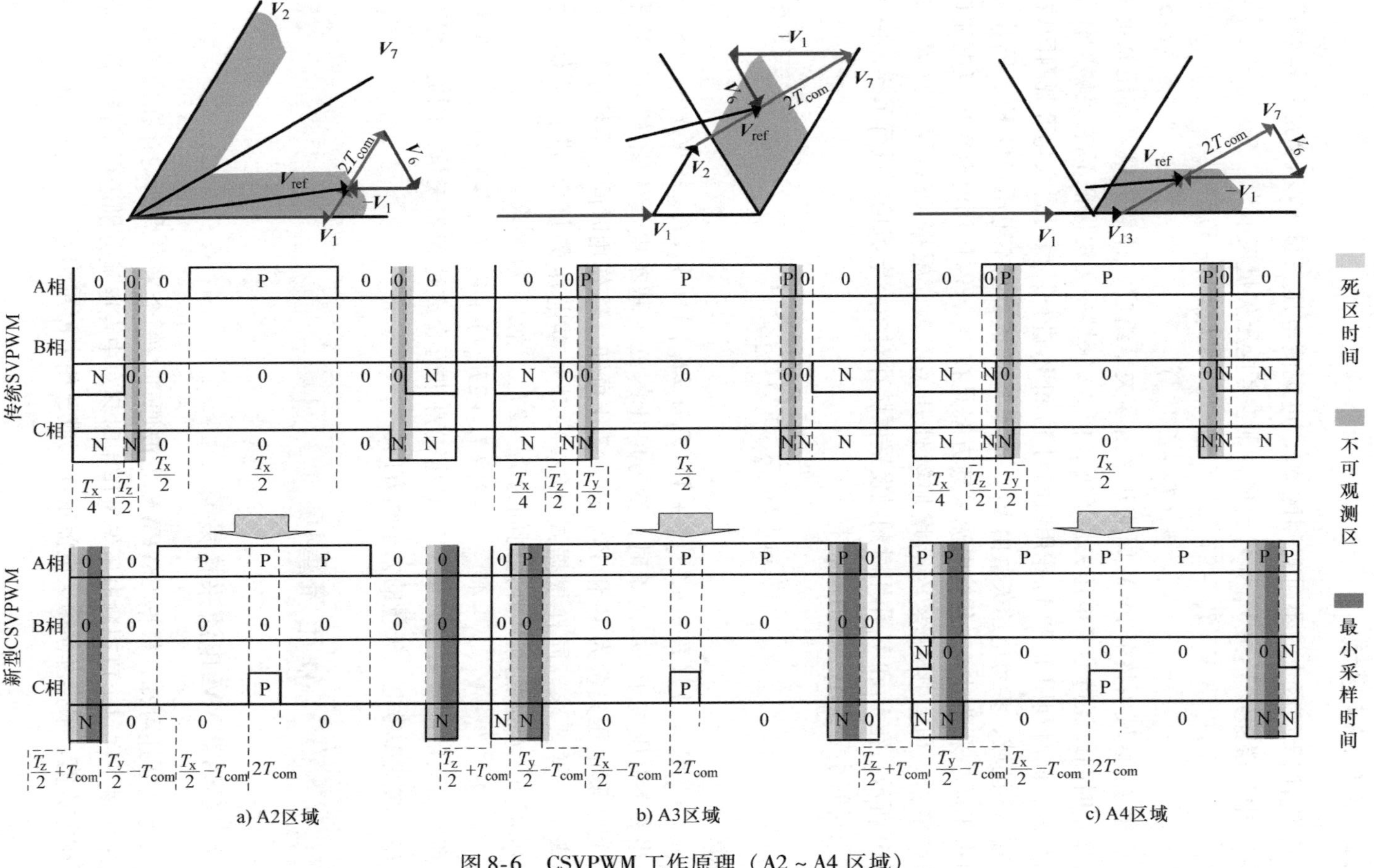

a) A2区域　b) A3区域　c) A4区域

图 8-6　CSVPWM 工作原理（A2～A4 区域）

8.2.2 A2 ~ A4 区域

若 V_{ref}位于扇区 I 的不可观测区 A2，可观测电压矢量 V_2不满足采样要求，图 8-6a 中补偿部分 V_2由 V_1和 V_6合成，则参考电压矢量表示为

$$V'_{ref}T_s = V_1(T_x - 2T_{com}) + V_0(T_y - 2T_{com}) + V_6 2T_{com} + V_2(T_z + 2T_{com}) \tag{8-5}$$

由于 A1 区域中整个 PWM 周期几乎由零矢量组成，补偿矢量可占用充足零矢量作用时间以保持参考电压矢量不变，但 A2 区域中无法保证 V_0有足够的作用时间替换，同时利用 V_1和 V_0作用时间对 V_6和 V_2进行补偿可最大化可观测区域。

在 A3 区域，参考电压矢量由 V_1、V_2和 V_7构成，基本电压矢量 V_2、V_7作用时间小于最小采样时间，传统电流采集方案是在 V_1、V_2作用时刻对中点电流信息进行采集，但直接补偿 V_2会增加额外开关次数。根据 CSVPWM 原理，如图 8-6b所示，在 V_1和 V_7作用时刻触发采样脉冲对中点电流信息进行采样，由于 V_7作用时间小于最小采样时间，有

$$V_1 T_{com} + V_6 \frac{T_{com}}{2} + V_7 \frac{T_{com}}{2} = 0 \tag{8-6}$$

故

$$V'_{ref}T_s = V_1(T_1 - 4T_{com}) + V_7(T_0 + 2T_{com}) + V_6 2T_{com} + V_2 T_2 \tag{8-7}$$

当参考电压位于 A4 区域时，参考电压的三个基本电压矢量为 V_1、V_7和 V_{13}，可观测电压矢量为 V_1和 V_7，由表 7-4 可知，V_7作用时间小于最小采样时间不满足采样要求，同样根据式（8-2）对基本电压矢量 V_7进行补偿，由图 8-6c可知，补偿后的 V_7作用时间为 $T_0 + 2T_{com}$满足采样要求，

$$V'_{ref}T_s = V_1(T_1 - 4T_{com}) + V_7(T_0 + 2T_{com}) + V_6 2T_{com} + V_{13} T_2 \tag{8-8}$$

所有引入的测量矢量均有对应电压矢量进行合成达到零矢量，因此 CSVPWM 并未改变参考电压矢量的大小和方向。

8.3 CSVPWM 电流重构

8.3.1 CSVPWM 电流采样策略

由上文所述可知，根据 CSVPWM 发波原理，每个采样周期均存在两个可观测电压矢量，在每个可观测电压矢量作用时刻对中点电流分别进行采样，即可获得两相电流值，根据基尔霍夫电流定律完成三相电流重构。

当 V_{ref} 位于可观测区时，采用传统 SVPWM 来控制逆变器开关状态的切换及中点电流的采样时刻。如图 8-2 所示，V_{ref} 位于扇区 1 的区域 1a 时，第一次采样时刻为 $t_{sam1}=(T_x/4)/2+T_{delay}$；第二次采样时刻为 $t_{sam2}=T_x/4+(T_z/2)/2+T_{delay}$，$T_{delay}$ 为采样延时时间。由于中点电流会受到 IGBT、运放特性等影响，令

$$T_{delay}=T_{rise}+T_{sr} \tag{8-9}$$

表 8-2 为可观测区域下各个扇区所对应的中点电流采样时刻。由于增加补偿矢量后原发波顺序被改变，不可观测区下的电流采样时刻需同步更改。表 8-3 为不可观测区下各个扇区所对应的中点电流采样时刻。

表 8-2　子区域采样时刻（可观测区域）

区域	采样时刻
1a	$t_{sam1}=(T_x/4)/2+T_{delay}$； $t_{sam2}=T_x/4+(T_z/2)/2+T_{delay}$；
1b	$t_{sam1}=(T_z/4)/2+T_{delay}$； $t_{sam2}=T_z/4+T_y/2+(T_x/2)/2+T_{delay}$；
2a、3	$t_{sam1}=(T_x/4)/2+T_{delay}$； $t_{sam2}=T_x/4+T_z/2+(T_y/2)/2+T_{delay}$；
2b、4	$t_{sam1}=(T_z/4)/2+T_{delay}$； $t_{sam2}=T_z/4+(T_y/2)/2+T_{delay}$；

表 8-3　子区域采样时刻（不可观测区）

区域	采样时刻
1a	$t_{sam1}=(T_z/2+T_{com})/2+T_{delay}$； $t_{sam2}=T_z/2+T_y/2+(T_x/2-T_{com})/2+T_{delay}$；
1b	$t_{sam1}=(T_x/2+T_{com})/2+T_{delay}$； $t_{sam2}=T_x/2+(T_z/2+T_{com})/2+T_{delay}$；
2a、3	$t_{sam1}=(T_z/2+T_{com})/2+T_{delay}$； $t_{sam2}=T_z/2+(T_x/2+T_{com})/2+T_{delay}$；
2b、4	$t_{sam1}=(T_x/2+T_{com})/2+T_{delay}$； $t_{sam2}=T_x/2+T_y/2+(T_z/2-T_{com})/2+T_{delay}$；

8.3.2　CSVPWM 相电流重构策略

如图 8-5 所示，以扇区 Ⅰ 的区域 1a 为例，当 V_{ref} 位于可观测区时，对可观测电压矢量作用时刻的中点电流进行采样；当 V_{ref} 位于不可观测区时，首先对不

满足采样要求的基本电压矢量进行补偿，根据表8-3所示采样时刻进行中点电流采集，进而获取两次电流采样所对应的相电流，电流经过运放电流处理电路、A-D转换模块，赋予 i_{sam1}、i_{sam2}，减去电流偏置 i_{off} 即可得到实际电流采样值，因此实际电流为

$$\begin{cases} i_a = Gi_{con1} = G(i_{sam1} - i_{off}) \\ i_c = Gi_{con2} = G(i_{sam2} - i_{off}) \end{cases} \tag{8-10}$$

式中，i_{con1}、i_{con2} 为去掉电流偏置后的电流值；G 为采集模块增益。

8.4 实验及结果分析

8.4.1 实验装置

实验采用基于TMS320F28335型DSP控制器的T型三电平逆变器验证所提出的CSVPWM的实际效果，DSP工作主频为150MHz。直流电压设置为50V，IGBT开关频率设置为5kHz，输出电压频率设置为50Hz，输出负载为三相对称电阻箱，采用三相 LC 滤波器（L=2mH，C=4.7μF）滤除负载电流的高频分量。利用MDA805A示波器对实验结果进行分析与采集，并将A150电流探头检测的负载相电流波形与单电流传感器重构的相电流波形进行对比分析。

尽管电流振荡时间占最小采样时间的比例较小，但母线电压、负载电流以及开关周期等参数的变化均会对所需补偿时间造成影响。经实验分析，取 T_{min} 固定为5.66μs（t_{db}=2.5μs，t_{AD}=1.66μs，$t_{on}+t_{rise}+t_{sr}$=1.5μs），可满足5kHz开关周期下的可靠电流重构。

8.4.2 实验结果分析

图8-7为可观测区域六路PWM波形、中点电流采样脉冲和中点电流信号。从图中可知可观测电压矢量满足最小采样时间，两次采样时刻均为可观测电压矢量作用时段的中点时刻再延时 T_{delay}。图8-8为参考电压矢量在不可观测区下采用CSVPWM调制策略的瞬时PWM波形、中点电流采样脉冲和中点电流信号，N00-N0P-00P-P0P-00P-N0P-N00为其发波过程，利用CZV原理插入P0P对N00进行补偿以满足采样要求。此外，相比较传统SVPWM，由于增加了矢量判断环节，CSVPWM每个载波周期增加了2μs的处理时间。

图8-9为在不同调制度下所提出的CSVPWM和传统SVPWM单相重构电流与实测电流对比图，其中，i_{real}、i_{con} 和 i_{err} 分别为实际电流、重构电流和电流误差，可见传统SVPWM重构相电流发生了严重畸变，而CSVPWM可准确重构相电流。

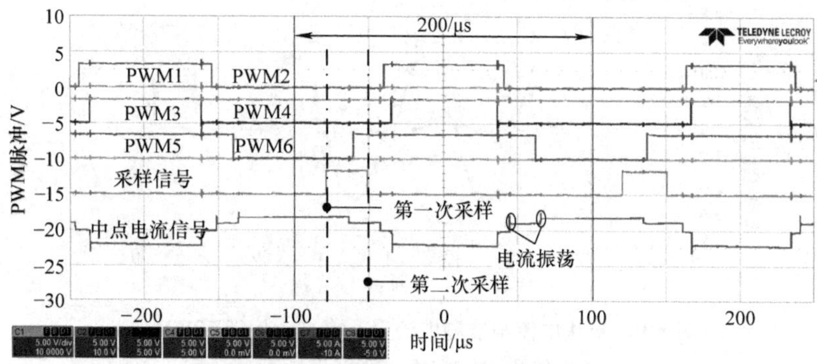

图 8-7　可观测区域六路 PWM 波形与中点直流母线电流波形

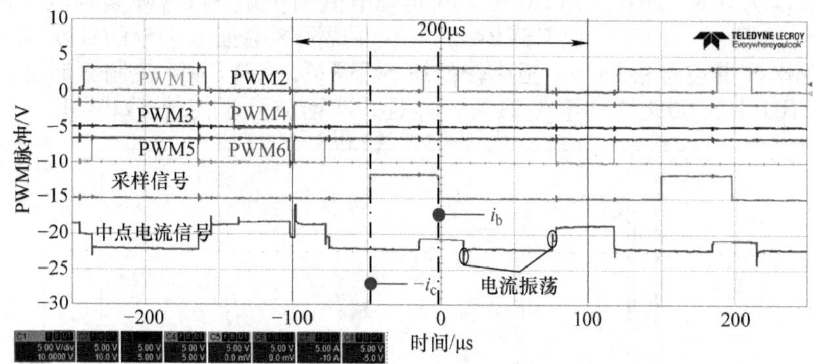

图 8-8　不可观测区 PWM 波形与中点直流母线电流波形

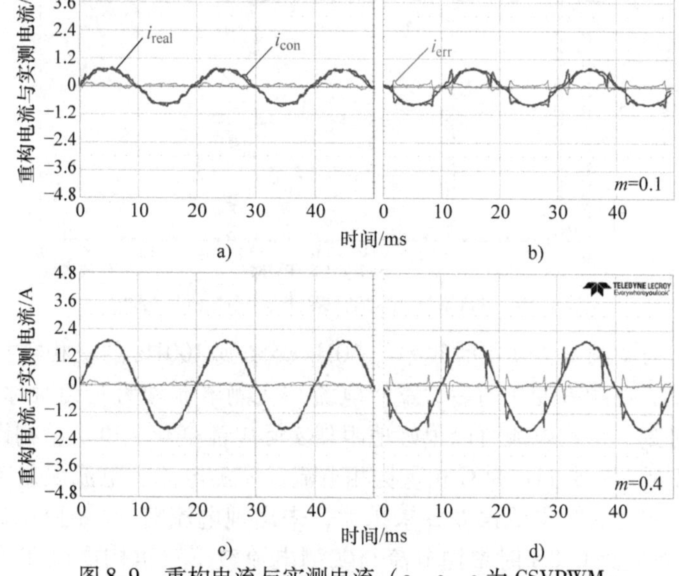

图 8-9　重构电流与实测电流（a、c、e 为 CSVPWM；b、d、f 为传统 SVPWM）（彩图见插页）

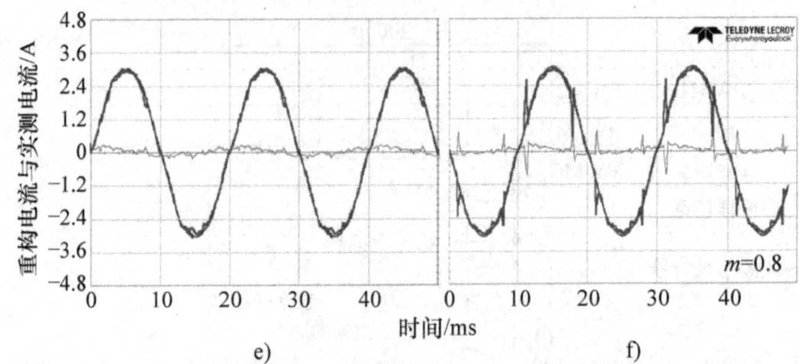

图 8-9　重构电流与实测电流（a、c、e 为 CSVPWM；b、d、f 为传统 SVPWM）（彩图见插页）（续）

调制度为 0.8，所提 CSVPWM 下的实测电流与传统 SVPWM 实测电流谐波分析如图 8-10 所示。由于所提 CSVPWM 在不可观测区会插入额外的补偿矢量进而导致实测电流谐波含量较大。相比较传统 SVPWM，CSVPWM 控制策略下的输出相电流 THD 由 3.00% 增加至 3.21%，并且 5 次谐波高于传统 SVPWM。

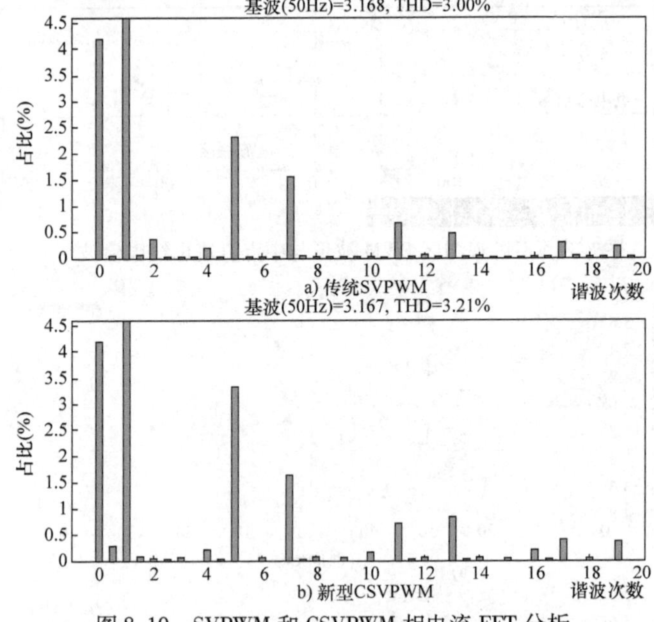

图 8-10　SVPWM 和 CSVPWM 相电流 FFT 分析

图 8-11a 为调制度为 0.4 时频率从 50Hz 突增到 100Hz 的三相重构电流与实测电流对比图。在频率变化前后，重构电流与实测电流均为三相对称正弦波形。在频率突变时刻，重构电流可以很好地跟随实际电流变化且电流重构误差仍可控制在 2.5% 以内。图 8-11b 为 C 相重构相电流、实测电流和电流误差图，从图中可以看出频率突变时刻电流误差并未扩大，未出现电流畸变。图 8-12 显示输出电流从 2.9A 突减到 0.8A 时重构电流与实测电流波形，重构电流在输出电流变化前后重构误差均未扩大，但由于补偿矢量的插入，导致电流 THD 有所增加。

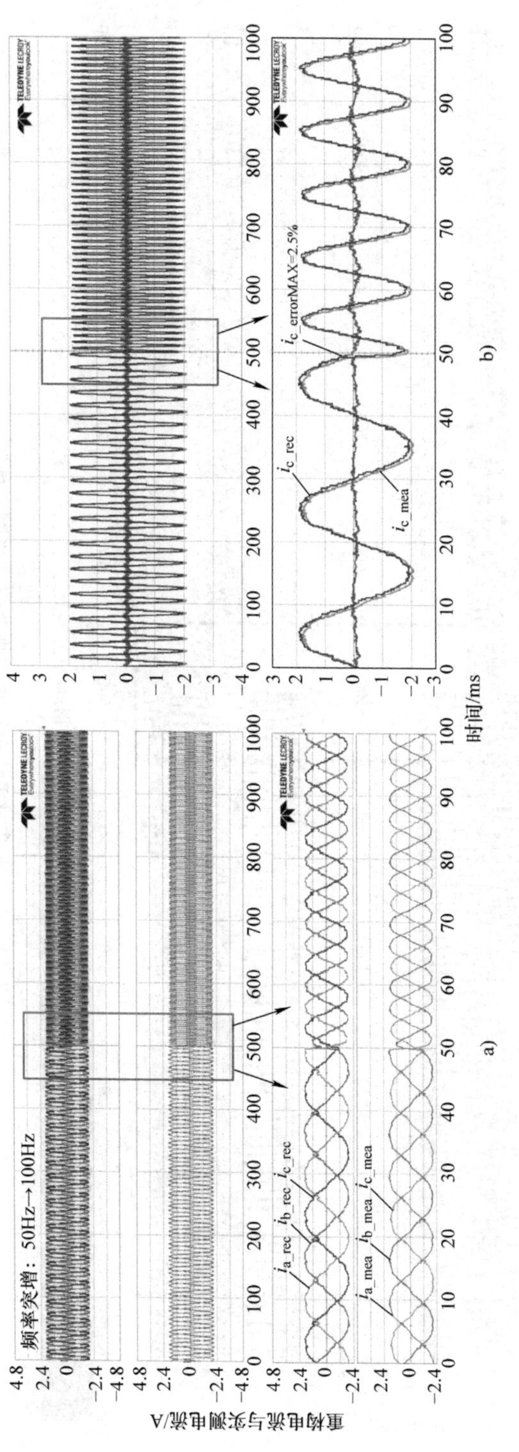

图 8-11　频率突增时重构电流与实测电流

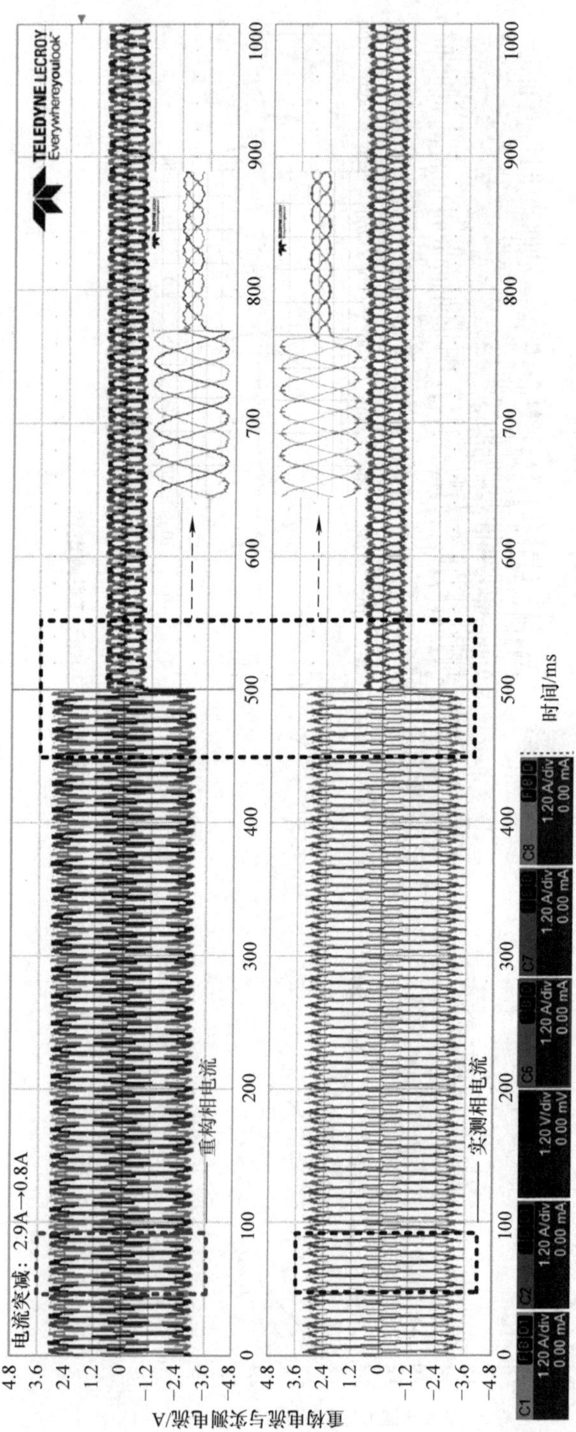

图 8-12 电流突变时重构电流与实测电流（彩图见插页）

8.5 本章小结

针对T型三电平逆变器单传感器相电流重构技术在不可观测区采用传统SVPWM无法准确重构电流的问题，提出中点电流单传感器采样 CSVPWM 相电流重构策略，其有效性体现在：

1）CSVPWM 调制策略未增加额外的开关次数，在一个周期内保持 PWM 波形的对称性，可达到与传统 SVPWM 同等效果的动静态特性。需要指出的是，判断参考电压矢量是否落入电流不可观测区增加了算法处理时间，限制了高开关频率及复杂波形控制算法的应用，如何进一步提高判断速度，是下一步工作的方向；

2）消除不可观测区后，提高了电流重构准确度，最大重构误差小于2.5%；

3）由于采用了 CSV 原理，CSVPWM 控制算法导致输出相电流 THD 由3.00%提高到3.21%。

参考文献

[1] KOVAČEVIĆ H, KOROŠEC L, MILANOVIČ M. Single – Shunt Three – Phase Current Measurement for a Three – Level Inverter Using a Modified Space – Vector Modulation [J]. Electronics, 2021, 10 (14): 1734.

[2] LI X, DUSMEZ S, AKIN B, et al. A New SVPWM for the Phase Current Reconstruction of Three – Phase Three – level T – type Converters [J]. IEEE Transactions on Power Electronics, 2016, 31 (03): 2627 – 2637.

[3] SON Y, KIM J. A novel phase current reconstruction method for a three – level neutral point clamped inverter (NPCI) with a neutral shunt resistor [J]. Energies, 2018, 11 (10): 2616.

[4] KIM S, HA J I, SUL S K, 8th International Conference on Power Electronics – ECCE Asia [C]. Piscataway: IEEE, 2011.

[5] SHIN H, HA J I. Phase current reconstructions from DC – link currents in three – phase three – level PWM inverters [J]. IEEE transactions on power electronics, 2013, 29 (2): 582 – 593.

[6] YOU J J, JUNG J H, PARK C H, et al. Phase current reconstruction of three – level Neutral – Point – Clamped (NPC) inverter with a neutral shunt resistor [C]. IEEE Applied Power Electronics Conference and Exposition (APEC) . 2017: 2598 – 2604.

[7] SHEN Y, WANG Q, LIU D, et al. A Mixed SVPWM Technique for Three – Phase Current Reconstruction With Single DC Negative Rail Current Sensor [J]. IEEE Transactions on Power Electronics, 2021.

[8] 周聪，刘闯，王凯，等. 用于开关磁阻电机驱动系统的新型单电阻电流采样技术 [J]. 电工技术学报，2017，32 (5): 55 – 61.

[9] WANG G, CHEN F, ZHAO N, et al. Current Reconstruction Considering Time – Sharing Sam-

pling Errors for Single DC - Link Shunt Motor Drives [J]. IEEE Transactions on Power Electronics, 2020, 36 (5): 5760 - 5770.

[10] SHEN Y, ZHENG Z, WANG Q, et al. DC Bus Current Sensed Space Vector Pulse width Modulation for Three - Phase Inverter [J]. IEEE Transactions on Transportation Electrification, 2020, 7 (2): 815 - 824.

第 9 章 单电流传感与脉冲宽度调制的硬件和软件实现

电流传感与脉冲宽度调制是交流电机控制系统的核心，其工程实现主要包括硬件和软件。本章以交流电机控制系统硬件总体结构为切入，重点阐述了直流动力电源、逆变主电路及其驱动保护单元、母线及相电流采样与信号处理单元等功能电路的结构原理及设计要点。然后以 TI C2000 系列微控制器为例，从总体结构、系统时钟及采样中断等方面阐述了单电流传感交流电机控制系统的软件实现。

9.1 系统硬件结构

单电流传感交流电机控制器由直流动力电源、逆变主电路及其驱动保护单元、低压辅助电源单元、母线及相电流采样、电流信号处理单元、控制单元等功能模块构成，如图 9-1 所示。

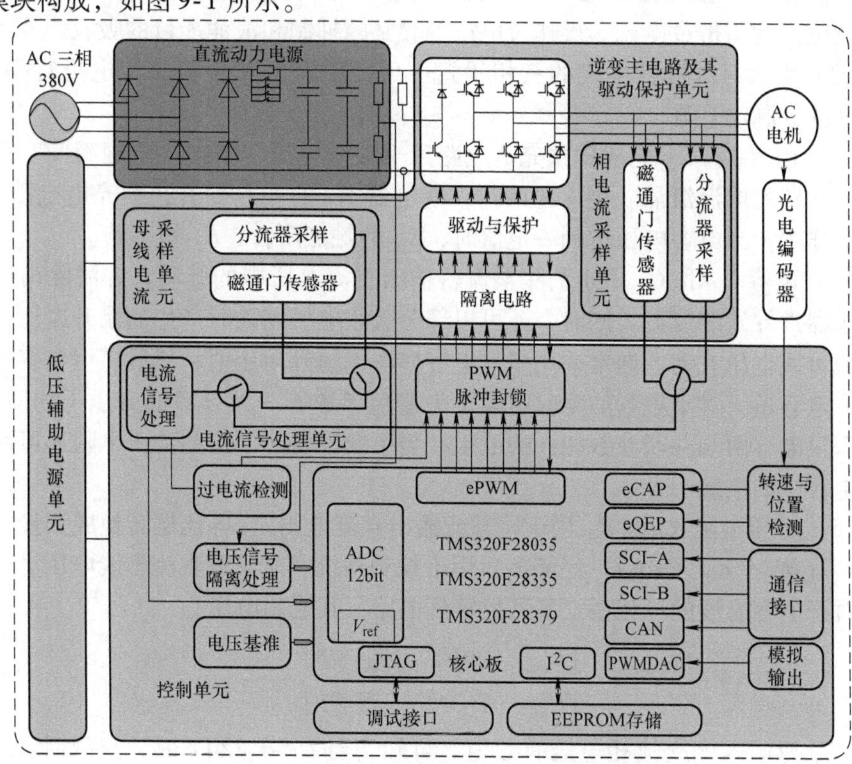

图 9-1 单电流传感交流电机控制器结构

9.1.1 直流动力电源

交流电驱动系统逆变电路所需的直流电能来自于前级直流动力电源，根据应用场景，可由动力电池提供，例如电动汽车应用，或由 AC－DC 整流电路提供，构成交－直－交变频器，例如工业电驱动领域。其中，电容滤波的三相桥式不可控整流电路是应用最广泛的整流电路，具有结构简单、成本低、可靠性高等优点。

电容滤波的三相桥式不可控整流电路如图 9-2 所示。

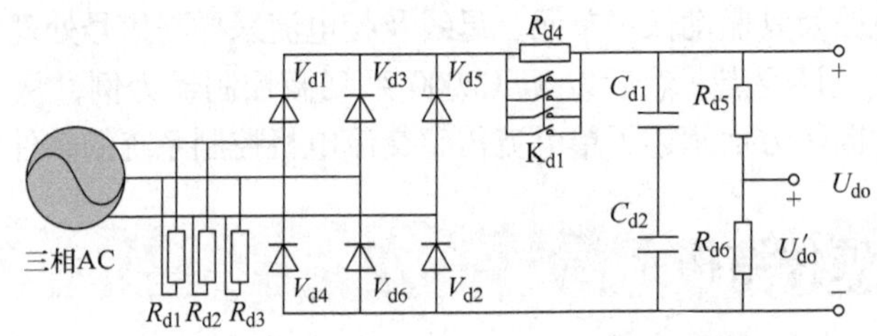

图 9-2　电容滤波的三相桥式不可控整流电路

（1）三相交流电源输入端两两之间分别并联压敏电阻 R_{d1}、R_{d2} 和 R_{d3}，用于对交流输入侧雷击过电压、操作过电压等异常的抑制和浪涌能量的吸收。

（2）由六只二极管构成的三相桥式不可控整流桥对三相交流电进行整流，将其变换为脉动直流。

（3）由 R_{d4} 和 K_{d1} 构成的预充电电路用于限制整流电路接入电网瞬间，由电容充电导致的电流浪涌。接入电网时，继电器 K_{d1} 的触点断开，预充电电阻 R_{d4} 起限流作用；当电容电压达到一定值时，K_{d1} 的触点闭合，R_{d4} 被旁路。

（4）电容 C_{d1} 和 C_{d2} 用于消除整流桥输出直流电压中的脉动，并滤除由逆变器开关器件导致的纹波。同时，还可以部分吸收电机制动时产生的泵升电压，避免直流母线电压波动。通常采用多只电容串联以提升耐压值，然后多组电容并联以提升电容量。对于串联的多只电容，为避免参数不一致导致的分压不均问题，可在每只电容两端并联参数相同的电阻，当系统停机时，这些均压电阻还可用于泄放电容中的电能[1]。

（5）分压电阻 R_{d5} 和 R_{d6} 用于将整流输出直流电压 U_{do} 等比例转换成测量电压 $U'_{do}=U_{do}R_{d6}/(R_{d5}+R_{d6})$，经隔离后用于控制系统实时监测直流母线电压。

对于电容滤波的三相桥式不可控整流电路，其输出电压为

$$\begin{cases} U_{do} = \sqrt{6}U_i & \text{空载时} \\ U_{do} = 2.34U_i & \text{重载时} \end{cases} \tag{9-1}$$

式中，U_i 为输入侧交流相电压有效值。可知，当 $U_i = 220\text{V}$ 时，空载时 $U_{do} =$

538.9V；重载时 $U_{do}=514.8V$。

电容滤波的三相桥式不可控整流电路设计的关键是整流二极管和电容器的定额。

（1）在每个周期中，每只整流二极管导通1/3个周期，故流经二极管电流的平均值为直流母线电流的1/3；二极管承受的最大反向电压为交流线电压的峰值，即$\sqrt{6}U_i$。工程中，可据此在留有一定裕量的前提下确定整流二极管的正向平均电流和反向重复峰值电压。

（2）电容器的容量应确保系统在最大功率输出下，直流母线电压波动小于目标值ΔU。带载时，电容的输出电压波形通常难以用解析式来描述，其工作过程可近似描述为如图9-3所示。

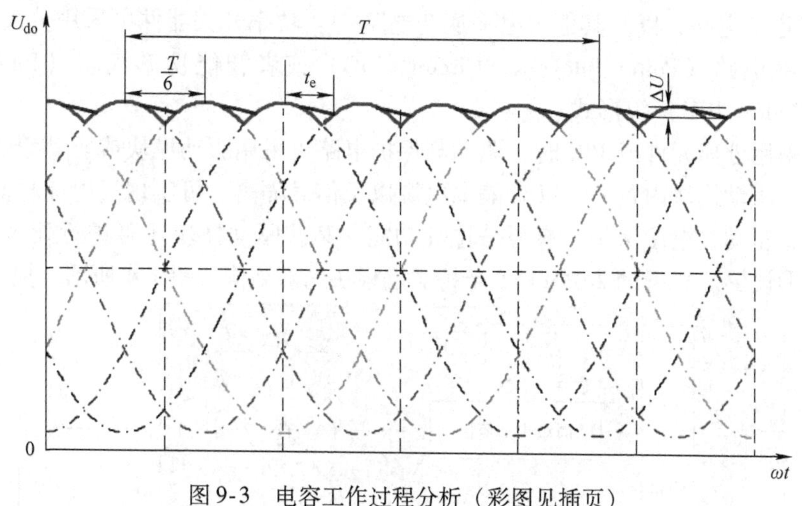

图9-3　电容工作过程分析（彩图见插页）

假定最大负载电流为I_{dom}，电容两端电压波形如图9-3所示红蓝波形，在$\frac{T}{6}$内，电容放电时间为t_e，可知此时输出电压可近似为

$$U_{do} = U_{dom} - \Delta U = U_{dom}\cos\left[\omega\left(\frac{T}{6} - t_e\right)\right] \tag{9-2}$$

即，

$$t_e = \frac{T}{6} - \frac{1}{\omega}\arccos\left[1 - \frac{\Delta U}{U_{dom}}\right] \tag{9-3}$$

式中，U_{dom}为整流电路空载时的输出电压；ω为输入三相交流的角频率。可得，

$$C = \frac{I_{dom}}{\Delta U}t_e \tag{9-4}$$

根据式（9-4）可近似求出最大负载电流时所需的最小电容量C[2-4]。

直流动力电源的电压纹波将会导致电机高速运行时产生特定频率的振动，故应尽可能减小电压纹波，或采用算法进行补偿。

当系统需要制动能量回馈时，直流动力电源环节可采用桥式 PWM 整流电路，以便将制动能量回馈至电网[5-6]。

9.1.2 逆变主电路及其驱动保护单元

逆变主电路及其驱动保护单元接收来自控制单元的 7 路 PWM 信号（6 路用于逆变电路、1 路用于泵升电压控制），将信号隔离、功率放大后作用于功率开关器件（MOSFET、IGBT、SiC MOSFET 或者 GaN MOSFET）。同时，该单元还负责将保护电路输出的故障和状态信号经隔离后，反馈至控制单元。

用于电机控制领域的逆变主电路结构包括：两电平三相桥式逆变电路、三电平 NPC 逆变电路，以及其他多电平逆变电路[7]。功率开关器件可采用分离元件、功率集成电路（Power Integrated Circuit，PIC）或者智能功率模块（Intelligent Power Model，IPM）等形式。

当采用分离元件或 PIC 时，驱动与保护电路可采用驱动模块或驱动集成电路等形式。驱动模块内置 DC - DC 隔离电源以及信号隔离，可实现过电流检测、过温检测、驱动欠电压保护、有源箝位等功能，某些驱动模块还可进行死区设置、驱动波形设置。典型的 2SP0115T 半桥驱动模块内部结构如图 9-4 所示。控制单元

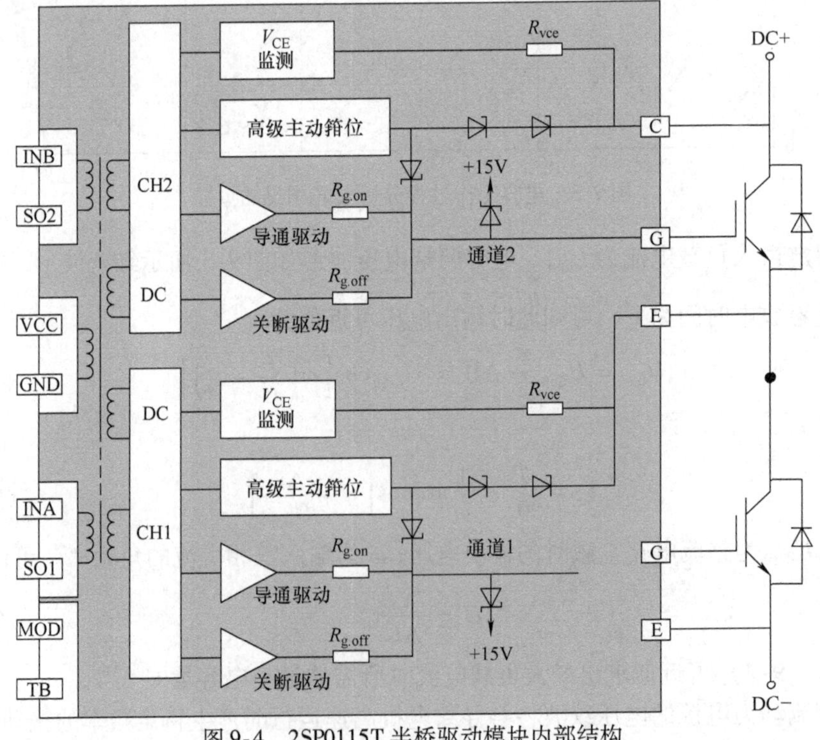

图 9-4 2SP0115T 半桥驱动模块内部结构

只需提供上下桥臂 PWM 信号 INA/INB（也可工作于半桥模式，仅提供 INA 即可）、模式设置信号 MOD、阻塞时间设置信号 TB，同时提供 15V 电源，即可实现上下桥臂 IGBT 的驱动。故障信号可直接从 SO1 和 SO2 端子获取。

当采用驱动集成电路时，PWM 和故障检测信号的隔离、过电流保护、欠电压保护、驱动逻辑等由驱动集成电路完成，外围电路仅包含少量电阻、电容等器件。不同于驱动模块内置 DC – DC 隔离电源，驱动集成电路需外部提供输入侧电源、输出侧驱动电源和反向偏置电源。典型的驱动集成电路 HCPL – 316J 内部结构及典型应用如图 9-5 所示。

IPM 通过将驱动与保护电路、多个功率开关器件集成至一个模块内，提高了功率密度，降低了开发周期。典型的 PM75RLA120 型 IPM 内部集成了 7 个 IGBT，同时内置 IGBT 栅极驱动电路，具有短路过电流、过温和控制电源欠电压保护功能，其内部结构如图 9-6 所示。

9.1.3　低压辅助电源单元

交流电机控制器需要多路低压辅助电源，为不同功能单元提供工作电源。典型的，采用两电平三相桥式逆变电路时，系统通常需要三路 24V 电源供上桥臂 IGBT 驱动使用、1 路 24V 电源供三个下桥臂及泵升电压抑制 IGBT 驱动使用、1 路 5V 电源供控制单元使用、1 路 24V 供散热风扇及大功率继电器使用、1 路 ±15V电源供控制信号处理使用，并且上述电源各通道之间需要电气隔离，提供足够大的驱动电流和较小的电压纹波。通常，低压辅助电源从直流母线获取高电压输入，采用多路输出反激式或正激式开关电源结构，输出多路低压直流[8 – 9]。

9.1.4　母线及相电流采样与信号处理单元

系统预留三相相电流高端采样和直流母线单电流传感器采样两种方式，两种采样方式同时设计了磁通门和分流器两套传感及信号处理电路。

（1）磁通门电流传感及信号处理电路

由于磁通门电流传感器基于铁磁体在磁饱和区时磁导率的非线性特性进行电流测量，因此可实现直流电流、交流电流的隔离检测。其外围电路通常包括电源、电压基准源、滤波及信号调理等。典型的，当采用单电源供电时，基于 CKSR 50 – NP 磁通门电流传感器的电流检测与信号处理电路如图 9-7 所示。

如图 9-7 所示，CKSR 50 – NP 和 OPA350 均采用 +5V 单电源供电；CKSR 50 – NP 的输出信号即后级信号调理电路的输入 V_i为

$$V_i = V_{ref} + G_s I_t \tag{9-5}$$

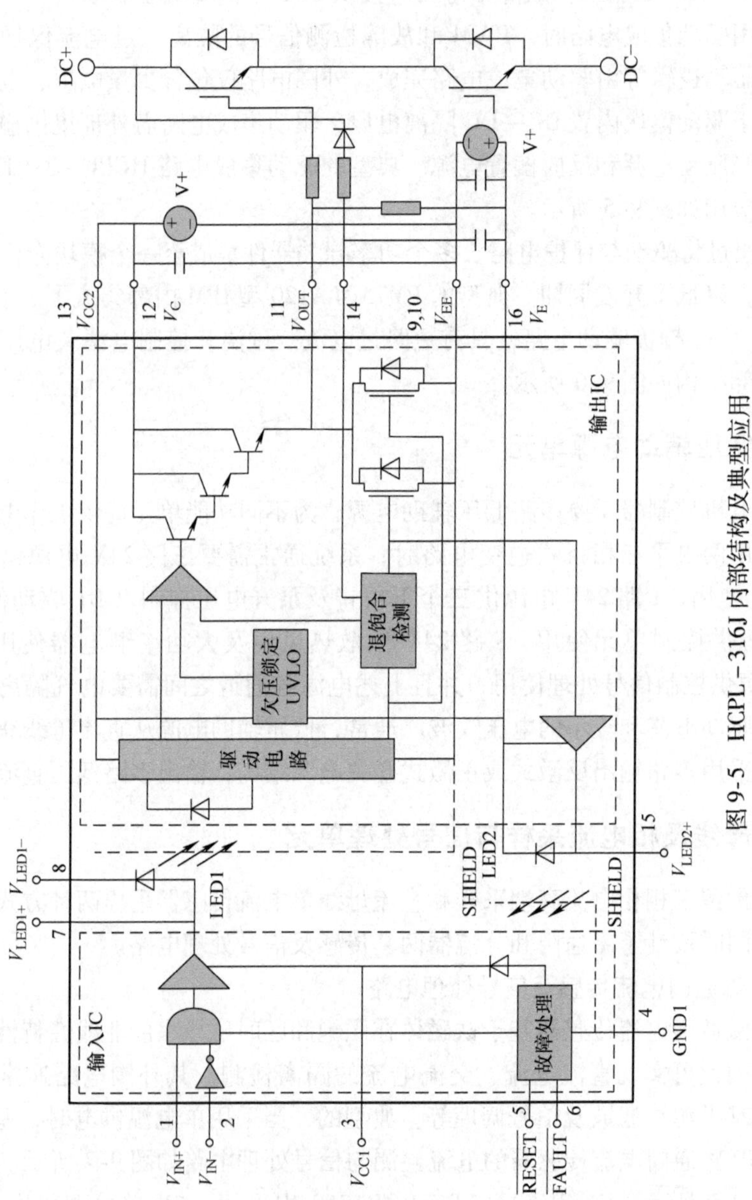

图 9-5 HCPL-316J 内部结构及典型应用

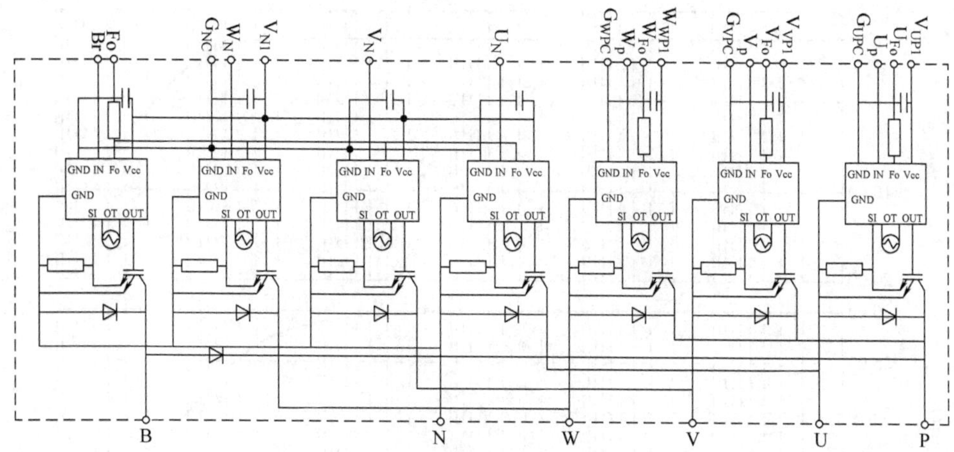

图 9-6　PM75RLA120 型 IPM 内部结构图

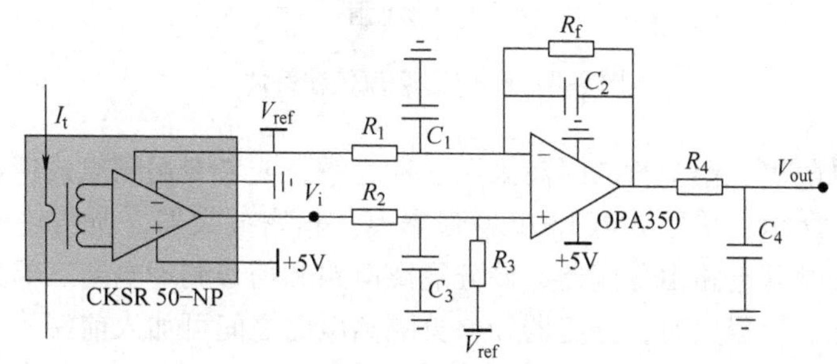

图 9-7　磁通门电流传感器的电流检测及信号处理电路

式中，$G_s = 0.0125$ 为 CKSR 50 – NP 电流灵敏度，即检测电流每变化 1A，输出电压变化 12.5mV；I_t为检测电流。

信号调理电路由高带宽轨至轨运算放大器 OPA350 及其周边元件构成，输出电压为

$$V_{out} = V_{ref} + \frac{R_3(R_f + R_1)}{R_1(R_2 + R_3)}(V_i - V_{ref}) = V_{ref} + G_s I_t \frac{R_3(R_f + R_1)}{R_1(R_2 + R_3)} \quad (9\text{-}6)$$

当 $R_1 = R_2 = 1\text{k}\Omega$、$R_3 = R_f = 2.2\text{k}\Omega$、$V_{ref} = 2.5\text{V}$ 时，可得，

$$V_{out} = 2.5 + 0.0275 I_t \quad (9\text{-}7)$$

当 $C_1 = C_3 = 5.6\text{nF}$、$C_2 = 1\text{nF}$、$C_4 = 100\text{pF}$、$R_4 = 10\Omega$ 时，信号调理电路呈低通特性，可消除磁通门传感器产生的高频干扰，$V_i \sim V_{out}$交流传输特性如图 9-8 所示。

（2）分流器电流采样及信号处理电路

由于被测量电流直接流经分流器，故分流器电流采样电路的关键是对采样信

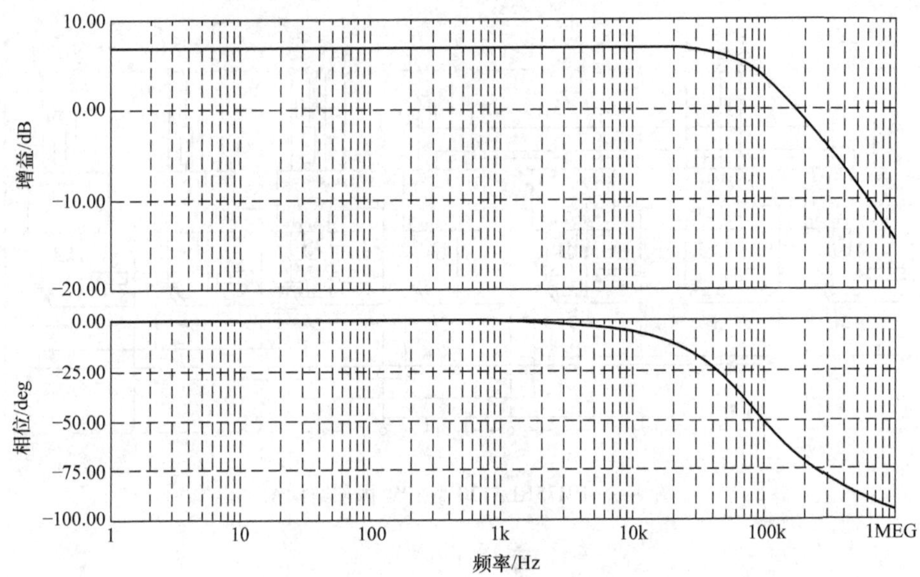

图 9-8　$V_{i} \sim V_{out}$交流传输特性

号进行模拟量隔离。模拟量的隔离采用线性光耦，或者专用隔离式精密放大器实现。如图 9-9 所示，采用 AMC1301 增强隔离式精密放大器，所构建的分流器电流采样及信号处理电路由分流器、差分隔离电路和信号调理电路三部分构成。当分流器阻值低、量程大时，分流器和差分隔离电路之间可加入前端放大电路。

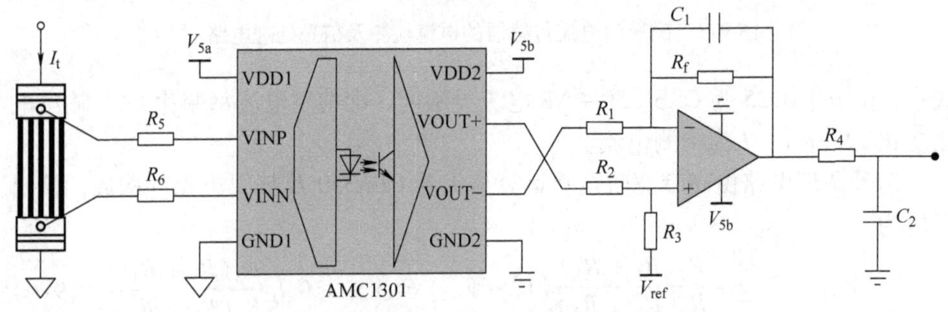

图 9-9　分流器电流采样及信号处理电路

AMC1301 具有 ±250mV 的满量程输入、1MHz 的输入带宽、0.03% 的非线性度和 1ppm/℃的温度漂移，隔离强度达 7kV，并且具有 $G=8.2$ 的固定增益。分流器输出电压信号可直接接入 AMC1301 差分输入端口。由于 AMC1301 采用差分输出方式，因此当采用单端输入 A－D 转换器时，信号调理电路在进行信号放大的同时，还需完成差分－单端转换。

当采用 100mV/50A 分流器时，AMC1301 输出端差分电压为

$$V_{i+} - V_{i-} = GR_s I_t \tag{9-8}$$

式中，$R_s = 2\text{m}\Omega$ 为分流器电阻值。

当 $V_{ref} = 2.5\text{V}$、$R_1 = R_2 = R_a = 1.5\text{k}\Omega$、$R_f = R_3 = R_b = 2\text{k}\Omega$ 时，信号调理电路输出为

$$V_{out} = V_{ref} + \frac{R_b}{R_a}(V_{i+} - V_{i-}) = 2.5 + 0.021867 I_t \tag{9-9}$$

9.1.5　控制单元

控制单元包括过电流检测与 PWM 脉冲封锁电路、转速与位置检测电路、通信接口电路、模拟量输出电路、调试接口与存储电路、微控制器核心板等子部分。

（1）过电流检测与 PWM 脉冲封锁电路

当功率主电路发生过电流、过电压、过温等报警或故障信号时，控制单元必须尽快封锁 PWM 脉冲输出，以避免故障扩大造成设备损坏。PWM 脉冲封锁可采用微控制器内部的错误控制（Trip Zone，TZ）子模块或外部电路实现。

当采用 TZ 子模块实现时，微控制器通过相应 I/O 管脚接收来自过电流检测电路、IGBT 驱动与保护电路的故障信号，并根据程序配置，调整 PWM 管脚状态，从而实现系统保护。

当采用外部电路实现时，PWM 脉冲封锁电路根据过电流检测电路、IGBT 驱动与保护电路输出的故障信号，阻断 PWM 信号输出路径，实现对系统的保护。图 9-10所示为典型过电流检测与 PWM 脉冲封锁电路结构。

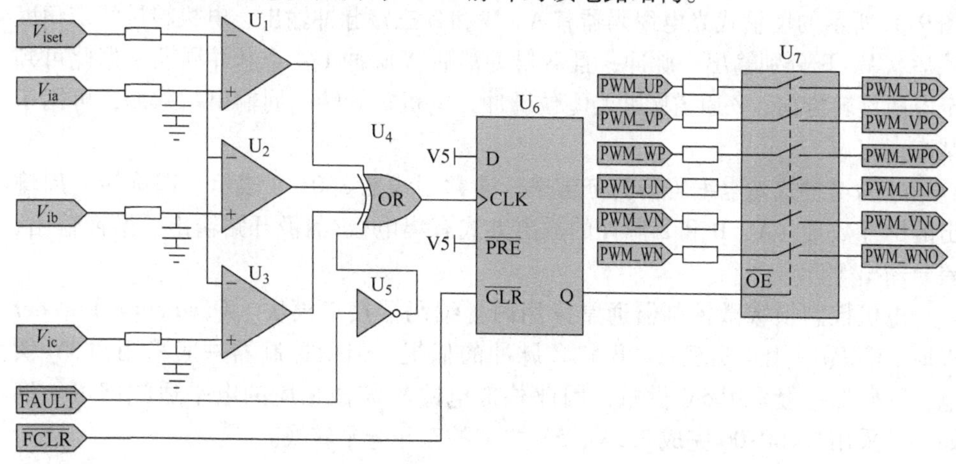

图 9-10　过电流检测与 PWM 脉冲封锁电路

如图 9-10 所示，ABC 相电流采样信号 V_{ia}、V_{ib}和 V_{ic}分别经电阻和电容构成的低通滤波电路后接入比较器 $U_1 \sim U_3$的同相输入端；同时，$U_1 \sim U_3$的反相输入端接入设定的电流报警阈值 V_{iset}；三个比较器的输出端接入逻辑或门 U_4的输入端，同时来自驱动与保护电路的低电平有效信号 $\overline{FAULT}$ 经逻辑非门 U_5后也接入 U_4的输入端；当任意相电流过大时，或者 $\overline{FAULT}$ 使能后，U_4输出端由低电平跳变至高电平；D 触发器 U_6的 Q 输出端输出高电平，三态缓冲器 U_7的低电平使能端子 $\overline{OE}$ 被拉高，其输出端进入高阻态，六路 PWM 脉冲被切断。只有当微控制器将 $\overline{FCLR}$ 置低后，U_6的 Q 输出端才能再次输出低电平，建立 PWM 脉冲传输通道。

此外，如采用独立的 FPGA/CPLD 实现 PWM 功能，上述逻辑可在 FPGA/CPLD 内部实现。

（2）转速与位置检测电路

转速和转子位置是交流电机矢量控制系统中的重要参数，可通过增量式光电编码器、旋转变压器等传感器获取实时位置 $\theta(t)$，并根据式（9-10）实时计算当前转速。

$$\omega = \frac{d\theta}{dt} = \frac{\theta(t) - \theta(t-1)}{\Delta t} \tag{9-10}$$

式中，$\theta(t-1)$ 为上一时刻转子位置。

1）增量式光电编码器。增量式编码器由光栅盘、光电检测装置（发光管和光敏元件）和信号处理电路构成，其中光栅盘上刻有按一定规律排布的透光孔，且与电机同步旋转，发光管照射光栅盘，将光栅透过的光信号投射至光敏元件，信号处理电路根据光敏元件输出信号，转换成相应的脉冲输出。典型的，如图 9-11所示的增量式光电编码器有 A、B 和 Z 三路脉冲输出，电机转过特定角度 θ' 后，A、B 分别输出一脉冲，且 B 脉冲滞后 A 脉冲 1/4 个脉冲周期，据此可判定电机旋转方向；Z 通道脉冲为零位脉冲，电机每旋转一周输出一脉冲，可用于基准点定位。

θ' 为增量式光电编码器的分辨率，通常用线数 $360°/\theta'$表示，即旋转一周输出的脉冲数量。A、B 和 Z 脉冲的输出方式有集电极/漏极开路输出、推挽输出、差分输出等。

电机控制领域微控制器通常采用内置编码器接口模块（Quadrature Encoder Pulse，QEP），用于实现 A、B 和 Z 脉冲的捕捉。但微控制器一般采用 3.3V 供电，编码器一般采用 5V 供电，因此外部电路只需做相应的电平适配即可。例如，可采用 TXB0106 完成 3.3V、5V 之间的双相电平转换。

2）旋转变压器。旋转变压器是以可变耦合原理工作的交流控制电机，其二次绕组输出电压与转子转角呈确定的函数关系，故可用来测量电机转子位置和旋

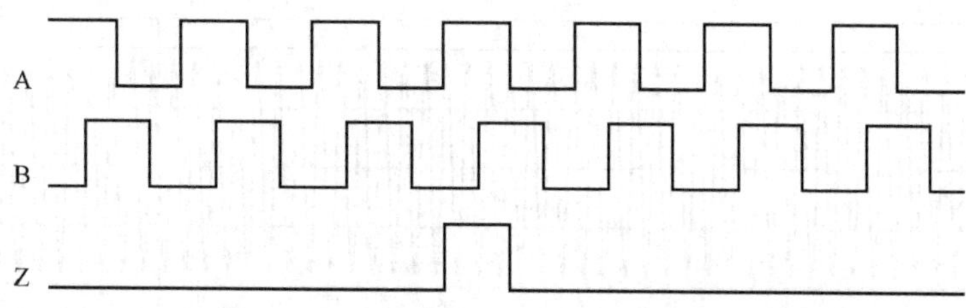

图9-11 增量式光电编码器脉冲波形

转速度。旋转变压器内部没有易损元件，同时输出为模拟信号，抗干扰性和可靠性强。

如图9-12所示，旋转变压器转子绕组为变压器的一次侧，通入励磁电压 $V_e = V_{em}\sin(\omega_e t)$，$V_{em}$ 和 ω_e 分别为励磁电压的幅值和角频率；定子侧安装有两个位置固定且互相垂直的绕组a、b，作为变压器的二次侧，用来感应转子位置的变化。励磁电压可通过电刷/集电环与转子绕组连接，也可采用环型耦合变压器取代电刷/集电环，构成无刷式旋转变压器。

由图9-12可知，当转子角度为 γ 时，a、b绕组输出的感应电动势为

$$\begin{cases} V_a = V_{em}\sin(\omega_e t)\cos\gamma \\ V_b = V_{em}\sin(\omega_e t)\sin\gamma \end{cases} \tag{9-11}$$

进一步地，$V_b/V_a = \tan\gamma$，对 V_b/V_a 求反正切即可得到转子实时角度 γ，即 $\gamma = \arctan(V_b/V_a)$。但由于反正切只包含了 $\left(-\frac{\pi}{2},\frac{\pi}{2}\right)$ 范围内的角度信息，湮没了 $[0,2\pi)$ 内的其他信息，故还应根据励磁电压、V_a 和 V_b 的瞬时波形的正负关系将反正切得到的角度转换至 $[0,2\pi)$。当 V_e 频率为10kHz时，V_e、V_a、V_b 和 γ 的波形如图9-13所示。

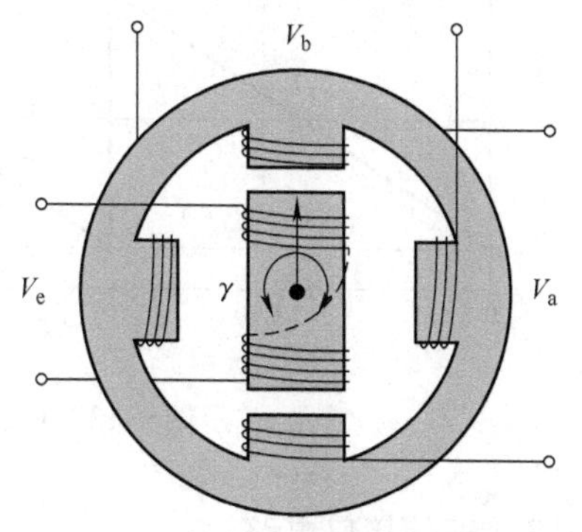

图9-12 旋转变压器结构示意图

直接利用反正切计算转子位置实时性好，但抗干扰性差、波动大、计算量大。采用基于锁相环、观测器的闭环解码方法可提升解码准确度及稳定性[10]。当采用软件实现旋转变压器解码时，对微控制器的A-D转换器性能、运算速度等要求较高，并且实时性较差，故实际电机控制器通常采用专用旋转变压器-数字转换（Resolver to Digital Converter，RDC）芯片实现转子位置的“硬解码”。

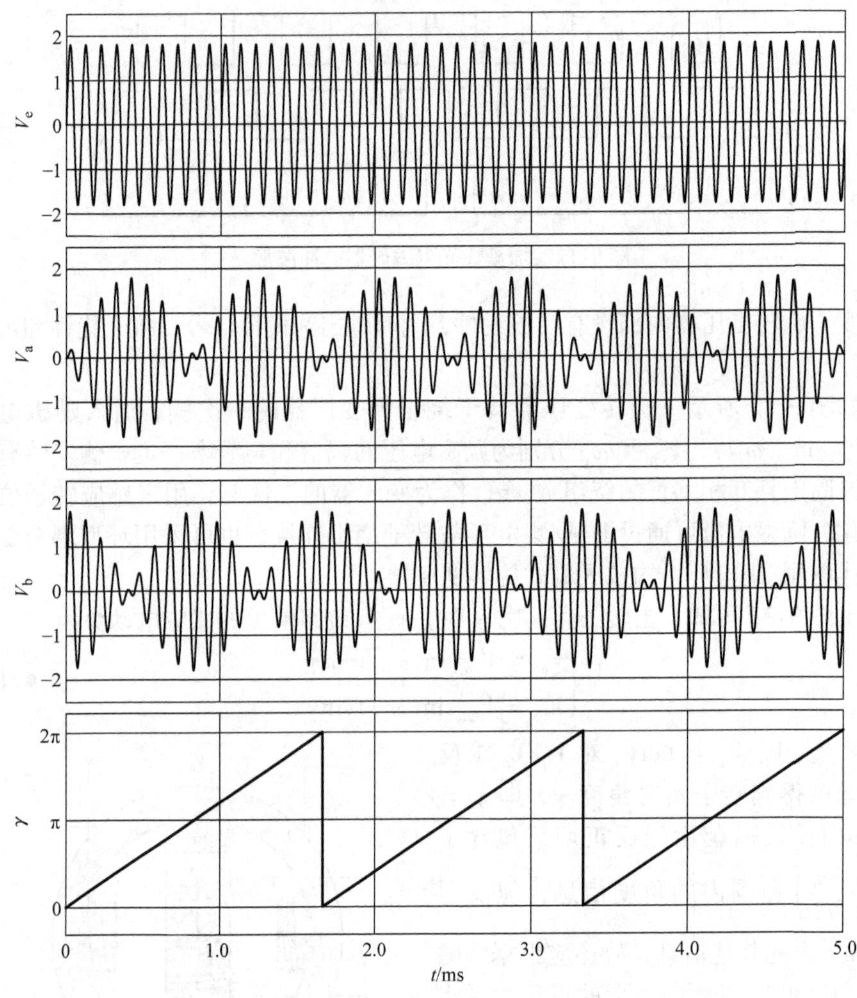

图 9-13 V_e、V_a、V_b 和 γ 的波形

（3）通信接口电路

电机控制器通信接口电路用于与其他控制器、操作面板等进行数据交换。常用通信接口包括通用异步收发器（Universal Asynchronous Receiver/Transmitter，UART）总线、控制器局域网（Controller Area Network，CAN）总线等。

1）UART 总线。UART 总线采用异步方式实现通信双方的数据传输，当通信双方参考电平相等时，双方仅需将发送（Tx）和接收（Rx）两条连接线交叉连接，便可以约定总线速率，按特定的位流以字节为单位进行数据交互。典型的 UART 总线应用和数据流格式如图 9-14 所示。

如图 9-14 所示，发送方通过在 Tx 引脚发送低电平起始位发起数据通信，并

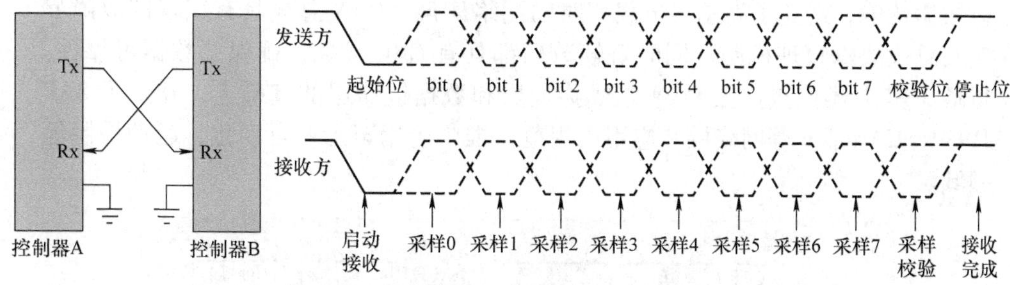

图 9-14　典型 UART 总线应用和数据流格式

按位次以设定的波特率发送字节中的各 bit 和奇偶校验 bit，字节发送完毕后，以高电平为停止位。接收方检测到 Rx 引脚上的下降沿和起始位后，以设定的波特率检测各 bit，并进行奇偶校验。

为延长通信距离、提升抗干扰能力，实际应用中通常采用 RS232、RS485 等物理接口规范。典型的 UART－RS485 通信系统如图 9-15 所示。RS485 采用差分信号，可抑制共模噪声引起的干扰。TIA/EIA－485－A 标准规定 RS485 收发器必须在 －7～＋12V 共模电压范围工作，如节点数量多、节点间通信距离远、现场干扰强，当节点间共模电压超出 －7～＋12V 时，将影响通信质量甚至损坏收发器。此时，可采用隔离式 RS485 总线接口电路，通过电源隔离和信号隔离，防止电流在通信双方的地之间流动，避免产生环路电流，如图 9-15 中的右侧节点所示。此外，为避免 ESD、EFT 和浪涌造成的通信干扰或器件损坏，应在 RS485 通信端口放置 TVS 二极管、压敏电阻、气体放电管等端口保护器件。

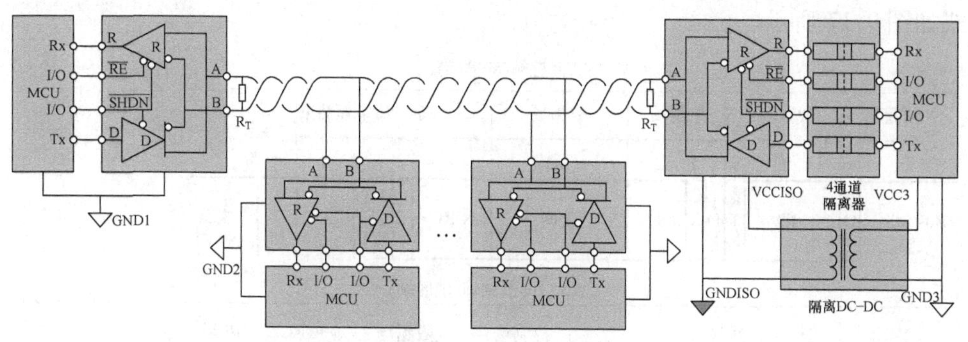

图 9-15　典型 UART－RS485 通信系统

2）CAN 总线。CAN 总线是当前汽车高速网络系统的主要总线技术，用于多个车载控制器之间的实时数据交互，典型电动汽车 CAN 网络结构如图 9-16 所示。CAN 总线是差分串行数据总线，通信数据最高可达 1Mb/s；CAN 总线采用 NRZ（非归零）编码，以及非破坏性总线仲裁技术，确保了高优先级节点的实时数据传输，避免了高总线负载率时的网络瘫痪；CAN 总线具有完善的故障界定及总线故障管理机制，同时每帧数据都具有 CRC 校验，确保了数据可靠性。得益于其上述优点，在 CAN 总线物理层和数据链路层的基础上，开发了 SAE J1939、CANopen 等网络层和应用层规范，推广应用至工业自动化、运动控制等领域。

整车CAN网络
仪表盘
整车控制器
变速箱控制器
......
DC-DC
电机控制器
BMS主控单元
BMS采集单元1
BMS采集单元2
车载充电机
直流充电桩
电池CAN网络
充电CAN网络

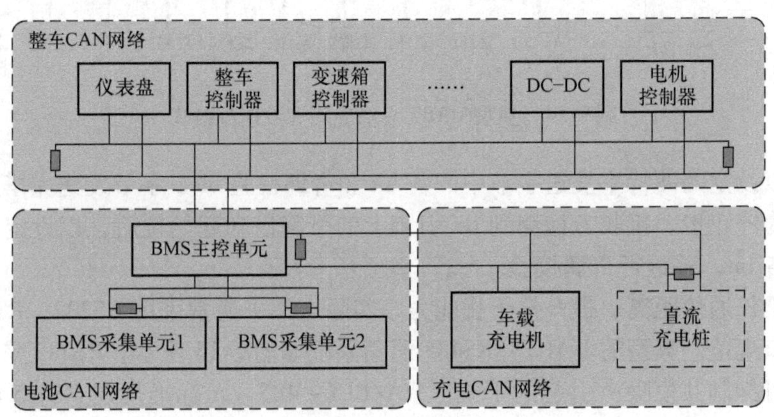

图 9-16　电动汽车 CAN 网络结构

CAN 总线的数据链路层定义了四种帧类型，分别是消息帧、远程帧、错误帧和超载帧。其中，消息帧用于发送普通数据；远程帧用于向其他节点请求具有同一标识符的消息帧；错误帧用于发送节点检测到的错误信息；超载帧用于在先前和后续消息帧之间提供附加延时[11]。CAN2. 0A 和 CAN2. 0B 定义的消息帧格式如图 9-17 所示。

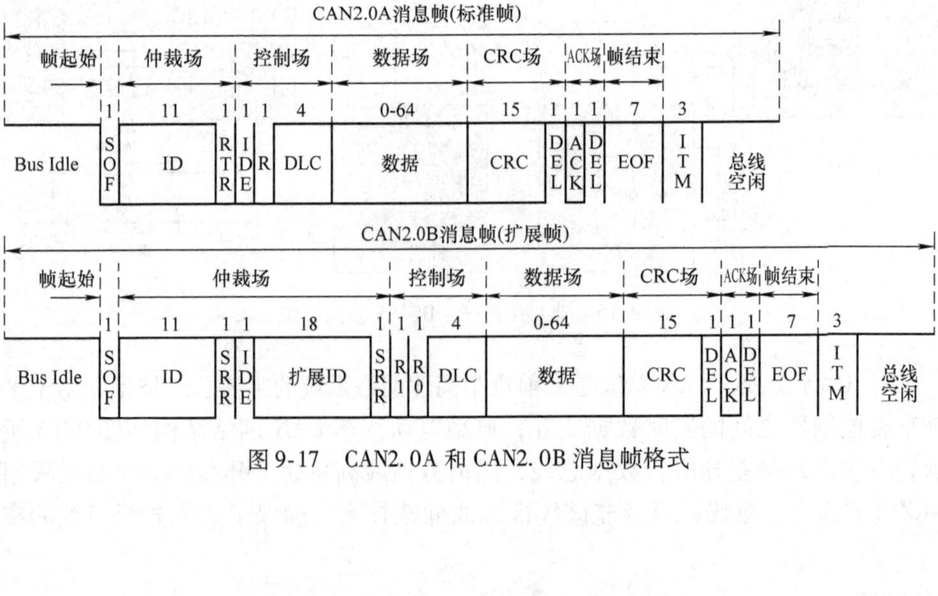

CAN2.0A消息帧(标准帧)
帧起始
仲裁场
控制场
数据场
CRC场
ACK场
帧结束
1 11 1 1 1 4 0-64 15 1 1 1 7 3
Bus Idle
SOF
ID
RTR
IDE
R
DLC
数据
CRC
DEL
ACK
DEL
EOF
ITM
总线空闲
CAN2.0B消息帧(扩展帧)
帧起始
仲裁场
控制场
数据场
CRC场
ACK场
帧结束
1 11 1 1 18 1 1 1 4 0-64 15 1 1 1 7 3
Bus Idle
SOF
ID
SRR
IDE
扩展ID
SRR
R1
R0
DLC
数据
CRC
DEL
ACK
DEL
EOF
ITM
总线空闲

图 9-17　CAN2. 0A 和 CAN2. 0B 消息帧格式

与 UART－RS485 通信系统类似，当网络节点数量多、现场干扰强时，可采用如图 9-18 所示的隔离式 CAN 总线接口电路，微控制器 CAN 模块的 CAN_Rx、CAN_Tx 两个端口，通过信号隔离电路（光耦合器或磁耦合器）与 CAN 收发器相应端子连接；CAN 收发器支持 Standby 模式时，微控制器可通过 I/O 端子对其相应引脚进行控制；CAN 总线差分信号由 CANH、CANL 引脚输出，为提高对共模干扰的抑制能力，可在总线上串联共模滤波器；TVS 二极管、压敏电阻或气体放电管等端口保护器件可降低 ESD、EFT 和浪涌造成的通信干扰，避免器件损坏。R_T为总线终端电阻。当系统节点少、现场干扰弱、通信质量高时，可采用非隔离式 CAN 总线接口，将微控制器与 CAN 收发器直接连接。

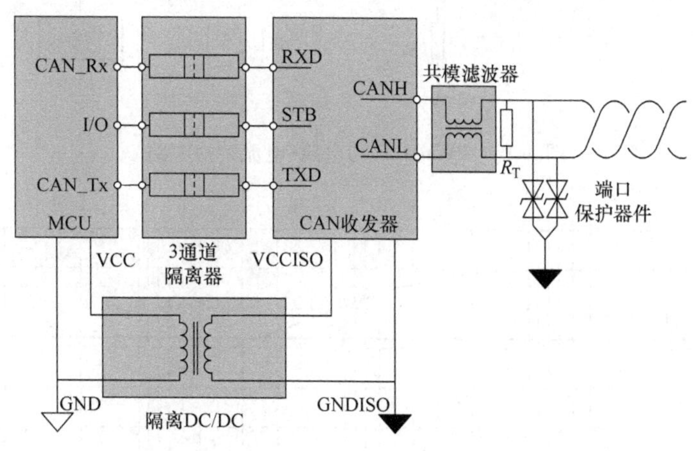

图 9-18　隔离式 CAN 总线接口电路

（4）模拟量输出电路

电机控制器的模拟量输出电路通过模拟电压、电流信号指示系统的状态、运行参数，用于供其他装置使用或进行系统测试。典型的模拟量输出为 0～5V 电压信号、4～20mA 电流信号。

实现数字量至模拟电压信号转换的方式有：①采用集成 D－A 转换器，通过 SPI、UART、I^2C 等总线，将特定数字量发送至转换器，转换器采用电阻网络分压等方法，完成模拟量转换；②采用 PWMDAC 方法，通过调整 PWM 信号的占空比 D，实现输出电压平均值的调节，然后对输出的方波信号进行低通滤波，等效输出电压 $E_o=E_iD$，E_i 为 PWM 信号高电平电压值。如图 9-19 所示的 PWMDAC 电路，当 $R_1=2.2\text{k}\Omega$、$C_1=220\text{nF}$ 时，构成的一阶 RC 低通滤波器截止频率为 $f_c=1/(2\pi R_1C_1)=328.83\text{Hz}$，其交流传输特性如图 9-20 所示。

模拟电流信号的输出通常是在模拟电压信号的基础上，通过电流闭环控制实现的。图 9-19 所示为集成电压－电流转换器 XTR111 的内部结构，结合前端

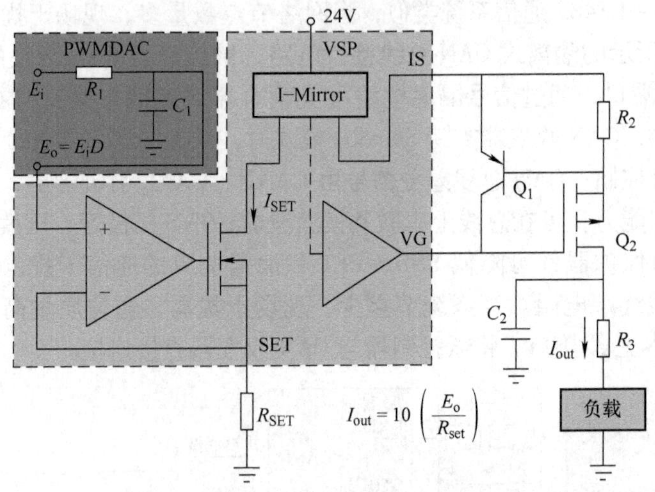

图 9-19　PWMDAC 与电压/电流转换电路

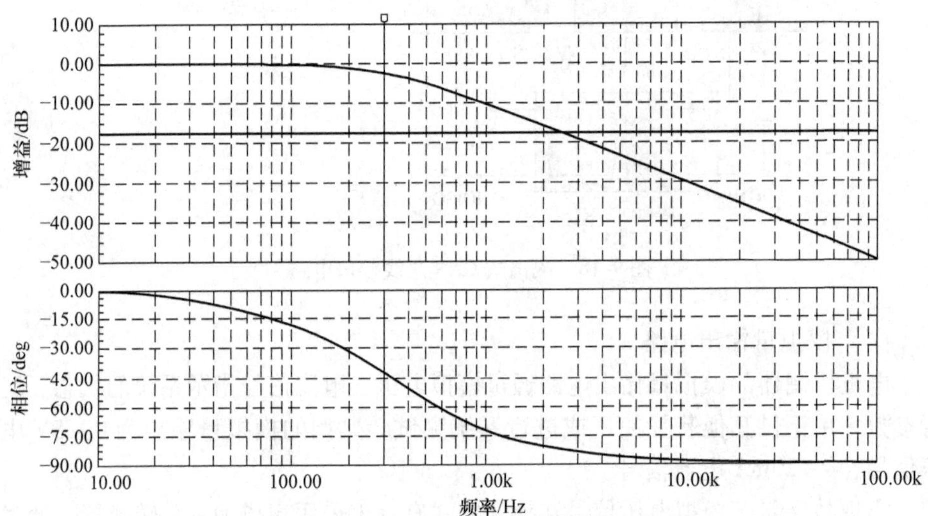

图 9-20　一阶 RC 低通滤波器交流传输特性

PWMDAC 电路，可实现 4 ~ 20mA 输出电流的连续调节。

$$I_{out} = 10\left(\frac{E_o}{R_{set}}\right) = 10\left(\frac{E_iD}{R_{set}}\right) \tag{9-12}$$

（5）调试接口与存储电路

对于量产电机控制器，其程序烧录文件通常在微控制器焊接前由专用设备进行烧录，也可在产品下线后通过 BootLoader 进行烧录。对于实验设备，由于需要频繁的程序调试，故需通过微控制器的 JTAG、SWD 等调试接口与仿真器连接，以便进行代码下载及程序调试。

存储电路用于电机控制器掉电保存电机参数、系统历史状态等相关信息，通常采用 EEPROM、FRAM（Ferroelectric Random Access Memory，铁电存储器）等非易失性存储器，通过 I^2C、SPI 总线与微控制器进行数据交互。EEPROM 的擦写次数通常可达 100 万次擦写，FRAM 的擦写次数可达万亿次，并且具有高写入速度。

（6）微控制器核心板

核心板是确保微控制器执行各项运算和控制的基本电路，包括电源电路、晶振电路、看门狗电路、微控制器等。

电源电路用于提供微控制器运行的低压电源，通常采用低压降（Low Drop-out，LDO）线性稳压器提供 1.8V、3.3V、5V 等电源供微控制器的内核、外设和存储器使用。

晶振电路用于为微控制器提供系统运行的时钟信号，可采用石英晶体振荡器、温度补偿晶体振荡器（Temperature Compensated Crystal Oscillator，TCXO）、陶瓷谐振器等。

看门狗用于防止系统因 EMI 干扰、程序 Bug 等原因造成的程序跑飞或死循环。多数微控制器内部设置有专用的看门狗模块，当系统需要更高可靠性时，可采用专用看门狗芯片通过 I^2C 等总线与微控制器连接。系统运行时，微控制器定期向看门狗芯片发送清零指令；当超过设定时间计数器仍未清零时，看门狗芯片便使能微控制器复位端子，将其复位。

微控制器是电机控制器的核心，需具备多通道 PWM、多通道 ADC 转换、多通信接口、多 I/O 接口，以及较高运算能力，电机控制领域典型的微控制器包括 Infineon 的 AURIX™ TriCore™系列、Texas Instruments 的 C2000 系列等。

以 C2000 系列的 TMS320F2837xD 微控制器为例，它具有两个 32 位 TMS320C28x CPU，均可提供 200MHz 的信号处理性能，其三角函数加速器 TMU 能够快速执行 Clark 和 Park 变换以及转矩闭环计算中常见的三角函数运算；复杂数学单元 VCU 能够高效执行常见复杂数学运算；两个 CLA 实时控制协处理器可分别与两个主 C28x CPU 同时执行代码，将实时控制系统的计算性能提高一倍；IEEE 754 单精度浮点单元（FPU）可高效执行浮点数运算。其主要外设包括[12]：

1）系统外设。

- 两个支持 ASRAM 和 SDRAM 的外部存储器接口（EMIF）；
- 两个 6 通道直接存储器存取（DMA）控制器；
- 多达 169 个具有输入滤波功能的独立可编程、多路复用通用输入/输出（GPIO）引脚；

- 扩展外设中断控制器（ePIE）；
- 支持多个具有外部唤醒功能的低功耗模式（LPM）。

2）通信外设。

- USB 2.0（MAC + PHY）；
- 支持 12 引脚 3.3V 兼容通用并行接口（uPP）；
- 两个 CAN 模块；
- 三个高速 SPI 端口；
- 两个多通道缓冲串行端口（McBSP）；
- 四个串行通信接口（SCI/UART）；
- 两个 I^2C 接口。

3）模拟外设。

- 多达四个模-数转换器（ADC），支持 16 位或 12 位模式；
- 当选择 16 位模式时，每个 ADC 的采样速率可达 1.1MSPS，支持多达 12 路外部差分输入；
- 当选择 12 位模式时，每个 ADC 的采样速率可达 3.5MSPS，支持多达 24 路外部单端输入；
- 每个 ADC 均有采样保持（S/H）电路，支持饱和失调电压校准、延迟采集、高/低电平和过零比较；
- 8 个窗口比较器；
- 3 个 12 位缓冲 DAC 输出。

4）其他外设。

- 24 个具有增强特性的 PWM 通道；
- 16 个高分辨率 PWM（HRPWM）通道；
- 6 个增强型捕捉采集（eCAP）模块；
- 3 个增强型正交编码器脉冲（eQEP）模块；
- 8 个 Δ-Σ 滤波器模块（SDFM）输入通道，每通道有 2 个并联滤波器。

除上述功能模块外，交流电机控制器硬件还包括功率母排、IGBT 吸收电路、散热系统、机械结构等。

9.2 硬件平台及参数

9.2.1 硬件平台构成

基于图 9-1 所示系统结构，所开发的单电流传感交流电机控制平台由电机控制器、磁粉制动型交流电机对拖台及控制柜、电力回馈型交流电机对拖台及控制柜构成，如图9-21所示。

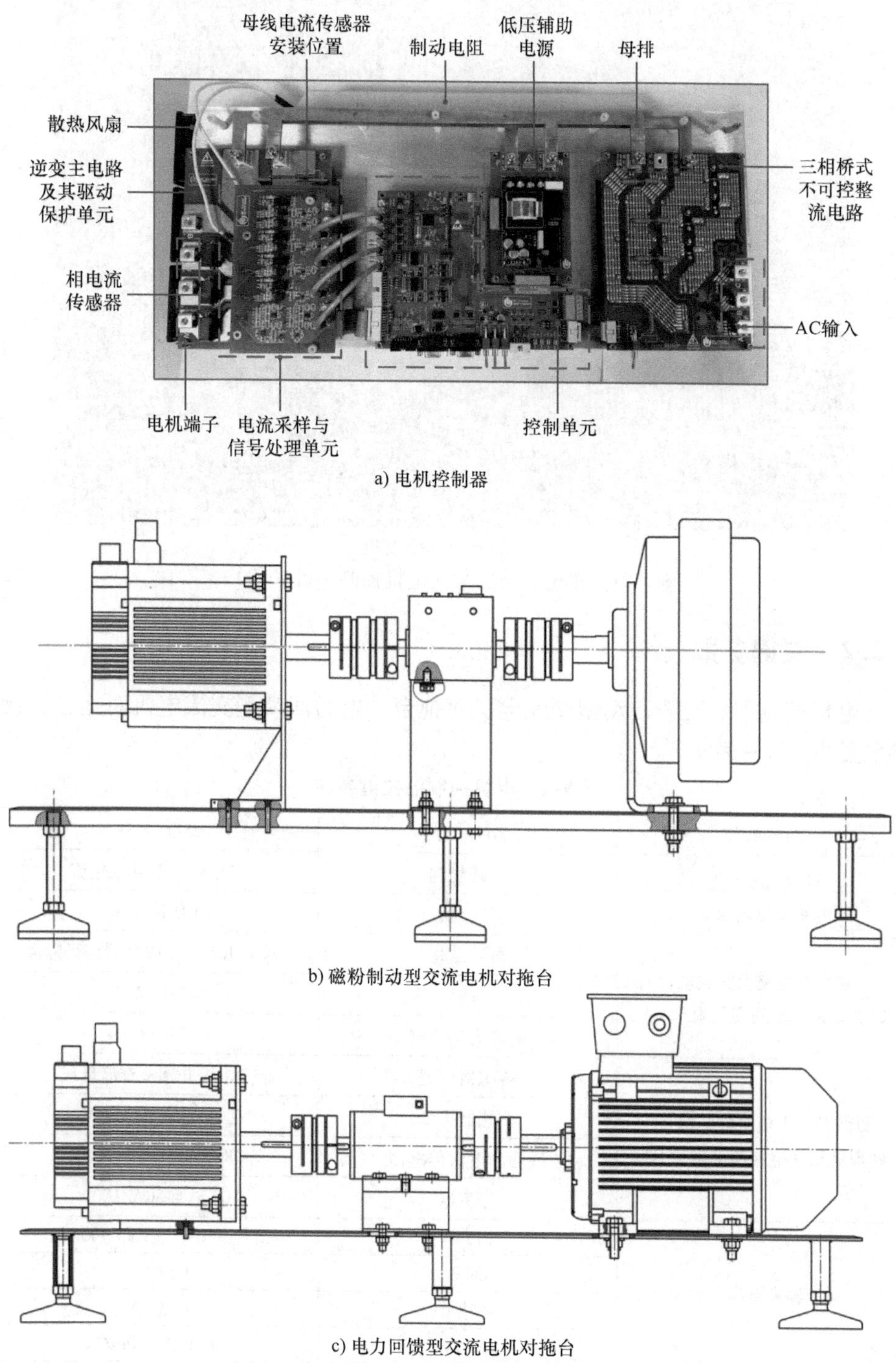

a) 电机控制器

b) 磁粉制动型交流电机对拖台

c) 电力回馈型交流电机对拖台

图9-21　单电流传感交流电机控制平台

d) 对拖台与控制柜

图 9-21 单电流传感交流电机控制平台（续）

9.2.2 关键参数

电机控制器、磁粉制动型交流电机对拖台、电力回馈型交流电机对拖台关键参数见表 9-1 ~ 表 9-3。

表 9-1 电机控制器关键参数

功能单元	部件/类别	参数/名称
直流动力电源（电路图见附录 C）	电路结构	三相桥式不可控整流
	整流桥	SKD 115/16
逆变主电路及其驱动保护单元（电路图见附录 D）	电路结构	7 单元 IPM + 光耦合器信号隔离
	IPM	PM75RLA120
	隔离光耦合器	HCPL - 4504
母线及相电流采样与信号处理单元（电路图见附录 E）	传感器配置	三相相电流 + 直流母线
	传感器类型	磁通门/分流器兼容
	磁通门电流传感器	CKSR 25/50/75 - NP
	分流器	100mV@ 50A/100A
低压辅助电源单元	15V	3 路 150mA、1 路 300mA
	24V	1 路 2A
	5V	1 路 1A
	±15V	各 1 路 200mA

（续）

功能单元	部件/类别	参数/名称
控制单元（电路图见附录 F）	微控制器	TMS320F28035/28379D
	转速与位置检测	增量式光电编码器
	通信接口	CAN/RS232/UART - TTL
	模拟输出	六通道 PWMDAC

表 9-2　磁粉制动型交流电机对拖台关键参数

部件	参数名称	参数值
永磁同步电机	额定功率	2.9kW
	额定电压	380V
	额定转矩	18.6N·m
	额定频率	125Hz
	额定电流	11.9A
	极对数	5
磁粉制动器	最大转矩	100N·m
	额定转速	1000r/min
	额定电压	24V
	最大电流	2A
	调节方式	手动/电压给定
转矩转速传感器	转速范围	0～15000r/min
	转矩范围	0～100N·m
	非线性	0.1%FS
	输出方式	转速脉冲/模拟±5V/RS485
	工作电压	24V

表 9-3　电力回馈型交流电机对拖台关键参数

部件	参数名称	参数值
永磁同步电机	同表 9-2	
感应电机	额定功率	2.2kW
	额定电压	380V
	额定转矩	14.6N·m
	额定频率	50Hz
	额定电流	7A
	极对数	2

（续）

部件	参数名称	参数值
转矩转速传感器	转速范围	0～6000r/min
	转矩范围	0～20N·m
	控制准确度	±0.5%
	输出方式	转速脉冲/RS485
	工作电压	±15V

9.3 交流电机控制系统软件

9.3.1 前/后台软件总体结构

典型的交流电机控制系统前/后台软件结构如图 9-22 所示。微控制器启动运行后，首先进行相关寄存器的初始化，包括系统时钟寄存器、中断管理寄存器、外设时钟寄存器、GPIO 寄存器、UART/SPI/I^2C/CAN 通信接口寄存器等；然后，

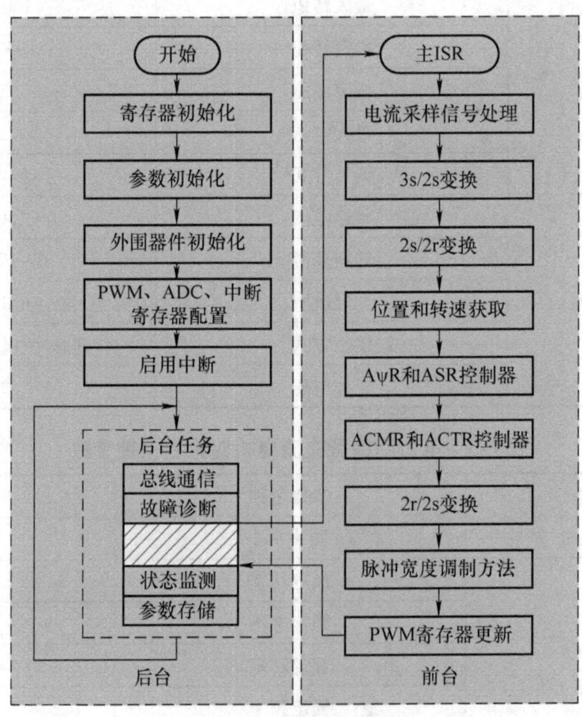

图 9-22　交流电机控制系统前/后台软件结构

对系统控制周期、总线通信速率、控制器参数、电机参数等相关参数进行初始化；其次，对非易失性存储器、A－D 转换器、D－A 转换器、RDC 芯片、时钟芯片等外部器件进行初始化；接下来，对 PWM、ADC 等微控制器的关键外设进行配置，并重点进行 ADC 和 PWM 的外设中断配置；最后，启用电机控制系统主中断，系统开始执行后台任务。后台任务通常以顺序或者时间片方式循环执行。

对于固定开关频率的电机控制系统，通常由 PWM 或 ADC 以固定周期触发系统主中断。在主中断服务程序（Interrupt Service Routine，ISR）依次进行电流采样信号处理、3s/2s 变换、2s/2r 变换、位置和转速获取、磁链调节器 AψR 和定子电流励磁分量调节器 ACMR、转速调节器 ASR 和定子电流转矩分量调节器 ACTR、2r/2s 变换。最后，根据 2r/2s 变换输出的 $u_{s\alpha}^*$ 和 $u_{s\beta}^*$ 给定值，采用特定的脉冲宽度调制方法，更新下一控制周期内 PWM 的比较寄存器、动作寄存器。该部分程序可以看作前台行为，对实时性要求极高。

此外，对于异步电机，在执行 AψR 之前还需执行转子磁链观测器程序，以获取实时转子磁链的角度与幅值。

异步电机和永磁同步电机矢量控制系统原理和基本结构分别见附录 A 和附录 B。

当系统后台任务多、逻辑复杂、实时性要求高时，交流电机控制系统可采用 uC/OS－II、uC/OS－III、eCos、FreeRTOS 等嵌入式操作系统，对多个任务进行调度管理[13]。

9.3.2　系统时钟及主中断软件实现

时钟是微控制器的脉搏。微控制器每条指令均以特定的时钟速率执行，每个事件的响应均以系统时钟为最小时间单位。对于固定开关频率的电机控制系统，通常由 PWM 或 ADC 以固定周期触发系统主中断。典型的 TI C2000 系列微控制器系统时钟及主中断的产生如图 9-23 所示。

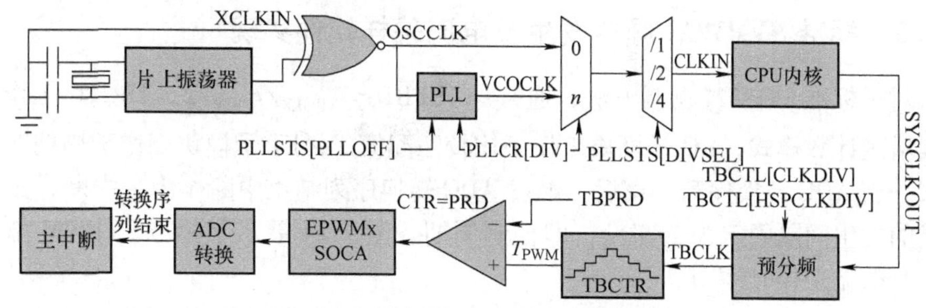

图 9-23　系统时钟及主中断的产生

系统时钟源可来自外部时钟源 XCLKIN 或片上振荡器，两者经异或门后产生 OSCCLK。如图 9-23 所示，当采用片上振荡器时，XCLKIN 引脚接地，片上振荡器电路根据外接晶体振荡器产生特定频率的信号。尽管 OSCCLK 可直接供后级使用，但其频率还不够高，通常作为锁相环（Phase Locked Loop，PLL）的输入。当 PLL 使能后，由 PLLCR [DIV] 倍频数和 PLLSTS [DIVSEL] 共同决定 CPU 内核时钟 CLKIN 的频率。例如，对于 TMS320x2833x 系列微控制器，当 PLLSTS [DIVSEL] = 2、PLLCR [DIV] = 0xA、外接晶体振荡器频率为 30MHz 时，$f_{CLKIN}=(OSCCLK*10)/2=150MHz$。

CLKIN 经过 CPU 内核后，输出 SYSCLKOUT 供外设使用，SYSCLKOUT 与 CLKIN 同频[14]。

增强脉冲宽度调制（ePWM）模块的预分频单元对 SYSCLKOUT 进一步分频，得到 PWM 发生器的时钟信号 TBCLK。TBCLK 由预分频位 TBCTL [CLK-DIV] 和 TBCTL [HSPCLKDIV] 决定，即 $f_{TBCLK}=f_{SYSCLKOUT}/(CLKDIV*HSPCLKDIV)$，当 TBCTL [CLKDIV] 和 TBCTL [HSPCLKDIV] 均对应 1 时，$f_{TBCLK}=150MHz$。

TBCTR 为 ePWM 模块的计数器，以 f_{TBCLK} 为时钟计数，它有连续增、连续减、连续增减三种计数模式，由 TBCTL [CTRMODE] 寄存器位设定。根据 TBCTR 的值是否等于 0（0 匹配）、周期寄存器 TBPRD（周期匹配）、比较寄存器 CMPA 或 CMPB（比较匹配），一方面，ePWM 模块的动作（Action - Qualifier，AQ）子模块决定 ePWMA 和 ePWMB 通道的动作（高低电平），进一步地，经过死区控制（Dead - Band，DB）子模块和事件触发（Event - Trigger，ET）子模块的处理后，在微控制器相应的引脚上输出 PWM 波形；另一方面，ET 子模块决定是否触发 ePWM 中断或 ADC。通常令 ET 子模块工作于周期匹配模式（TBCTR = TBPRD），并触发 EPWMxSOCA 或 EPWMxSOCB，启动 ADC 转换，并将 ADC 转换完成中断作为主中断，如图 9-23 所示。

9.3.3 标准 SVPWM 脉冲发生及电流采样软件实现

对于标准 SVPWM 调制方法，通常令 $TBPRD=f_{TBCLK}/f_{PWM}/2$，TBCTR 工作于连续增减计数模式，AQ 子模块工作于比较匹配模式，ET 子模块工作于周期匹配模式。当 ADC 转换序列结束后，触发 ADC 转换序列结束中断作为主中断，则主中断的发生间隔固定为 $1/f_{PWM}$，即控制周期。图 9-24 展示了标准 SVPWM 脉冲发生及电流采样时序图。

ePWM1/2/3 的 AQ 子模块 AQCTLA 寄存器均设置为 CAD_CLEAR + CAU_SET（即 CAD = 01、CAU = 10，减计数过程中 TBCTR = CMPA 时置低、增计数过程中 TBCTR = CMPA 时置高）。此时，ePWM1A、ePWM2A 和 ePWM3A 分别根据其

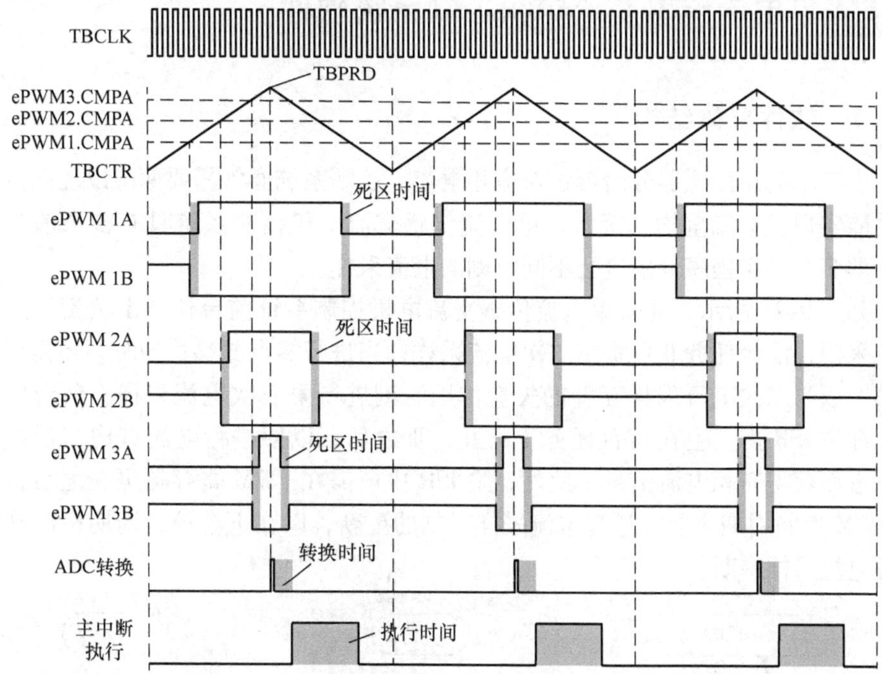

图 9-24　标准 SVPWM 脉冲发生及电流采样时序图

TBCTR 计数器与 ePWM1. CMPA、ePWM2. CMPA 和 ePWM3. CMPA 的比较匹配关系决定输出波形的跳变。同时，将 ePWM1/2/3 的 DB 子模块设置为高有效互补（Active high complementary，AHC），EPWMxA 同时作为上升沿和下降沿延时输入源，死区完全使能。此时，EPWMxA、EPWMxB 工作于互补模式，后者自动反相，并根据 DBRED 和 DBFED 的值插入死区延时，输出互补 PWM 波形，决定逆变器下桥臂开关，如图 9-24 所示。

令 ET 子模块设置为 TBCTR = TBPRD 时 EPWMA 触发 ADC 事件（ETSEL [SOCASEL] =010，ETSEL [SOCAEN] =1）；ADC 模块设置为 EPWMSOCA 启动 SEQ1（ADCTRL2 [EPWM_SOCA_SEQ1] =1），同时使能 SEQ1 中断模式 0（ADCTRL2 [INT_ENA_SEQ1] =1，ADCTRL2 [INT_MOD_SEQ1] =0）。

在 PWM 控制周期的中间，即 TBCTR = TBPRD 时，EPWMA 触发 ADC 通道排序器 SEQ1；ADC 根据 SEQ1 中的通道顺序，启动 A – D 转换；当转换序列结束后，产生主中断，如图 9-24 所示。

9.4 单电流传感交流电机控制系统软件

9.4.1 软件总体结构

由于单电流传感器分时流过对应相电流，控制系统通常需要两次以上电流采样才能实现相电流重构。因此，单电流传感交流电机控制系统具有多个前台任务，即多个 ISR 程序分别进行不同时刻的电流采样。

如图 9-25 所示，通常单电流传感交流电机控制系统前台任务 Ⅰ 负责第一次电流采样；前台任务 Ⅱ 负责第二次电流采样；当进行零点漂移检测时，还需要在与第一或第二次电流采样互补的矢量作用时刻进行第三次电流采样。前台任务 Ⅳ，即主 ISR 需发生在前台任务 Ⅰ、Ⅱ、Ⅲ 之后，以便进行电流重构与误差校正，进而获得三相电流信息。此外，主 ISR 中还需在 PWM 寄存器更新之后，下个 PWM 控制周期之前，进行电流采样时刻的更新，以在下个控制周期中准确触发各电流采样中断。

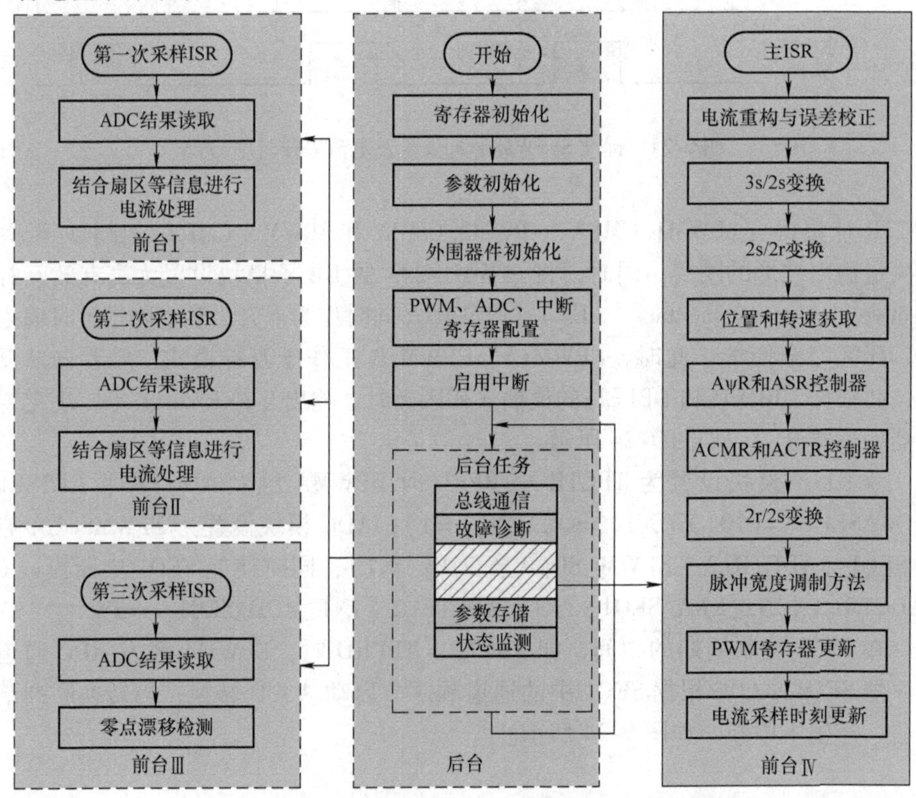

图 9-25 单电流传感交流电机控制系统前/后台软件结构

具体实现过程中，可将第二次或第三次采样 ISR 作为主 ISR，执行电机控制程序，或仅在第二次或第三次采样 ISR 中实现电流重构与误差校正。

9.4.2 系统时钟及采样中断的软件实现

图 9-26 所示为 SSVPWM 单电流传感电机控制系统脉冲发生及中断产生示例。ePWM1/2/3/4/5 的预分频寄存器设置相同，以确保多个 ePWM 模块的同步运行[14]。

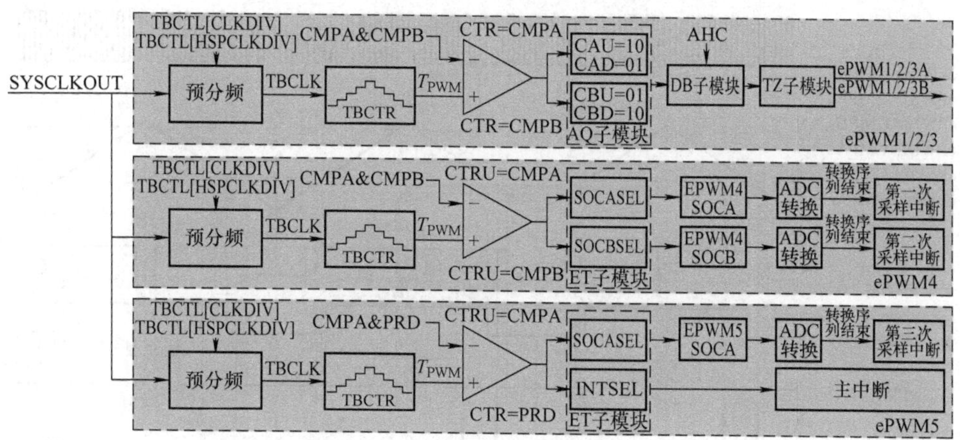

图 9-26 单电流传感电机控制系统脉冲发生及采样中断产生示例

ePWM1/2/3A 和 ePWM1/2/3B 分别负责六路 PWM 脉冲的发生。由于 SSVPWM 需要在某相 PWM 波形中间插入测量矢量，因此需同时启用比较寄存器 CMPA 和 CMPB，同时令 AQ 子模块 AQCTLA 寄存器均设置为 CAD_CLEAR + CAU_SET（即 CAD = 01、CAU = 10），CBD_ SET + CBU_ CLEAR（即 CBD = 10、CBU = 01），以实现一个 PWM 控制周期内的四次波形动作，如图 9-27 中的 ePWM1A 所示。此外，通过将 ePWM1/2/3 的 DB 子模块设置为 AHC 模式，插入死区后实现 ePWMxA 和 ePWMxB 的互补输出；最后，经 TZ 错误控制子模块处理后，在相应的 I/O 引脚上输出 PWM 波形。每个控制周期中，根据脉冲宽度调制方法计算得到的波形动作时刻，只需更新 ePWM1/2/3. CMPA、ePWM1/2/3. CMPB 六个寄存器即可。

第一次和第二次电流采样可分别由 ePWM4 的 CTRU = CMPA 和 CTRU = CMPB 事件触发 EPWM4SOCA 和 EPWM4SOCB；同时，在 ADC 中启动转换结束中断。当第一次和第二次采样结束后，对应的前台 ISR 只需进行 ADC 结果的读取，并根据扇区等信息进行电流处理即可。也可直接由 CTRU = CMPA 或CTRU = CMPB 事件产生 ePWM4 中断，在 ISR 中软件触发 ADC 转换。

第三次电流采样可由 ePWM5 的 CTRU = CMPA 事件触发，其过程同第一、第二次电流采样类似。

主中断可由 ePWM1/2/3/4/5 中的任意 CTR = PRD 事件触发产生，或直接将第二次或第三次采样 ISR 作为主 ISR。

SSVPWM 脉冲发生及电流采样时序如图 9-27 所示。附录 G 提供了基于 TMS320F28035 的 SSVPWM 电流重构、PWM 寄存器和电流采样时刻更新软件代码。

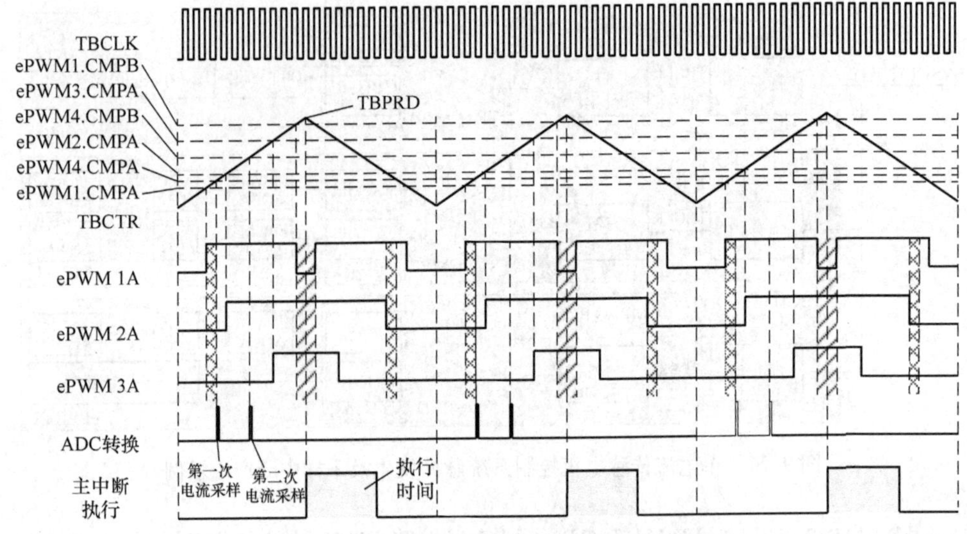

图 9-27　SSVPWM 脉冲发生及电流采样时序图

9.5 本章小结

本章从直流动力电源、逆变主电路及其驱动保护单元、低压辅助电源单元、母线及相电流采样与信号处理单元、控制单元五个方面对单电流传感交流电机控制器的硬件结构进行了分析，给出了所开发的单电流传感交流电机控制平台结构及参数。从软件总体结构、系统时钟及中断的产生等方面分别介绍了标准交流电机控制系统和单电流传感交流电机控制系统的软件实现。

伴随着 SiC 和 GaN 等宽禁带电力电子器件的应用，电机控制系统呈现高频化趋势，对电流采样及转换速度、控制算法处理速度的要求越来越高，对单电流传感交流电机控制系统的硬件和软件实现提出了挑战。采用独立的 FPGA/CPLD 器件实现高速 ADC 和 PWM 是单电流传感交流电机控制系统硬件和软件的发展趋势。

参考文献

[1] 陈德志，白保东，王鑫博，等．逆变器母线电容及直流电抗器参数计算［J］．电工技术学报，2014，28（2 增）：285－291.

[2] 王正，于新平．逆变电源母线电容纹波电流与容值优化研究［J］．电源学报，2012（4）：86－89.

[3] 周霞，王斯然，凌光，等．三相桥式整流电路滤波电容的迭代计算［J］．电力电子技术，2011，45（2）：63－65.

[4] 田松亚，顾海涛，文芳，等．全桥 CO2 逆变电源主电路元件的选择与参数计算［EB/OL］．北京：中国科技论文在线［2008－07－23］．http：//www. paper. edu. cn/releasepaper/content/200807－444.

[5] 王兆安，刘进军．电力电子技术［M］．5 版．北京：机械工业出版社，2009.

[6] 张兴，张崇巍．PWM 整流器及其控制［M］．北京：机械工业出版社，2012.

[7] 吴斌，卫三民，苏位峰，等．大功率变频器及交流传动［M］．北京：机械工业出版社，2015.

[8] MANIKTALA S. 精通开关电源设计［M］．王健强，等译．2 版．北京：人民邮电出版社，2015.

[9] MAMMANO R A. 电源设计基础［M］．文天祥，译．辽宁：辽宁科学技术出版社，2018.

[10] 王迪，马钧华．基于 TMS320F28379D 和 Σ－Δ 调制的旋变软件解算系统［J］．轻工机械，2021，39（05）：58－63.

[11] 罗峰，孙泽昌．汽车 CAN 总线系统原理、设计与应用［J］．北京：电子工业出版社，2010（1）．

[12] 德州仪器．TMS320F2837xD 双核微控制器 数据表（Rev. 0）［R/OL］．（2022－08－31）［2022－12－20］．https：//www. ti. com. cn/cn/lit/gpn/tms320f28377d.

[13] LABROSSE J J. 嵌入式实时操作系统 uC/OS－II［M］．邵贝贝，等译．2 版．北京：北京航空航天大学出版社，2003.

[14] 巫付专，但永平，王海泉，等．TMS320F28335 原理及其在电气工程中的应用［M］．北京：电子工业出版社，2020.

附　　录

附录 A　异步电机矢量控制系统

A.1　异步电机基本结构与工作原理

A.1.1　异步电机结构

异步电机通过定子、转子之间的电磁感应作用，在转子内感应电流以实现机电能量转换，故又称感应电机[1]。根据转子类型，异步电机可分为笼型和绕线型两大类。三相笼型异步电机具有结构简单、制造方便、成本低、运行可靠等优点，广泛应用于中大功率电动汽车驱动系统。

如图 A-1 所示，三相笼型异步电机由机座、定子和笼型转子三部分构成。定子由刻有定子槽的定子铁心、三相定子绕组构成，定子线圈以特定的排布方式嵌入定子槽，A、B、C 三相绕组轴线空间上依次互差 120°。笼型转子由转轴、转子铁心、转子导条和短路环构成，转子导条以一定规律嵌入转子铁心上的槽内，并通过两端的圆形短路环连接。当去除铁心后，转子导条和短路环形如“圆形鼠笼”，故称笼型异步电机。

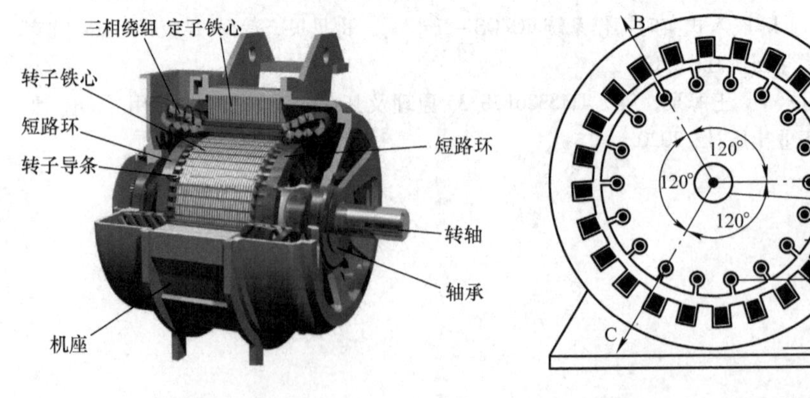

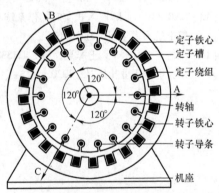

a) 异步电机剖视图(笼型)　　b) 异步电机横断面示意图(笼型)

图 A-1　异步电机结构（笼型）

A.1.2　异步电机工作原理

1. 三相定子绕组的合成磁动势

定子绕组中通入交流电时，将产生磁动势和磁场。三相定子绕组产生的定子磁场极数与定子绕组极数相等。

考虑如图 A-2a 所示三相两极异步电机定子示意图，各相绕组用集中绕组来表示。A、B、C 三相绕组中$\boxed{\cdot}$表示电流流出方向，$\boxtimes$表示电流流入方向。

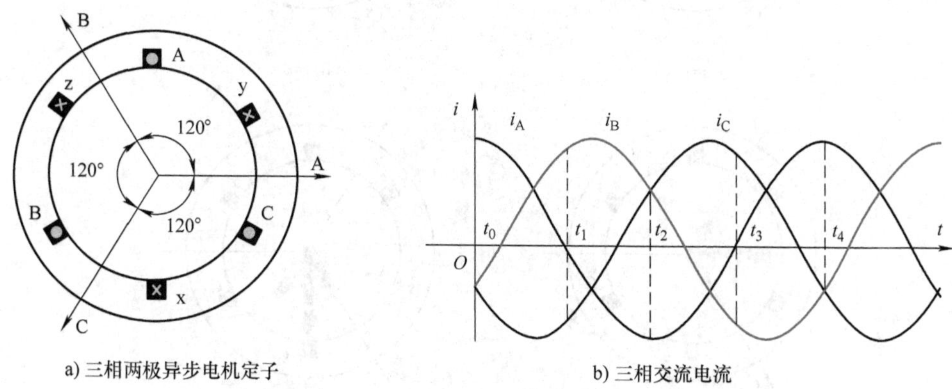

图 A-2　三相两极异步电机定子示意图和三相交流电流

当绕组中通入角频率为 ω_1 的三相交流电流 $i_A(t)$、$i_B(t)$和 $i_C(t)$，表示为

$$\begin{cases} i_A(t) = \sqrt{2}I\cos(\omega_1 t) \\ i_B(t) = \sqrt{2}I\cos(\omega_1 t - \dfrac{2}{3}\pi) \\ i_C(t) = \sqrt{2}I\cos(\omega_1 t + \dfrac{2}{3}\pi) \end{cases} \tag{A-1}$$

式中，I 为电流有效值。

分别考虑时间相位上依次互差$\dfrac{\pi}{2}$的特定时刻 t_0、t_1、t_2和 t_3时，A、B、C 三个单相绕组得到的各相磁动势如图 A-3 所示。

(1) $t=t_0$

此时，$\omega_1 t=0$，有

$$\begin{cases} i_A(t_0) = \sqrt{2}I\cos(0) = \sqrt{2}I \\ i_B(t_0) = \sqrt{2}I\cos(-\dfrac{2}{3}\pi) = -\dfrac{\sqrt{2}}{2}I \\ i_C(t_0) = \sqrt{2}I\cos(\dfrac{2}{3}\pi) = -\dfrac{\sqrt{2}}{2}I \end{cases} \tag{A-2}$$

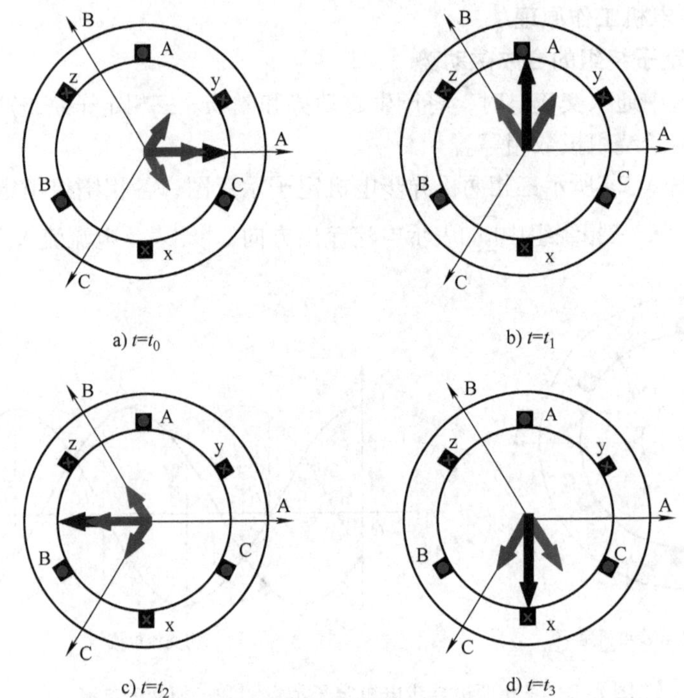

图 A-3　各时刻单相磁动势与三相磁动势（彩图见插页）

此时，A 相绕组电流为最大，B、C 相绕组电流相等。根据安培定则，A 相绕组产生空间上垂直于绕组方向的磁动势，如图 A-3a 红色箭头所示。同理，B 相和 C 相绕组产生的磁动势方向分别如图 A-3a 黄色箭头和绿色箭头所示。根据平行四边形定则，此时三相绕组的合成磁动势如图 A-3a 中的紫色箭头所示。如定义 A 相绕组轴线为合成磁动势空间电角度 θ_1 的起点，即 $\theta_1=0$。A 相单相绕组产生的磁动势幅值为

$$F_{\phi 1}=\frac{4}{\pi}\frac{Nk_{w1}}{2n_p}|i_A(0)|=\sigma|i_A(0)|=\sigma\sqrt{2}I \tag{A-3}$$

式中，N 为各相绕组匝数；n_p 为极对数；k_{w1} 为绕组因数；$\sigma=\frac{4}{\pi}\frac{Nk_{w1}}{2p}$。B、C 相绕组产生的磁动势幅值均为 $\sigma\frac{\sqrt{2}}{2}I$。根据图 A-4a，可得此时三相合成磁动势幅值为

$$F_{\phi 3}=\sigma\frac{3\sqrt{2}}{2}I \tag{A-4}$$

（2）$t=t_1$

此时，$\omega_1 t=\frac{\pi}{2}$，有

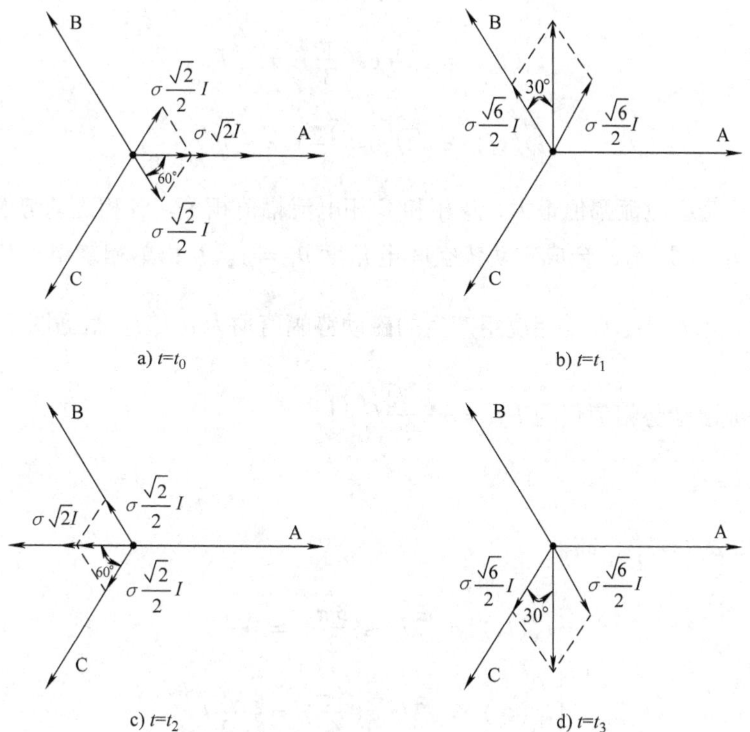

图 A-4　各时刻三相合成磁动势幅值计算

$$\begin{cases} i_A(t_1) = \sqrt{2}I\cos\left(\frac{\pi}{2}\right) = 0 \\ i_B(t_1) = \sqrt{2}I\cos\left(-\frac{\pi}{6}\right) = \frac{\sqrt{6}}{2}I \\ i_C(t_1) = \sqrt{2}I\cos\left(\frac{7\pi}{6}\right) = -\frac{\sqrt{6}}{2}I \end{cases} \tag{A-5}$$

可见，A 相绕组电流为零，B 相和 C 相电流幅值相等。各相磁动势及合成磁动势如图 A-3b 所示，合成磁动势空间电角度 $\theta_1 = \frac{\pi}{2}$。B、C 相绕组产生的磁动势幅值均为 $\sigma\frac{\sqrt{6}}{2}I$。根据如图 A-4b，可得此时合成磁动势幅值仍为 $F_{\phi3} = \sigma\frac{3\sqrt{2}}{2}I$。

（3）$t = t_2$

此时，$\omega_1 t_1 = \pi$，有

$$
\begin{cases}
i_A(t_2) = \sqrt{2}I\cos(\pi) = -\sqrt{2}I \\
i_B(t_2) = \sqrt{2}I\cos\left(\frac{\pi}{3}\right) = \frac{\sqrt{2}}{2}I \\
i_C(t_2) = \sqrt{2}I\cos\left(\frac{5\pi}{3}\right) = \frac{\sqrt{2}}{2}I
\end{cases} \tag{A-6}
$$

可见，A 相绕组电流幅值最大，B 相和 C 相电流幅值相等。各相磁动势及合成磁动势如图 A-3c 所示，合成磁动势空间电角度 $\theta_1 = \pi$。A 相单相绕组产生的磁动势幅值为 $\sigma\sqrt{2}I$，B、C 单相绕组产生的磁动势幅值均为 $\sigma\frac{\sqrt{2}}{2}I$。根据图 A-4c，可得此时合成磁动势幅值仍为 $F_{\phi3} = \sigma\frac{3\sqrt{2}}{2}I$。

（4）$t = t_3$

此时，$\omega_1 t = \frac{3\pi}{2}$，有

$$
\begin{cases}
i_A(t_3) = \sqrt{2}I\cos\left(\frac{3\pi}{2}\right) = 0 \\
i_B(t_3) = \sqrt{2}I\cos\left(\frac{5\pi}{6}\right) = -\frac{\sqrt{6}}{2}I \\
i_C(t_3) = \sqrt{2}I\cos\left(\frac{\pi}{6}\right) = \frac{\sqrt{6}}{2}I
\end{cases} \tag{A-7}
$$

可见，A 相绕组电流为零，B 相和 C 相电流幅值相等。各相磁动势及合成磁动势如图 A-3d 所示，合成磁动势空间电角度 $\theta_1 = \frac{3\pi}{2}$。B、C 单相绕组产生的磁动势幅值均为 $\sigma\frac{\sqrt{6}}{2}I$。根据图 A-4d，可得此时合成磁动势幅值仍为 $F_{\phi3} = \sigma\frac{3\sqrt{2}}{2}I$。

当 $t = t_4$时，$\omega_1 t = 2\pi$，进入下一个周期，合成磁动势空间电角度归于 0。

根据上述分析，可得结论：

1）t_0、t_1、t_2和 t_3时刻，三相定子绕组的合成磁动势空间上随时间逆时针旋转，且空间电角度与 $\omega_1 t$ 相同；

2）t_0、t_1、t_2 和 t_3 时刻，三相定子绕组的合成磁动势幅值相等，均等于$\sigma\frac{3\sqrt{2}}{2}I$。

上述四种时刻均为特例，更一般地，可得 A、B、C 各相磁动势为

$$\begin{cases} f_{A1} = \sigma i_A(t) = \sigma\sqrt{2}I\cos(\omega_1 t) \\ f_{B1} = \sigma i_B(t) = \sigma\sqrt{2}I\cos(\omega_1 t - \frac{2}{3}\pi) \\ f_{C1} = \sigma i_C(t) = \sigma\sqrt{2}I\cos(\omega_1 t + \frac{2}{3}\pi) \end{cases} \tag{A-8}$$

用复指数 $e^{j\theta}$ 表示 A、B、C 相绕组在空间上的角度，则三相合成磁动势可表述为

$$\begin{aligned} f_3 &= f_{A1}e^{j0} + f_{B1}e^{j\frac{2}{3}\pi} + f_{C1}e^{j\frac{4}{3}\pi} \\ &= \sigma\sqrt{2}I\cos(\omega_1 t) + \sigma\sqrt{2}I\cos(\omega_1 t - \frac{2}{3}\pi)e^{j\frac{2}{3}\pi} + \sigma\sqrt{2}I\cos(\omega_1 t + \frac{2}{3}\pi)e^{j\frac{4}{3}\pi} \\ &= \sigma\sqrt{2}I\Big[\cos(\omega_1 t) + \cos(\omega_1 t - \frac{2}{3}\pi)(\cos\frac{2}{3}\pi + j\sin\frac{2}{3}\pi) + \cos(\omega_1 t + \frac{2}{3}\pi) \\ &\quad (\cos\frac{4}{3}\pi + j\sin\frac{4}{3}\pi)\Big] \\ &= \sigma\frac{3\sqrt{2}}{2}I[\cos(\omega_1 t) + j\sin(\omega_1 t)] \\ &= \sigma\frac{3\sqrt{2}}{2}Ie^{j\omega_1 t} \end{aligned} \tag{A-9}$$

根据上述分析，三相定子绕组通入频率为 ω_1、有效值为 I 的交流电流时，将时间上周期变化的电流信号转换成了空间上旋转的磁动势和磁场，且合成磁动势角速度等于 ω_1，幅值等于 $\sigma\frac{3\sqrt{2}}{2}I$。

2. 异步电机的运行状态

当定子绕组产生空间上旋转的磁动势和磁场后，转子导条切割磁力线产生感应电流，进而产生转子磁动势和磁场。转子磁场和定子磁场相互作用产生电磁转矩，带动转轴上的负载旋转。

可见，定子绕组产生的磁力线切割转子导条，是产生感应电流进而产生转子磁动势和磁场的关键。因此，异步电机运行时，转子转速 n 必须与定子旋转磁场的转速 n_s（同步转速）存在差值，该差值称为转差，即 $\Delta n = n_s - n$。进一步地，定义 Δn 与 n_s 的比值为转差率，$s = \Delta n / n_s$。

根据转子转速 n 与同步转速 n_s 的关系，异步电机存在三种工作状态[1]。

（1）电动机

此时，$0 < n < n_s$，转差率 $0 < s < 1$。定子旋转磁场以转速 n_s 逆时针旋转，由于转子转速低于同步转速，因此转子导条和定子旋转磁场存在相对运动。根据右手定则可得转子导条中的电流方向如图 A-5a 所示。根据左手定则，通电转子导条在定子磁场作用下，产生电磁力和电磁转矩，方向如图 A-5a 所示。该工作状

态下，电机从逆变器获取电功率，向转轴输出机械功率，称为异步电机的电动机运行状态[1]。

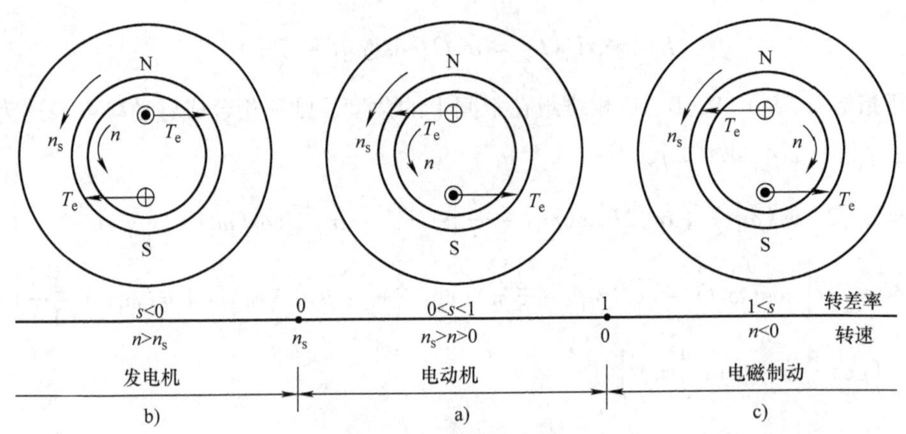

图 A-5　异步电机三种运行状态[1]

（2）发电机

此时，异步电机转子由原动机拖动旋转，使得 $n > n_s$，转差率 $s < 0$。由于转子转速高于定子旋转磁场转速，转子导条和定子旋转磁场存在相对运动，但转子导条切割磁场的方向与电动机状态刚好相反，故根据右手定则，可得转子导条中的电流方向如图 A-5b 所示。根据左手定则，通电转子导条产生的电磁力和电磁转矩方向与转子旋转方向相反，电磁转矩为制动性质。该工作状态下，逆变器从异步电机定子绕组获取电功率，称为异步电机的发电机运行状态[1]。

（3）电磁制动

此时，异步电机定子旋转磁场以转速 n_s 逆时针旋转，而转子由其他负载拖动顺时针旋转，使得 $n < 0$，转差率 $s > 1$。转子导条中的感应电流方向、转子导条产生的电磁力与电磁转矩均与电动机状态时相同。但由于电磁转矩与转速方向相反，电机既从逆变器获取电功率，同时也消耗转子机械功率，两者均转换为电机的内部消耗[1]。

基于上述分析，可知控制异步电机运行的关键在于通过对三相定子电流的控制，实现电机运行状态、输出转矩或制动转矩大小的调节。

A.2　交流电机矢量控制基本原理

A.2.1　运动控制系统的基本运动方程

运动控制系统的基本运动方程可描述为

$$T_e - T_L = J\frac{d\omega_m}{dt} = GD^2\frac{dn}{dt} \tag{A-10}$$

式中，T_e 为电动机的电磁转矩（N·m）；T_L 为负载转矩（N·m）；J 为转动惯量（kg·m^2）；ω_m 为电机转子角速度；n 为电机转子转速（r/min），$n=\frac{60\omega_m}{2\pi}$；$GD^2$ 为飞轮力矩，指运动系统转动部分的重量与其惯性直径二次方的乘积，$GD^2=4gJ$，g 为重力加速度[2]。

由式（A-10）可知，转速控制是通过对转矩的动态控制实现的，电机控制的核心任务，是实现对电磁转矩的精准控制。

A.2.2 直流电机电磁转矩

直流电机具有良好的静态、动态特性，根本原因在于其转矩控制较容易[1]。如图 A-6 所示，直流励磁电流 I_m 产生主磁极 N 和 S，磁通量为 Φ_d，电枢绕组中通入电流 I_a 产生电枢磁动势 F_a（I_a）。由于电枢绕组通过换向器和电刷与外电路连接，而电刷又位于与主磁极垂直的几何中线上，因此 F_a（I_a）与 Φ_d 始终保持垂直。对于直流电机而言，其电磁转矩可描述为

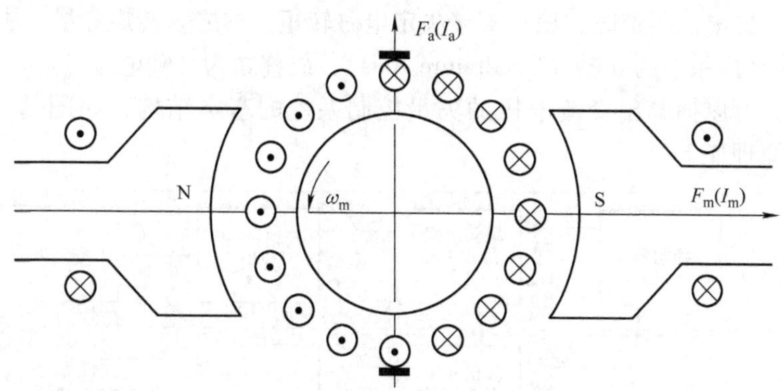

图 A-6　两极直流电机示意图

$$T_e = C_T\Phi I_a \tag{A-11}$$

式中，C_T 为转矩常数；Φ 为气隙磁通量，忽略磁饱和效应时，Φ 等于 Φ_d，与 I_m 成正比，且与 I_a 无关。因此，要想控制直流电机的转矩，只需对电枢电流 I_a 进行控制便可实现。

直流调速系统之所以具备优良的静态、动态特性是因为主磁通 Φ 仅由励磁电流 I_m 决定。在主磁通恒定的情况下，转矩由电枢电流 I_a 唯一决定，I_m 和 I_a 之间没有耦合，可分别控制。因此，如忽略磁饱和效应，直流电机电枢电流 I_a 和主磁通 Φ 正交，两者各自独立，互不影响，是直流电机容易控制的根本原因[1,3]。

A.2.3 交流电机电磁转矩

以异步电机为例，其电磁转矩可描述为

$$T_e = C_k \Phi_m I_2 \cos\varphi_2 \tag{A-12}$$

式中，C_k 为异步电机的转矩常数；Φ_m 为气隙主磁通；I_2 为转子电流；φ_2 为转子内功率因数角。

对于异步电机，Φ_m、I_2、φ_2 均为转差率 s 的函数，并且难以直接控制。可直接控制的仅有定子电流 I_1，但 I_1 是励磁电流 I_0 与 I_2 的折合值的矢量和。因此，多变量、强耦合、非线性是异步电机控制系统复杂的根本原因。

A.2.4 矢量控制基本原理

基于上述分析可知，如果能将交流电机等效地转换为类似于直流电机的控制模式，实现励磁电流和转矩电流的独立控制，则可得到与直流电机媲美的动态调速性能。

实现过程如下：类似直流电机，将交流的定子电流抽象成两个量，其中一个量等同于直流电机的励磁电流，称之为励磁分量。由于该分量位于 dq 坐标系中的 d 轴（Direct Axis），故称之为直轴电流 i_d。另一个量等同于直流电机的电枢电流，当励磁电流固定时，该量直接决定电磁转矩，称之为转矩分量。由于该分量位于 dq 坐标系中的 q 轴（Quadrature Axis），故称之为交轴电流 i_q。

至此，可以抽象出交流电机的矢量控制系统的基本结构，如图 A-7 所示。具体工作原理如下：

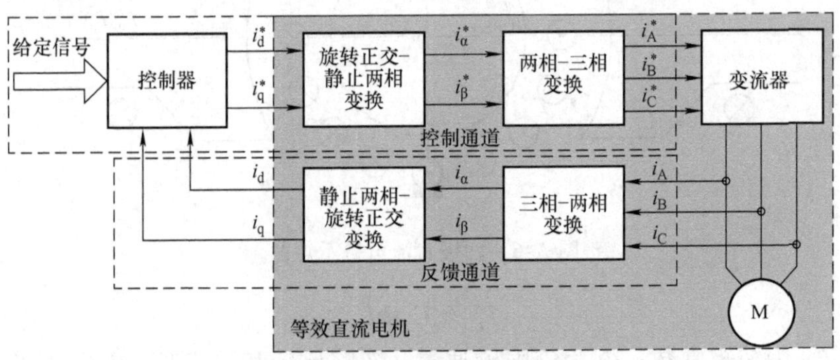

图 A-7 交流电机矢量控制系统原理示意图

1）控制器根据给定信号（通常为磁链和转速）与反馈通道获取的实时定子电流直轴和交轴分量 i_d 和 i_q，确定定子电流直轴和交轴分量的给定值 i_d^* 和 i_q^*。由于 i_d 直接决定磁链值，i_q 直接决定转矩值，两者均为标量，因此，控制器通常为两个独立的单输入单输出（Single Input Single Output，SISO）控制器，极大地简化了控制器设计。

2）矢量控制系统根据坐标反变换，将给定值 i_d^* 和 i_q^*，转换为定子三相电

流给定值 i_A^*、i_B^*、i_C^*。整个坐标反变换过程由旋转正交 - 静止两相变换、两相 - 三相变换两步实现。

3）变流器根据给定值 i_A^*、i_B^*、i_C^*，对输出电流进行电流闭环控制，并输出实际三相电流 i_A、i_B、i_C。

4）矢量控制系统的反馈通道根据坐标变换，将 i_A、i_B、i_C 转换为实际定子电流直轴和交轴分量 i_d 和 i_q，供控制器使用。同样，整个坐标变化过程由三相 - 两相变换、静止两相 - 旋转正交变换两步实现。

由上述过程可知，图 A-7 中阴影部分的输入变量 i_d^* 和 i_q^* 均为标量，分别决定交流电机的磁链和转矩，可等效为直流电机。

可见，交流电机矢量控制系统的核心在于坐标反变换和坐标变换，而反变换的输出和变换的输入为矢量形式的三相定子电流，因此，该控制系统称为矢量变换控制系统，简称矢量控制（Vector Control）。

图 A-7 所示为变流器采用 CFPWM 电流跟随调制方法时，交流电机矢量控制系统的一般形式。当变流器采用 SVPWM 方法时，矢量控制系统的具体实现方法略有变化，具体如图 A-14 所示。

A.3　异步电机数学模型

A.3.1　静止三相坐标系中的异步电机数学模型

根据图 A-1 所示三相异步电机结构，将电机转子等效为三相绕线型转子，考虑定子、转子绕组均采用星形联结，且绕组对称，空间互差 $\frac{2\pi}{3}$ 电角度，可得如图 A-8 所示的物理模型。其中，ABC 定子绕组空间固定，abc 转子绕组以角速度 ω 随转子旋转。以 A 轴为参考，转子 a 轴与 A 轴之间的电角度为 θ。

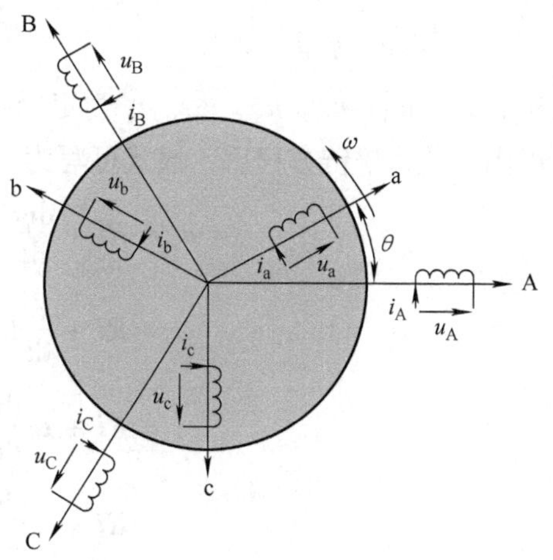

图 A-8　三相异步电机物理模型

忽略磁路饱和、铁损，假定各绕组自感、互感、电阻恒定。同时，定义电压的正方向为电压降低方向，电流方向为高电位流入低电位流出，即图 A-8 中箭头方向。异步电机的动态数学模型可通过磁链方程、电压方程、转矩方程和运动方程来描述[2]。

(1) 磁链方程

$$\begin{bmatrix}\boldsymbol{\psi}_{\mathrm{s}}\\ \boldsymbol{\psi}_{\mathrm{r}}\end{bmatrix}=\begin{bmatrix}\boldsymbol{L}_{\mathrm{ss}} & \boldsymbol{L}_{\mathrm{sr}}\\ \boldsymbol{L}_{\mathrm{rs}} & \boldsymbol{L}_{\mathrm{rr}}\end{bmatrix}\begin{bmatrix}\boldsymbol{i}_{\mathrm{s}}\\ \boldsymbol{i}_{\mathrm{r}}\end{bmatrix} \tag{A-13}$$

式中，$\boldsymbol{\psi}_{\mathrm{s}}=[\psi_{\mathrm{A}}\quad\psi_{\mathrm{B}}\quad\psi_{\mathrm{C}}]^{\mathrm{T}}$ 为定子磁链向量；$\boldsymbol{\psi}_{\mathrm{r}}=[\psi_{\mathrm{a}}\quad\psi_{\mathrm{b}}\quad\psi_{\mathrm{c}}]^{\mathrm{T}}$ 为转子磁链向量；$\boldsymbol{i}_{\mathrm{s}}=[i_{\mathrm{A}}\quad i_{\mathrm{B}}\quad i_{\mathrm{C}}]^{\mathrm{T}}$ 为定子电流向量；$\boldsymbol{i}_{\mathrm{r}}=[i_{\mathrm{a}}\quad i_{\mathrm{b}}\quad i_{\mathrm{c}}]^{\mathrm{T}}$ 为转子电流向量；$\boldsymbol{L}_{\mathrm{ss}}$、$\boldsymbol{L}_{\mathrm{sr}}$、$\boldsymbol{L}_{\mathrm{rs}}$、$\boldsymbol{L}_{\mathrm{rr}}$为电感矩阵，其中$\boldsymbol{L}_{\mathrm{ss}}$、$\boldsymbol{L}_{\mathrm{rr}}$为常数矩阵。

$$\boldsymbol{L}_{\mathrm{rs}}=\boldsymbol{L}_{\mathrm{sr}}^{\mathrm{T}}=\begin{bmatrix}\cos\theta & \cos\left(\theta-\dfrac{2\pi}{3}\right) & \cos\left(\theta+\dfrac{2\pi}{3}\right)\\ \cos\left(\theta+\dfrac{2\pi}{3}\right) & \cos\theta & \cos\left(\theta-\dfrac{2\pi}{3}\right)\\ \cos\left(\theta-\dfrac{2\pi}{3}\right) & \cos\left(\theta+\dfrac{2\pi}{3}\right) & \cos\theta\end{bmatrix} \tag{A-14}$$

可见$\boldsymbol{L}_{\mathrm{rs}}$和$\boldsymbol{L}_{\mathrm{sr}}$均随$\theta$变化，异步电机运转时，$\theta$为变量，故该矩阵是变参数的，这是系统非线性的根源之一[2]。

(2) 电压方程

$$\begin{bmatrix}u_{\mathrm{A}}\\ u_{\mathrm{B}}\\ u_{\mathrm{C}}\\ u_{\mathrm{a}}\\ u_{\mathrm{b}}\\ u_{\mathrm{c}}\end{bmatrix}=\begin{bmatrix}R_{\mathrm{s}} & & & & & \\ & R_{\mathrm{s}} & & & & \\ & & R_{\mathrm{s}} & & & \\ & & & R_{\mathrm{r}} & & \\ & & & & R_{\mathrm{r}} & \\ & & & & & R_{\mathrm{r}}\end{bmatrix}\begin{bmatrix}i_{\mathrm{A}}\\ i_{\mathrm{B}}\\ i_{\mathrm{C}}\\ i_{\mathrm{a}}\\ i_{\mathrm{b}}\\ i_{\mathrm{c}}\end{bmatrix}+\frac{\mathrm{d}}{\mathrm{d}t}\begin{bmatrix}\psi_{\mathrm{A}}\\ \psi_{\mathrm{B}}\\ \psi_{\mathrm{C}}\\ \psi_{\mathrm{a}}\\ \psi_{\mathrm{b}}\\ \psi_{\mathrm{c}}\end{bmatrix} \tag{A-15}$$

式中，u_{A}、u_{B}、u_{C}、u_{a}、u_{b}、u_{c} 为定子和转子瞬时相电压；R_{s} 和 R_{r} 为定子和转子电阻。代入磁链方程后，该式可写为

$$\begin{aligned}\boldsymbol{u}&=\boldsymbol{Ri}+\frac{\mathrm{d}\boldsymbol{\psi}}{\mathrm{d}t}\\ &=\boldsymbol{Ri}+\frac{\mathrm{d}}{\mathrm{d}t}(\boldsymbol{Li})\\ &=\boldsymbol{Ri}+\boldsymbol{L}\frac{\mathrm{d}\boldsymbol{i}}{\mathrm{d}t}+\boldsymbol{i}\frac{\mathrm{d}\boldsymbol{L}}{\mathrm{d}t}\\ &=\boldsymbol{Ri}+\boldsymbol{L}\frac{\mathrm{d}\boldsymbol{i}}{\mathrm{d}t}+\boldsymbol{i}\omega\frac{\mathrm{d}\boldsymbol{L}}{\mathrm{d}\theta}\end{aligned} \tag{A-16}$$

式中，$\boldsymbol{L}\dfrac{\mathrm{d}\boldsymbol{i}}{\mathrm{d}t}$为电流变化引起的变压器电动势；$\boldsymbol{i}\omega\dfrac{\mathrm{d}\boldsymbol{L}}{\mathrm{d}\theta}$为由定转子位置相对变化引起的与转速$\omega$成正比的运动电动势[2]。

（3）转矩方程

$$T_e = -n_p L_{ms}[(i_A i_a + i_B i_b + i_C i_c)\sin\theta + (i_A i_a + i_B i_b + i_C i_c)\sin(\theta + 120°) + (i_A i_a + i_B i_b + i_C i_c)\sin(\theta - 120°)] \tag{A-17}$$

式中，n_p 为电机极对数；L_{ms}为定子互感。

（4）运动方程

$$\frac{J}{n_p}\frac{d\omega}{dt} = T_e - T_L \tag{A-18}$$

式中，J 为系统总转动惯量；T_L 为总负载转矩。

至此，已经建立了异步电机的三相动态模型，由于该动态模型基于三相电压、电流、磁链建立，且以空间静止的 A 相绕组轴线为参考，因此称该模型为静止三相坐标系中的异步电机数学模型，具体如下，

$$\begin{cases} \boldsymbol{\psi} = \boldsymbol{L}\boldsymbol{i} \\ \boldsymbol{u} = \boldsymbol{R}\boldsymbol{i} + \boldsymbol{L}\dfrac{d\boldsymbol{i}}{dt} + \boldsymbol{i}\omega\dfrac{d\boldsymbol{L}}{d\theta} \\ T_e = f(i_A, i_B, i_C, i_a, i_b, i_c, \theta) \\ \dfrac{J}{n_p}\dfrac{d\omega}{dt} = T_e - T_L \\ \omega = \dfrac{d\theta}{dt} \end{cases} \tag{A-19}$$

静止三相坐标系中的异步电机数学模型具有如下特性：

1）非线性：磁链方程中电感矩阵随转子角度 θ 的变化，该非线性随着磁链方程进一步表现在电压方程和转矩方程中。

2）强耦合性：定子和转子间有耦合（通过电感的变化），定转子三相绕组之间也存在交叉耦合。

3）非独立性：如异步电机三相绕组为无中线星形联结，可得，$\begin{cases} i_A + i_B + i_C = 0 \\ i_a + i_b + i_c = 0 \end{cases}$，$\begin{cases} \boldsymbol{\psi}_A + \boldsymbol{\psi}_B + \boldsymbol{\psi}_C = 0 \\ \boldsymbol{\psi}_a + \boldsymbol{\psi}_b + \boldsymbol{\psi}_c = 0 \end{cases}$，$\begin{cases} u_A + u_B + u_C = 0 \\ u_a + u_b + u_c = 0 \end{cases}$，可见三相中只有两相是独立的，可用两相模型代替[2]。

静止三相坐标系中的异步电机数学模型是一个多变量、非线性、强耦合的高阶模型。其可控性较差，必须进一步简化，以实现三相定子电流直轴和交轴分量的解耦。

A.3.2 静止两相坐标系中的异步电机数学模型

静止三相坐标系异步电机数学模型中，三相定转子电压、三相定转子电流、三相定转子磁链中均只有两相是独立的，意味着只需两相就可以实现三相同样的

物理效果，可在形式上简化异步电机的数学模型。从产生旋转磁动势的角度上看，两相同样可以产生相同的旋转磁动势。因此，可以用两相正交对称绕组进行等效代替。由于两相正交对称绕组仍为空间静止状态，故称为静止两相坐标系中的异步电机数学模型。

1. 3/2 变换及其逆变换

从静止三相坐标系到静止两相坐标系之间的变换，称为三相－两相变换（克拉克变换或 Clarke 变换），简称 3/2 变换[4-5]。静止两相坐标系又称作 αβ 坐标系。

由于从静止三相坐标系到静止两相坐标系之间的变换仅仅是数学形式上的公式变化，为确保两种坐标系上的物理效果相同，必须保证变换前后产生的磁动势相同，且瞬时功率不变或者幅值不变。当采用瞬时功率不变原则时，可得 3/2 变换的变换矩阵为

$$C_{3s\to 2s}=\sqrt{\frac{2}{3}}\begin{bmatrix}1 & -\frac{1}{2} & -\frac{1}{2}\\ 0 & \frac{\sqrt{3}}{2} & -\frac{\sqrt{3}}{2}\end{bmatrix} \tag{A-20}$$

相应的逆变换为

$$C_{2s\to 3s}=\sqrt{\frac{2}{3}}\begin{bmatrix}1 & 0\\ -\frac{1}{2} & \frac{\sqrt{3}}{2}\\ -\frac{1}{2} & -\frac{\sqrt{3}}{2}\end{bmatrix} \tag{A-21}$$

通过 3/2 变换后，原来的定子三相电流 i_A、i_B、i_C 变成了两相交流电流 $i_{s\alpha}$、$i_{s\beta}$，即，

$$\begin{bmatrix}i_{s\alpha}\\ i_{s\beta}\end{bmatrix}=C_{3s\to 2s}\begin{bmatrix}i_A\\ i_B\\ i_C\end{bmatrix} \tag{A-22}$$

同理，原静止三相坐标系下的定子电压、磁链均可采用变换矩阵式（A-20）转换至静止两相坐标系。

2. 定子 αβ、转子 α′β′坐标系中的异步电机模型

由于定子绕组本身是空间静止的，电流作用下产生的旋转磁动势的角速度为同步角速度 ω_1，但是转子本身在以角速度 ω 旋转。因此，定子静止两相坐标系 αβ 静止，而转子坐标系 α′β′以角速度 ω 空间旋转，且与 α 轴夹角为 θ。定子 αβ、转子 α′β′坐标系中的异步电机模型如图 A-9 所示，其中 $\boldsymbol{F}$ 为定子磁动势。

因此，定子 αβ、转子 α′β′坐标系中的异步电机磁链方程、电压方程、转矩

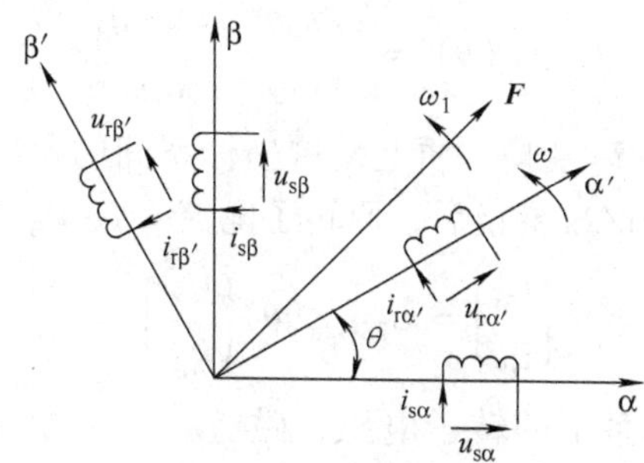

图 A-9　定子 αβ、转子 α′β′坐标系中的异步电机模型

方程分别如下[2]。

（1）磁链方程

$$\begin{bmatrix}\psi_{s\alpha}\\ \psi_{s\beta}\\ \psi_{r\alpha'}\\ \psi_{r\beta'}\end{bmatrix}=\begin{bmatrix}L_s & 0 & L_m\cos\theta & -L_m\sin\theta\\ 0 & L_s & L_m\sin\theta & L_m\cos\theta\\ L_m\cos\theta & L_m\sin\theta & L_r & 0\\ -L_m\sin\theta & L_m\cos\theta & 0 & L_r\end{bmatrix}\begin{bmatrix}i_{s\alpha}\\ i_{s\beta}\\ i_{r\alpha'}\\ i_{r\beta'}\end{bmatrix} \tag{A-23}$$

式中，$L_s=L_m+L_{ls}$为定子两相绕组等效自感；L_{ls}为定子漏感；$L_m=\dfrac{3}{2}L_{ms}$，为定转子间等效互感；$L_r=L_m+L_{lr}$，为转子两相绕组等效自感；L_{lr}为转子漏感。

（2）电压方程

$$\begin{bmatrix}u_{s\alpha}\\ u_{s\beta}\\ u_{r\alpha'}\\ u_{r\beta'}\end{bmatrix}=\begin{bmatrix}R_s & & & \\ & R_s & & \\ & & R_r & \\ & & & R_r\end{bmatrix}\begin{bmatrix}i_{s\alpha}\\ i_{s\beta}\\ i_{r\alpha'}\\ i_{r\beta'}\end{bmatrix}+\frac{d}{dt}\begin{bmatrix}\psi_{s\alpha}\\ \psi_{s\beta}\\ \psi_{r\alpha'}\\ \psi_{r\beta'}\end{bmatrix} \tag{A-24}$$

（3）转矩方程

$$T_e=-n_pL_m[(i_{s\alpha}i_{r\alpha'}+i_{s\beta}i_{r\beta'})\sin\theta+(i_{s\alpha}i_{r\beta'}-i_{s\beta}i_{r\alpha'})\cos\theta] \tag{A-25}$$

可见，3/2 变换减少了状态变量的维数，简化了定子和转子的自感矩阵[2]。但由于转子 α′β′坐标系并非静止的，而是以角速度 ω 旋转的，且与定子 αβ 坐标系存在夹角 θ。若要得到完整静止两相坐标系中的异步电机模型，需进一步通过“旋转正交 - 静止两相”变换，简称“2r/2s 变换”，将转子 α′β′坐标系转换至 αβ 坐标系。

3. 静止两相坐标系中的异步电机模型

“2r/2s 变换”目的是将转子 α′β′旋转正交坐标系变换至 αβ 静止两相坐标系，以消除两个坐标系之间的 θ 角度耦合对磁链和转矩的影响。同样，根据变换前后产生磁动势相同的原则，可得变换矩阵为[2]

$$C_{2r\to 2s}(\theta)=\begin{bmatrix}\cos\theta & -\sin\theta\\ \sin\theta & \cos\theta\end{bmatrix} \tag{A-26}$$

由式（A-26）可知，2r/2s 变换本质上是将坐标系间的角度 θ，隐含在坐标轴上的物理量间了。因此，2r/2s 变换后，原转子电流 $i_{r\alpha'}$、$i_{r\beta'}$可描述为

$$\begin{bmatrix}i_{r\alpha}\\ i_{r\beta}\end{bmatrix}=C_{2r\to 2s}(\theta)\begin{bmatrix}i_{r\alpha'}\\ i_{r\beta'}\end{bmatrix} \tag{A-27}$$

同理，原 $\alpha'\beta'$坐标系下的转子电压、磁链均可采用变换矩阵（A-26）转换至静止两相坐标系。可得静止两相坐标系中的异步电机模型如图 A-10 所示，其中 $\boldsymbol{F}_r$为转子磁动势，$\boldsymbol{F}_m$为合成磁动势，$\boldsymbol{F}_m=\boldsymbol{F}+\boldsymbol{F}_r$。

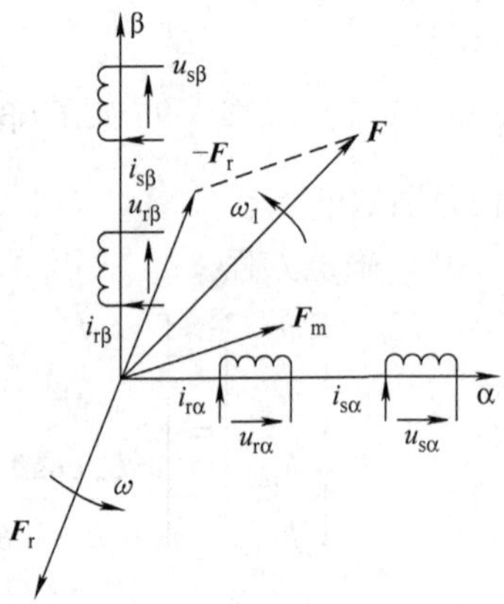

图 A-10 静止两相坐标系中的异步电机模型

至此，可得静止两相坐标系中的异步电机磁链方程、电压方程、转矩方程分别如下[2]。

（1）磁链方程

$$\begin{bmatrix}\psi_{s\alpha}\\ \psi_{s\beta}\\ \psi_{r\alpha}\\ \psi_{r\beta}\end{bmatrix}=\begin{bmatrix}L_s & 0 & L_m & 0\\ 0 & L_s & 0 & L_m\\ L_m & 0 & L_r & 0\\ 0 & L_m & 0 & L_r\end{bmatrix}\begin{bmatrix}i_{s\alpha}\\ i_{s\beta}\\ i_{r\alpha}\\ i_{r\beta}\end{bmatrix} \tag{A-28}$$

（2）电压方程

$$\begin{bmatrix}u_{s\alpha}\\ u_{s\beta}\\ u_{r\alpha}\\ u_{r\beta}\end{bmatrix}=\begin{bmatrix}R_s & & & \\ & R_s & & \\ & & R_r & \\ & & & R_r\end{bmatrix}\begin{bmatrix}i_{s\alpha}\\ i_{s\beta}\\ i_{r\alpha}\\ i_{r\beta}\end{bmatrix}+\frac{\mathrm{d}}{\mathrm{d}t}\begin{bmatrix}\psi_{s\alpha}\\ \psi_{s\beta}\\ \psi_{r\alpha}\\ \psi_{r\beta}\end{bmatrix}+\begin{bmatrix}0\\ 0\\ \omega\psi_{r\beta}\\ -\omega\psi_{r\alpha}\end{bmatrix} \tag{A-29}$$

（3）转矩方程

$$T_e=n_pL_m(i_{s\beta}i_{r\alpha}-i_{s\alpha}i_{r\beta}) \tag{A-30}$$

可见定转子间夹角 θ 对磁链和转矩的影响已经消除，但是静止两相坐标系中依然存在如下问题：①电压方程存在较强的非线性耦合；②坐标轴上绕组中的电压、电流仍为交流，不便于控制。

A.3.3 旋转正交坐标系中的异步电机模型

为了进一步向直流电机靠拢，将静止两相坐标轴绕组中的电压、电流由交流变为直流标量，建立旋转正交坐标系。通过坐标系本身的旋转达到变换前后产生磁动势相同的目的。从静止两相坐标系到旋转正交坐标系之间的变换，称为静止

两相－旋转正交变换（Park 变换），简称 2s/2r 变换[6]。旋转正交坐标系又称作“dq 坐标系”。前述“2r/2s 变换”为“2s/2r 变换”的逆变换。根据磁动势相同原则，定义 dq 坐标系 d 轴与 αβ 坐标系 α 轴夹角为 φ，可得 2s/2r 变换矩阵为

$$C_{2s\to 2r}(\varphi)=\begin{bmatrix}\cos\varphi & \sin\varphi\\ -\sin\varphi & \cos\varphi\end{bmatrix} \tag{A-31}$$

2s/2r 变换后，原来的定子电流 $i_{s\alpha}$、$i_{s\beta}$，可描述为

$$\begin{bmatrix}i_{sd}\\ i_{sq}\end{bmatrix}=C_{2s\to 2r}(\varphi)\begin{bmatrix}i_{s\alpha}\\ i_{s\beta}\end{bmatrix} \tag{A-32}$$

同理，原静止两相坐标系下的定转子电压、电流、磁链均可采用变换矩阵（A-31）转换至旋转正交坐标系。图 A-11 所示为旋转正交坐标系中的异步电机模型。

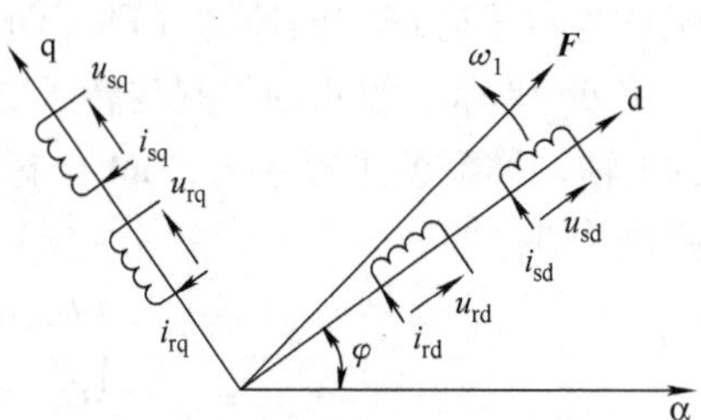

图 A-11　旋转正交坐标系中的异步电机模型

至此，可得旋转正交坐标系中的异步电机磁链方程、电压方程、转矩方程分别如下[2]。

（1）磁链方程

$$\begin{bmatrix}\psi_{sd}\\ \psi_{sq}\\ \psi_{rd}\\ \psi_{rq}\end{bmatrix}=\begin{bmatrix}L_s & 0 & L_m & 0\\ 0 & L_s & 0 & L_m\\ L_m & 0 & L_r & 0\\ 0 & L_m & 0 & L_r\end{bmatrix}\begin{bmatrix}i_{sd}\\ i_{sq}\\ i_{rd}\\ i_{rq}\end{bmatrix} \tag{A-33}$$

（2）电压方程

$$\begin{bmatrix}u_{sd}\\ u_{sq}\\ u_{rd}\\ u_{rq}\end{bmatrix}=\begin{bmatrix}R_s & & & \\ & R_s & & \\ & & R_r & \\ & & & R_r\end{bmatrix}\begin{bmatrix}i_{sd}\\ i_{sq}\\ i_{rd}\\ i_{rq}\end{bmatrix}+\frac{\mathrm{d}}{\mathrm{d}t}\begin{bmatrix}\psi_{sd}\\ \psi_{sq}\\ \psi_{rd}\\ \psi_{rq}\end{bmatrix}+\begin{bmatrix}-\omega_1\psi_{sq}\\ \omega_1\psi_{sd}\\ -(\omega_1-\omega)\psi_{rq}\\ (\omega_1-\omega)\psi_{rd}\end{bmatrix} \tag{A-34}$$

（3）转矩方程

$$T_e=n_pL_m(i_{sq}i_{rd}-i_{sd}i_{rq}) \tag{A-35}$$

可见，dq 坐标系中，转子和定子共同以同步角速度 ω_1 旋转，且 $\omega_1=\frac{\mathrm{d}\varphi}{\mathrm{d}t}$。同时，定转子电压电流均为直流标量。但旋转正交坐标系中的异步电机模型仍存在如下问题：①电压方程中的非线性耦合加重了，且系统中增加了变量 ω_1；②并未实现类似直流电机的磁链和转矩的解耦控制，也就是说磁链不由 i_{sd} 唯一控制，转矩也不由 i_{sq} 唯一控制。

A.4 异步电机转子磁链定向矢量控制

A.4.1 转子磁链定向原理

旋转正交坐标系中的异步电机模型，通过坐标变换将定子和转子变换到以同步角速度 ω_1 旋转的正交 dq 坐标系，但仅明确了 dq 坐标系的角速度为 ω_1，并未指定该 dq 坐标系与什么物理量重合。异步电机中以同步角速度 ω_1 旋转的量有转子磁链、定子磁链和气隙磁链。转子磁链定向的基本原理是通过将 dq 坐标系与转子磁链重合，得到等效的直流电机模型，实现磁链和转矩的解耦控制，该控制系统称为转子磁链定向控制（Flux Orientation Control，FOC）系统[2]。

将 dq 坐标系的 d 轴强制与转子磁链矢量 $\boldsymbol{\psi}_r$ 重合，同时改称 d 轴为 m 轴，q 轴为 t 轴，称新的坐标系为“mt 坐标系”。由于 m 轴完全与 $\boldsymbol{\psi}_r$ 重合，因此原 q 轴磁链为 0，即，

$$\begin{cases}\psi_{rm} = \psi_{rd} = \psi_r \\ \psi_{rt} = \psi_{rq} = 0\end{cases} \tag{A-36}$$

mt 坐标系中的异步电机模型如图 A-12 所示。

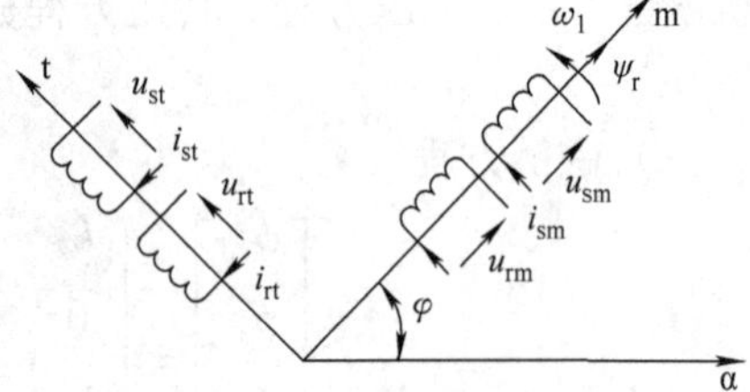

图 A-12 mt 坐标系中的异步电机模型

此外，为确保 m 轴与 $\boldsymbol{\psi}_r$ 完全动态重合，有

$$\frac{d\psi_{rt}}{dt} = \frac{d\psi_{rq}}{dt} = 0 \tag{A-37}$$

定义 mt 坐标系，将 d 轴按转子磁链定向的目的是实现定子电流励磁分量与转矩分量的解耦控制，即转子磁链 $\boldsymbol{\psi}_r$ 仅由励磁分量 i_{sm} 决定，电磁转矩仅由转矩分量 i_{st} 决定。具体推导过程如下。

（1）转矩方程

将式（A-33）改写为

$$\begin{cases}\psi_{sd} = L_s i_{sd} + L_m i_{rd} \\ \psi_{sq} = L_s i_{sq} + L_m i_{rq} \\ \psi_{rd} = L_m i_{sd} + L_r i_{rd} \\ \psi_{rq} = L_m i_{sq} + L_r i_{rq}\end{cases} \tag{A-38}$$

由式（A-38）第三、四行，可得

$$\begin{cases}i_{rd} = \dfrac{1}{L_r}(\psi_{rd} - L_m i_{sd}) \\ i_{rq} = \dfrac{1}{L_r}(\psi_{rq} - L_m i_{sq})\end{cases} \tag{A-39}$$

将式（A-39）代入转矩方程（A-35）可得

$$T_e = \frac{n_p L_m}{L_r}(i_{sq}\psi_{rd} - i_{sd}\psi_{rq}) \tag{A-40}$$

进一步地，将 d 轴按转子磁链定向后，根据式（A-36），mt 坐标系中的转矩方程可写为

$$T_e = \frac{n_p L_m}{L_r} i_{st}\psi_r \tag{A-41}$$

（2）转子磁链方程

根据式（A-38），$\boldsymbol{\psi}_r$ 在 m 轴、t 轴上的分量可表示为

$$\begin{cases}\psi_{rm} = \psi_r = L_m i_{sm} + L_r i_{rm} \\ \psi_{rt} = 0 = L_m i_{st} + L_r i_{rt}\end{cases} \tag{A-42}$$

根据式（A-34）可得

$$\begin{cases}u_{rd} = R_r i_{rd} + \dfrac{d\psi_{rd}}{dt} - (\omega_1 - \omega)\psi_{rq} \\ u_{rq} = R_r i_{rq} + \dfrac{d\psi_{rq}}{dt} + (\omega_1 - \omega)\psi_{rd}\end{cases} \tag{A-43}$$

对于笼型异步电机转子短路；对于绕线转子异步电机，变频调速运行时，通常将转子直接短路。因此，u_{rd}和 u_{rq}均为 0。则在 mt 坐标系上，

$$\begin{cases}0 = R_r i_{rm} + \dfrac{d\psi_{rm}}{dt} \\ 0 = R_r i_{rt} + (\omega_1 - \omega)\psi_{rm}\end{cases} \tag{A-44}$$

根据式（A-44），可得

$$i_{rm} = -\frac{d\psi_r}{dt}/R_r = \frac{-s\psi_r}{R_r} \tag{A-45}$$

式中，s 为微分算子。将式（A-45）代入式（A-42），可得

$$\psi_r = \frac{L_m i_{sm}}{1 + T_r s} \tag{A-46}$$

式中，$T_r = \dfrac{L_r}{R_r}$。重写转子磁链方程和转矩方程，可得

$$\begin{cases}\psi_r = \dfrac{L_m i_{sm}}{1 + T_r s} \\ T_e = \dfrac{n_p L_m}{L_r}\psi_r i_{st} = C_{TM}\psi_r i_{st}\end{cases} \tag{A-47}$$

式中，$C_{TM} = \dfrac{n_p L_m}{L_r}$为异步电机的转矩系数。由式（A-47）可知，通过转子磁链定

向，实现了定子电流励磁分量 i_{sm} 与转矩分量 i_{st} 的解耦控制。可通过 i_{sm} 和 i_{st}，对 ψ_r 和 T_e 分别进行控制，得到与直流电机类似的控制模式。

A.4.2 转子磁链观测

转子磁链 $\boldsymbol{\psi}_r$ 本身在以角速度 $\omega_1=\frac{d\varphi}{dt}$ 旋转，且与 α 轴夹角为 φ。因此，实时获取转子磁链角度 φ，是根据式（A-31）在 dq 坐标系与 αβ 坐标系之间进行变换的关键。根据式（A-47），在实际异步电机矢量控制中，特定工况下通常将 ψ_r 固定。因此，实时获取转子磁链幅值 ψ_r，是实现磁链闭环控制的关键。

然而，φ 和 ψ_r 均难以直接获得，需结合电机参数及电压、电流、转速等易测量量，根据电机数学模型进行转子磁链观测。mt 坐标系上的转子磁链电流模型推导过程如下。

由式（A-43）可得

$$\frac{d\psi_{rq}}{dt}=-R_r i_{rq}-(\omega_1-\omega)\psi_{rd} \tag{A-48}$$

式中，i_{rq} 为不可直接测量变量，必须设法消除，故将式（A-39）代入，可得

$$\frac{d\psi_{rq}}{dt}=-\frac{1}{T_r}\psi_{rq}-(\omega_1-\omega)\psi_{rd}+\frac{L_m}{T_r}i_{sq} \tag{A-49}$$

代入式（A-36），可得，mt 坐标系的旋转速度，

$$\omega_1=\omega+\frac{L_m}{T_r\psi_r}i_{st}=\omega+\omega_s \tag{A-50}$$

式中，ω 为转子速度；$\omega_s=\frac{L_m}{T_r\psi_r}i_{st}$ 为转差角频率，即 mt 坐标系角速度与转子角速度之差。

综上，结合式（A-47）和式（A-50），可得 mt 坐标系上的转子磁链幅值 ψ_r 和相角 φ 的计算过程，如图 A-13 所示。

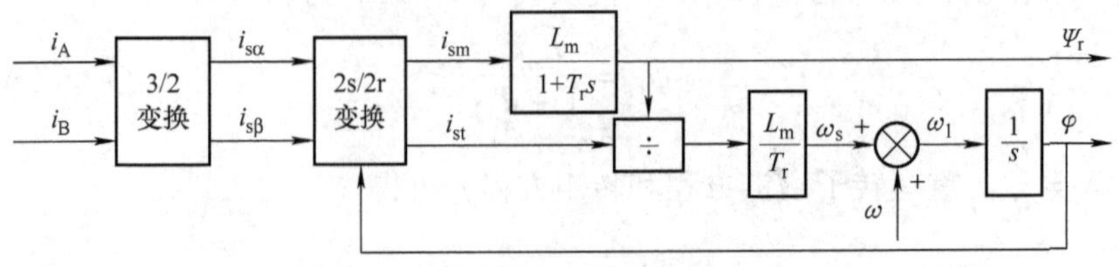

图 A-13 转子磁链电流模型

除 mt 坐标系上的转子磁链电流模型之外，αβ 坐标系上的转子磁链电流模型、转子磁链电压模型等方法也可实现转子磁链的观测[2]。

A.4.3　异步电机转子磁链定向矢量控制系统

根据图 A-7 所示的交流电机矢量控制系统原理，结合各坐标系中的异步电机数学模型，可得典型的异步电机转子磁链定向矢量控制系统如图 A-14 所示。具体工作原理如下。

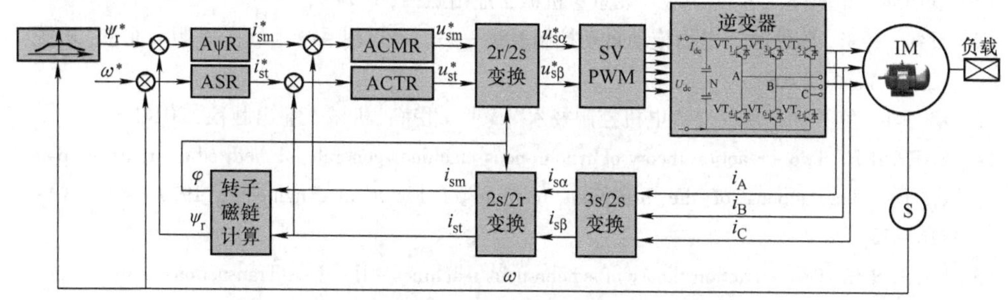

图 A-14　异步电机转子磁链定向矢量控制系统典型结构

1）磁链闭环控制环节：包括磁链调节器 AψR 和定子电流励磁分量调节器 ACMR。AψR 以磁链幅值给定值 ψ_r^* 和实际值 ψ_r 之差为输入，输出为定子电流励磁分量给定值 i_{sm}^*，目的是实现磁链幅值的闭环控制。其中，ψ_r^* 为由转速决定的函数获得，通常在低速时，采用较大磁链幅值，以增强转矩输出能力；在额定转速以上的恒功率状态，采用较小磁链幅值，以实现在不增加定子电压的情况下提升转速[7]。进一步地，ACMR 以 i_{sm}^* 和定子电流励磁分量实际值 i_{sm} 之差为输入，输出为定子电压励磁分量给定值 u_{sm}^*，其作用是实现定子电流励磁分量的闭环控制。

2）转速闭环控制环节：包括转速调节器 ASR 和定子电流转矩分量调节器 ACTR。ASR 以转速给定值 ω^* 和实际值 ω 之差为输入，输出为定子电流转矩分量给定值 i_{st}^*，其目的是实现转速的闭环控制。ACTR 以 i_{st}^* 和定子电流转矩分量实际值 i_{st} 之差为输入，输出为定子电压转矩分量给定值 u_{st}^*，其作用是实现定子电流转矩分量的闭环控制。

3）坐标反变换与 SVPWM 环节：坐标反变换用于将 mt 坐标系中 u_{sm}^* 和 u_{st}^* 转换至 αβ 坐标系中的定子电压矢量给定值 $u_{s\alpha}^*$ 和 $u_{s\beta}^*$；进一步地，SVPWM 根据 $u_{s\alpha}^*$ 和 $u_{s\beta}^*$ 确定逆变器功率管的开关状态，将交流电能转换为频率、有效值均可连续调节的交流电能，驱动异步电机运行。常见的逆变器结构包括三相两电平逆变器、三相多电平逆变器、多相多电平逆变器等[8-9]。此外，SVPWM 仅是实现交流电机矢量控制的调制方法之一，其他方法还包括 CFPWM 等[8-9]。

4）坐标变换与转子磁链计算环节：该环节的作用是根据测量得到的定子三相电流 i_A、i_B、i_C，获得定子电流的励磁分量 i_{sm} 和转矩分量 i_{st}，以进行闭环控制。同时，根据转子磁链模型获得磁链幅值 ψ_r 和角度 φ。其中，ψ_r 用于参与磁链闭环控制，φ 用于为 2r/2s 变换和 2s/2r 变换提供实时磁链空间角度。

参考文献

[1] 汤蕴璆. 电机学 [M]. 5 版. 北京：机械工业出版社，2014.

[2] 阮毅，杨影，陈伯时. 电力拖动自动控制系统——运动控制系统 [M]. 5 版. 北京：机械工业出版社，2016.

[3] 潘月斗，楚子林. 现代交流电机控制技术 [M]. 北京：机械工业出版社，2018.

[4] PARK R H. Two - reaction theory of synchronous machines generalized meth od of analysis - part I [J]. Transactions of the American Institute of Electrical Engineers, 1929, 48 (3): 716 - 727.

[5] PARK R H. Two - reaction theory of synchronous machines - II [J]. Transactions of the American Institute of Electrical Engineers, 1933, 52 (2): 352 - 354.

[6] CLARKE E. Circuit analysis of AC power systems; symmetrical and related components [M]. New Jersey: Wiley, 1943.

[7] 李永东，郑泽东. 交流电机数字控制系统 [M]. 3 版. 北京：机械工业出版社，2017.

[8] 吴斌，迈赫迪·纳里马尼. 大功率变频器及交流传动 [M]. 卫三民，苏位锋，李文博，等译. 2 版. 北京：机械工业出版社，2019.

[9] 王兆安，刘进军. 电力电子技术 [M]. 5 版. 北京：机械工业出版社，2013.

附录 B 永磁同步电机矢量控制系统

B.1 永磁同步电机结构及工作原理

永磁同步电机结构如图 B-1 所示。

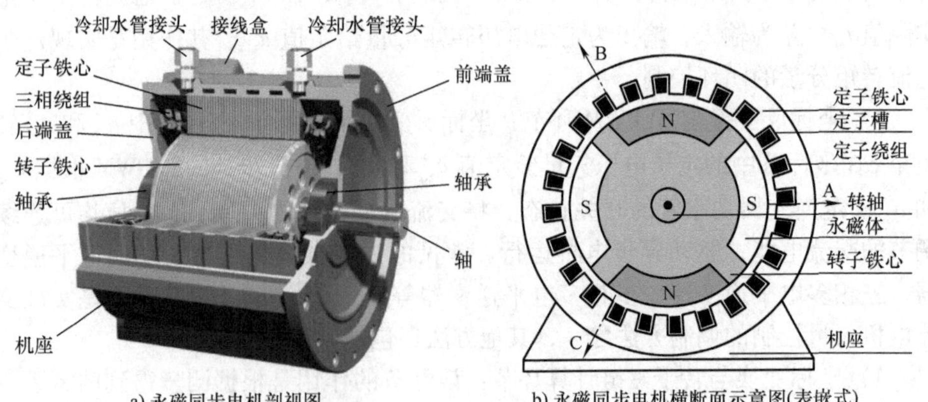

a) 永磁同步电机剖视图　　b) 永磁同步电机横断面示意图(表嵌式)

图 B-1 永磁同步电机结构

B.1.1　永磁同步电机结构

不同于异步电机依靠转子内的感应电流实现机电能量转换，同步电机通过在转子上布置专门的励磁结构以产生气隙磁场，实现转子与定子磁场的同步运行，即 $n = n_s = 60f/n_p$，其中 n_s 为同步转速；f 为定子电流频率；n_p 为极对数。

永磁同步电机通过永磁体转子产生气隙磁场，具有结构简单、功率密度高等优点。典型的三相永磁同步电机由机座、定子和转子三部分构成。永磁同步电机的定子结构和异步电机完全相同；转子由铁心和永磁体构成。按照转子上永磁体安装位置的不同，常见的转子结构类型主要有表贴式、表嵌式和内置式。如图 B-2a为表贴式；图 B-2b 为表嵌式，图 B-2c ~ f 为内置式。

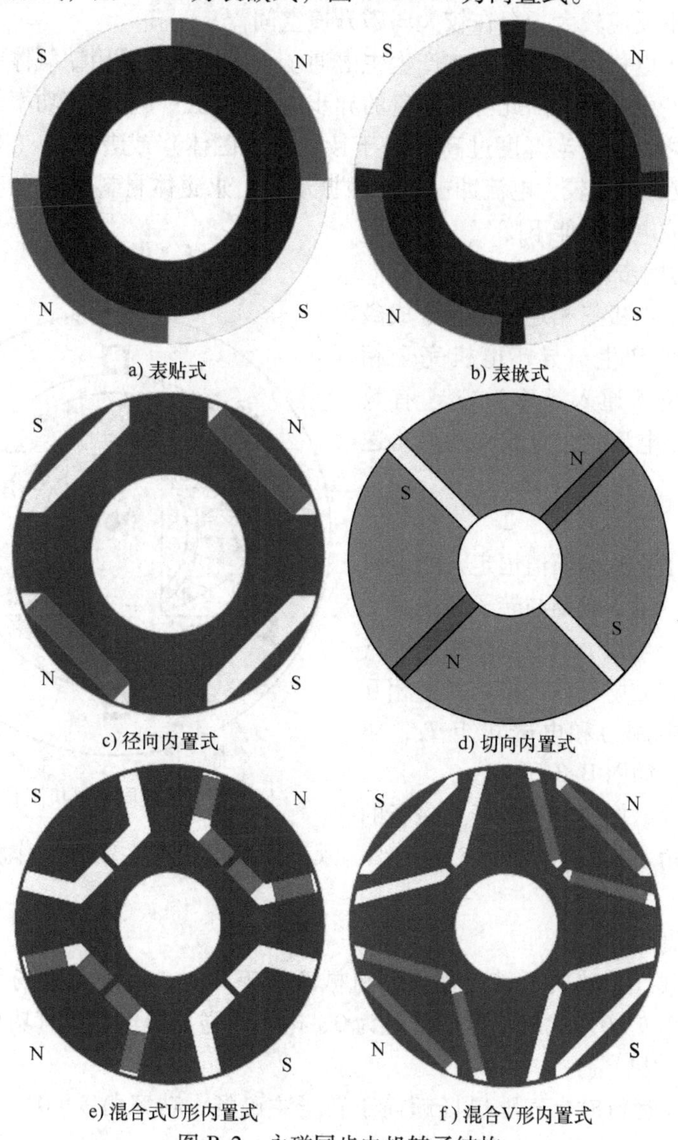

图 B-2　永磁同步电机转子结构

表贴式永磁同步电机永磁体贴在转子铁心表面，属于隐极转子结构。其优点是结构简单、制造方便、转动惯量小。由于表贴式永磁同步电机交轴和直轴磁路基本对称，凸极率 $\rho=L_q/L_d\approx1$，因此无凸极效应和磁阻转矩。该类电机交轴和直轴磁路等效气隙大、电枢反应小，弱磁能力较差，易退磁，且受限于永磁体的安装强度，不宜高速运行。

表嵌式和内置式永磁同步电机属于凸极转子结构，永磁体表面嵌入或内置于转子铁心，机械强度大，可高速运行，且交轴电感大于直轴电感，凸极率 $\rho=L_q/L_d>1$，凸极效应明显，磁阻转矩大，过载能力强。由于交轴和直轴磁路等效气隙小、电枢反应较大，存在较大弱磁升速空间[1]。

永磁同步电机由转子永磁体产生主磁通。永磁体一般采用铁氧体或钕铁硼材料，转子不产生铜耗，因此与同容量的异步电机相比，其效率和功率因数显著提高[2]。不足之处在于当温度过高（对于钕铁硼永磁体）或者过低（对于铁氧体永磁体），或者承受较大电流冲击、机械振动时，永磁体材料可能会产生不可逆的退磁，造成电机性能下降。

B.1.2 永磁同步电机工作原理

永磁同步电机三相定子绕组合成磁动势与磁场的产生与异步电机完全相同，当定子绕组通入频率为 ω_1、有效值为 I 的交流电流时，合成磁动势角速度等于 ω_1，幅值等于 $\sigma\dfrac{3\sqrt{2}}{2}I$。永磁转子产生的转子主磁场幅值恒定，当电机稳态运行时，定子磁场与转子磁场相互作用，在定子与转子间的气隙中形成气隙磁场，气隙磁场与转子磁场发生相互作用，产生电磁力和电磁转矩 T_e，驱动电机旋转，如图 B-3 所示。

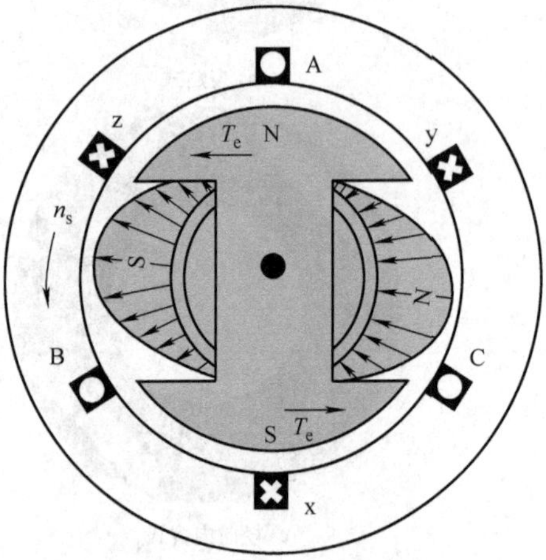

图 B-3 永磁同步电机工作原理

定义气隙磁场超前于转子主磁场的角度为功率角 δ。根据功率角 δ 的大小，永磁同步电机存在三种工作状态[3]，如图 B-4 所示。

（1）理想空载

理想空载（忽略转子转动惯量、机械摩擦等）时，转子主磁场与气隙磁场对齐，功率角 $\delta=0$。此时，电磁转矩为 0，电机与逆变器不存在有功功率转换。

（2）电动机

电动状态运行时，气隙磁场超前于转子主磁场，功率角 $\delta>0$。此时，永磁

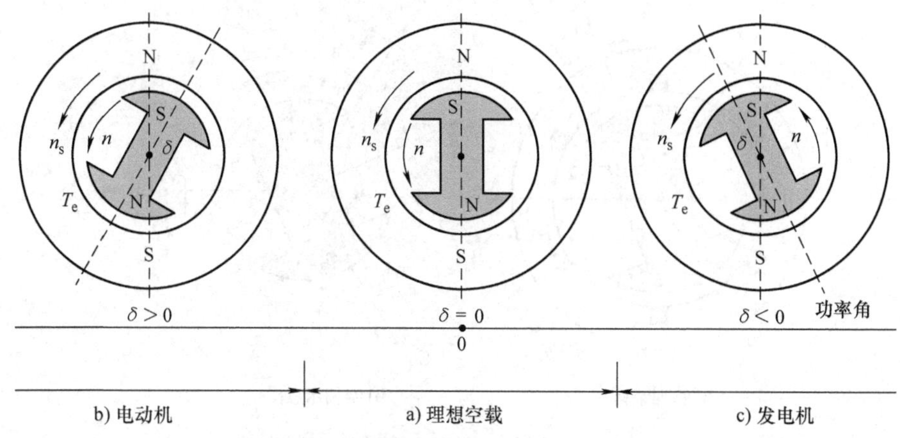

图 B-4　永磁同步电机三种工作状态

同步电机从逆变器获取电能，向负载输出电磁转矩。

（3）发电机

发电状态运行时，永磁同步电机转子由原动机驱动旋转，转子主磁场超前于气隙磁场，功率角 $\delta<0$。此时，永磁同步电机接受原动机的机械功率，并通过定子绕组向逆变器回馈电能。

上述三种状态下，稳定运行时，转子转速 n 恒等于同步转速 n_s，故而得名“同步电机”。

基于上述分析，可知控制永磁同步电机运行的关键在于根据转子实时位置，通过对三相定子电流的控制，实现电机运行状态、输出转矩或制动转矩大小的调节。

B.2　永磁同步电机数学模型

B.2.1　永磁同步电机物理模型

考虑如图 B-5 所示三相两极永磁同步电动机物理模型，其三相定子绕组定义、电流方向定义与异步电机相同。不同的是，由于转子主磁场由永磁体产生，且转子上不存在绕组及电流，故可直接定义转子 dq 坐标系。其中，d 轴为转子永磁体 N 极方向，q 轴超前 d 轴 90°，d 轴超前 A 相轴线的角度为 θ。

对永磁同步电机进行分析之前，进行如下假设：

1）定子绕组呈星形联结，三相绕组呈对称分布，各绕组轴线空间相差 120°，三相合成磁动势沿气隙方向按正弦规律分布；

2）转子具有凸极结构，且没有阻尼绕组，永磁体产生的主磁场沿气隙方向按正弦规律分布；

3）忽略定子铁心与转子铁心的涡流损耗与磁滞损耗；

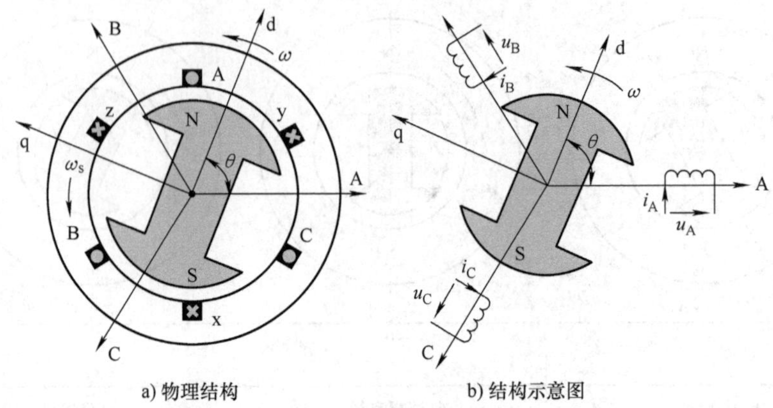

a) 物理结构　　b) 结构示意图

图 B-5　三相两极永磁同步电动机物理模型

4）电动机的绕组电阻与电感等参数在运行过程中的变化均忽略不计。

B. 2. 2　静止三相坐标系中的永磁同步电机数学模型

结合前述永磁同步电机的物理模型，从基本的电磁关系入手，将永磁同步电动机的数学模型用电压方程、磁链方程、转矩方程和运动方程予以描述[1]。

（1）磁链方程

三相定子绕组的全磁链$[\boldsymbol{\psi}_1(\theta,i)]$为

$$\boldsymbol{\psi}_1(\theta,i)=\boldsymbol{\psi}_{11}(\theta,i)+\boldsymbol{\psi}_{12}(\theta) \tag{B-1}$$

式中，$\boldsymbol{\psi}_{12}(\theta)$表示转子永磁体磁场匝链到定子绕组的磁链，它仅与转子位置θ有关，

$$\boldsymbol{\psi}_{12}(\theta)=\begin{bmatrix}\psi_{fA}(\theta)\\\psi_{fB}(\theta)\\\psi_{fC}(\theta)\end{bmatrix}=\psi_f\begin{bmatrix}\cos(\theta)\\\cos\left(\theta-\dfrac{2\pi}{3}\right)\\\cos\left(\theta+\dfrac{2\pi}{3}\right)\end{bmatrix} \tag{B-2}$$

式中，$\psi_{fA}(\theta)$、$\psi_{fB}(\theta)$、$\psi_{fC}(\theta)$分别为永磁体磁场交链至A、B、C三相定子绕组的磁链分量，与定子电流无关，ψ_f为永磁磁链峰值。$\boldsymbol{\psi}_{11}(\theta,i)$为定子绕组电流产生的磁场匝链到自身的磁链分量，

$$\boldsymbol{\psi}_{11}(\theta,i)=\begin{bmatrix}\psi_{1A}(\theta,i)\\\psi_{1B}(\theta,i)\\\psi_{1C}(\theta,i)\end{bmatrix}=\boldsymbol{L}\begin{bmatrix}i_A\\i_B\\i_C\end{bmatrix}=\begin{bmatrix}L_{AA}(\theta)&M_{AB}(\theta)&M_{AC}(\theta)\\M_{BA}(\theta)&L_{BB}(\theta)&M_{BC}(\theta)\\M_{CA}(\theta)&M_{CB}(\theta)&L_{CC}(\theta)\end{bmatrix}\begin{bmatrix}i_A\\i_B\\i_C\end{bmatrix} \tag{B-3}$$

式中，$L_{AA}(\theta)$、$L_{BB}(\theta)$、$L_{CC}(\theta)$为三相定子绕组的自感；$M_{AB}(\theta)$、$M_{AC}(\theta)$、$M_{BA}(\theta)$、$M_{BC}(\theta)$、$M_{CA}(\theta)$、$M_{CB}(\theta)$为定子三相绕组之间的互感。

$$\begin{cases} L_{AA} = L_{s0} - L_{s2}\cos 2\theta \\ L_{BB} = L_{s0} - L_{s2}\cos 2\left(\theta - \dfrac{2\pi}{3}\right) \\ L_{CC} = L_{s0} - L_{s2}\cos 2\left(\theta + \dfrac{2\pi}{3}\right) \end{cases} \tag{B-4}$$

式中，L_{s0}为单相定子绕组自感平均值；L_{s2}为单相定子绕组自感二次谐波幅值。

$$\begin{cases} M_{AB} = M_{BA} = -M_{s0} + M_{s2}\cos 2\left(\theta + \dfrac{\pi}{6}\right) \\ M_{BC} = M_{CB} = -M_{s0} + M_{s2}\cos 2\left(\theta - \dfrac{\pi}{2}\right) \\ M_{CA} = M_{AC} = -M_{s0} + M_{s2}\cos 2\left(\theta + \dfrac{5\pi}{6}\right) \end{cases} \tag{B-5}$$

式中，M_{s0}为两个单相定子绕组互感平均值的绝对值；M_{s2}为两个单相定子绕组互感的二次谐波幅值。综上，可得出永磁同步电机的电感矩阵，

$$\boldsymbol{L} = \begin{bmatrix} L_{s0} & -M_{s0} & -M_{s0} \\ -M_{s0} & L_{s0} & -M_{s0} \\ -M_{s0} & -M_{s0} & L_{s0} \end{bmatrix} +$$

$$\begin{bmatrix} -L_{s2}\cos 2\theta & M_{s2}\cos 2\left(\theta + \dfrac{\pi}{6}\right) & M_{s2}\cos 2\left(\theta + \dfrac{5\pi}{6}\right) \\ M_{s2}\cos 2\left(\theta + \dfrac{\pi}{6}\right) & -L_{s2}\cos 2\left(\theta - \dfrac{2\pi}{3}\right) & M_{s2}\cos 2\left(\theta - \dfrac{\pi}{2}\right) \\ M_{s2}\cos 2\left(\theta + \dfrac{5\pi}{6}\right) & M_{s2}\cos 2\left(\theta - \dfrac{\pi}{2}\right) & -L_{s2}\cos 2\left(\theta + \dfrac{2\pi}{3}\right) \end{bmatrix} \tag{B-6}$$

可见，永磁同步电机的电感矩阵包含常量、与转子位置θ相关的变量两大部分。

（2）电压方程

在定子 ABC 坐标系中，可将三相定子电压方程描述如下：

$$\begin{bmatrix} u_A \\ u_B \\ u_C \end{bmatrix} = \begin{bmatrix} R_s & & \\ & R_s & \\ & & R_s \end{bmatrix} \begin{bmatrix} i_A \\ i_B \\ i_C \end{bmatrix} + \frac{d}{dt} \begin{bmatrix} \psi_A(\theta, i) \\ \psi_B(\theta, i) \\ \psi_C(\theta, i) \end{bmatrix} \tag{B-7}$$

式中，u_A、u_B、u_C 为定子绕组瞬时相电压；R_s 为定子电阻。

（3）转矩方程

根据能量法，电磁转矩等于电流不变时磁场储能对机械角位移的偏导，

$$T_e = n_p \left[\frac{1}{2} [i_A \quad i_B \quad i_C] \frac{\partial(\boldsymbol{L})}{\partial\theta} \begin{bmatrix} i_A \\ i_B \\ i_C \end{bmatrix} + [i_A \quad i_B \quad i_C] \frac{d[\boldsymbol{\psi}_{12}(\theta)]}{d\theta} \right] \tag{B-8}$$

式中，n_{p}为永磁同步电动机的极对数。代入电感矩阵（B-6）及$\boldsymbol{\psi}_{12}(\theta)$，并对$\theta$求偏导，可得

$$T_{\mathrm{e}} = -n_{\mathrm{p}}[i_{\mathrm{A}} \quad i_{\mathrm{B}} \quad i_{\mathrm{C}}]\begin{bmatrix} -L_{\mathrm{s2}}\sin2\theta & M_{\mathrm{s2}}\sin2\left(\theta+\frac{\pi}{6}\right) & M_{\mathrm{s2}}\sin2\left(\theta+\frac{5\pi}{6}\right) \\ M_{\mathrm{s2}}\sin2\left(\theta+\frac{\pi}{6}\right) & -L_{\mathrm{s2}}\sin2\left(\theta-\frac{2\pi}{3}\right) & M_{\mathrm{s2}}\sin2\left(\theta-\frac{\pi}{2}\right) \\ M_{\mathrm{s2}}\sin2\left(\theta+\frac{5\pi}{6}\right) & M_{\mathrm{s2}}\sin2\left(\theta-\frac{\pi}{2}\right) & -L_{\mathrm{s2}}\sin2\left(\theta+\frac{2\pi}{3}\right) \end{bmatrix}$$

$$\begin{bmatrix} i_{\mathrm{A}} \\ i_{\mathrm{B}} \\ i_{\mathrm{C}} \end{bmatrix} - n_{\mathrm{p}}\psi_{\mathrm{f}}[i_{\mathrm{A}} \quad i_{\mathrm{B}} \quad i_{\mathrm{C}}]\begin{bmatrix} \sin(\theta) \\ \sin\left(\theta-\frac{2\pi}{3}\right) \\ \sin\left(\theta+\frac{2\pi}{3}\right) \end{bmatrix} \tag{B-9}$$

根据式（B-8）和式（B-9），可知永磁同步电机的转矩由两部分构成，第一部分为转子的凸极结构形成的磁阻转矩；第二部分为永磁转矩。

（4）运动方程

与附录 A 中 A. 3. 1 静止三相坐标系中的异步电机数学模型所述异步电机运动方程相同。

综上分析，相比异步电机，尽管永磁同步电机没有转子绕组，但定子磁链、定子电压均受转子位置影响，电磁转矩与定子瞬时电流、转子位置强耦合。可见，静止三相坐标系中的永磁同步电机数学模型是一个多变量、非线性、强耦合系统。

永磁同步电机矢量控制系统的思路与异步电机相同，即通过坐标变换，得到等效的直流电机模型，实现磁链和转矩的解耦控制。

B. 2. 3 旋转正交坐标系中的永磁同步电机模型

永磁同步电机坐标变换的原理和过程与异步电机类似，即先通过“3/2 变换”将静止三相坐标系简化为静止两相坐标系（αβ 坐标系，如图 B-6a 所示），然后进一步通过“2s/2r 变换”转换至旋转正交坐标系（dq 坐标系，如图 B-6b 所示）。

同样，永磁同步电机的 dq 坐标系理论上可定位至任何位置，但由静止三相坐标系中的永磁同步电机数学模型可知，定子磁链、定子电压和电磁转矩均与转子位置θ密切相关，加之永磁转子已天然具备 dq 坐标系。因此，可将永磁同步电机的 dq 坐标系与磁极轴线重合，以简化模型。

以定子电流为例，变换公式为

$$\begin{bmatrix} i_{\mathrm{d}} \\ i_{\mathrm{q}} \end{bmatrix} = C_{2\mathrm{s}\to2\mathrm{r}}(\theta)C_{3\mathrm{s}\to2\mathrm{s}}\begin{bmatrix} i_{\mathrm{A}} \\ i_{\mathrm{B}} \\ i_{\mathrm{C}} \end{bmatrix} \tag{B-10}$$

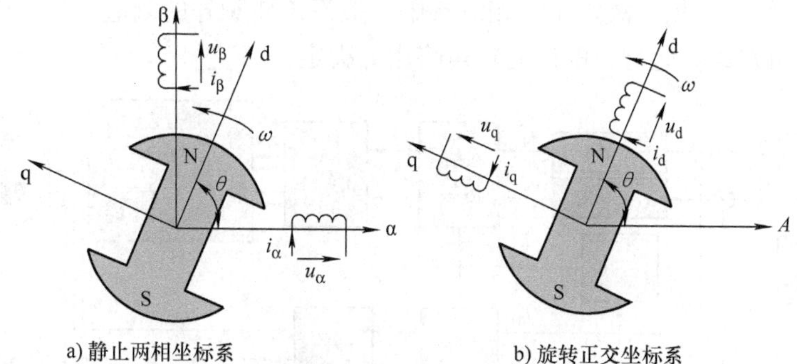

图 B-6　静止两相和旋转正交坐标系中的永磁同步电动机模型

同理，可得电压、磁链等物理量的变换过程。

旋转正交坐标系中的永磁同步电机磁链方程、电压方程、转矩方程分别如下。

（1）磁链方程

$$\begin{cases}\psi_d = \psi_f + L_d i_d \\ \psi_q = L_q i_q\end{cases} \tag{B-11}$$

从上式（B-11）可以看出，由于永磁体产生的磁场为正弦波分布，所以当磁链变换至旋转正交坐标系后仅与定子绕组中的 d 轴匝链，与 q 轴没有匝链。

（2）电压方程

$$\begin{cases}u_d = R_s i_d + \dfrac{d\psi_d}{dt} - \omega\psi_q \\ u_q = R_s i_q + \dfrac{d\psi_q}{dt} + \omega\psi_d\end{cases} \tag{B-12}$$

（3）转矩方程

$$\begin{aligned}T_e &= n_p(\psi_d i_q - \psi_q i_d) \\ &= n_p i_q[\psi_f + (L_d - L_q)i_d] \\ &= T_{e1} + T_{e2}\end{aligned} \tag{B-13}$$

可见，旋转正交坐标系中永磁同步电动机的转矩分为两部分：永磁体产生的磁链与定子电流转矩分量作用后产生的永磁转矩 T_{e1}；转子凸极效应产生的磁阻转矩 T_{e2}。

综上，旋转正交坐标系中永磁同步电动机实现了定子电流励磁分量 i_d 与转矩分量 i_q 的解耦控制。可通过分别控制 i_d 和 i_q，对 ψ_d 和 T_e 进行独立控制，得到与直流电机类似的控制模式。

B.3　永磁同步电机矢量控制系统

B.3.1　永磁同步电机矢量控制系统总体结构

如图 B-7 所示，永磁同步电机矢量控制系统总体上与异步电机类似。由于永磁体产生转子磁场，故定子三相电流中一般不需要额外的磁链分量，故可采用 $i_d=0$ 的控制方式。此时，电机的转矩将由 i_q决定。

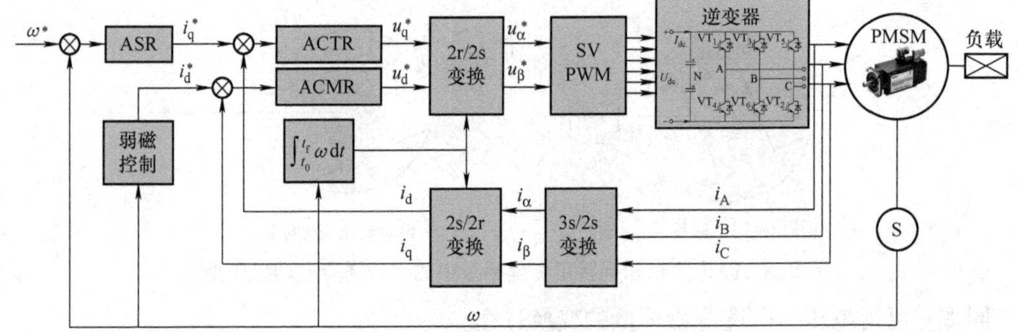

图 B-7 永磁同步电机矢量控制系统

与异步电机矢量控制系统的区别主要包括：

1）由于永磁同步电机转子磁链位置与转子位置 θ 一致，因此不需要转子磁链观测环节，直接通过增量式光电编码器、旋转变压器等传感器获取转速，并对转速进行积分，便可获得转子位置 θ。

2）不同于异步电机的转子磁链幅值由定子电流的励磁分量产生，对于永磁同步电机，由于转子永磁体磁场恒定，当电机转速升高至一定程度时，永磁体在定子绕组上产生的反电势将高于逆变器所能提供的最高电压。此时，若需转速进一步提高，需在定子电流的励磁分量上增加一个去磁电流，以削弱气隙磁场，称弱磁控制。

B.3.2 弱磁控制与转子位置估算

（1）弱磁控制

根据电压方程（B-13），同时忽略电机高速运行时的定子电阻压降，可得

$$\begin{cases} i_d^2 + i_q^2 \leqslant i_{smax}^2 \\ (L_q i_q)^2 + (\psi_f + L_d i_d)^2 \leqslant \left(\dfrac{u_{smax}}{\omega}\right)^2 \end{cases} \tag{B-14}$$

式中，i_{smax}为逆变器输出或电机所能承受的相电流峰值；u_{smax}为逆变器输出或电机所能承受的相电压峰值。将式（B-14)第二行改写成，

$$\frac{\left(i_d + \dfrac{\psi_f}{L_d}\right)^2}{\rho^2} + i_q^2 \leqslant \left(\frac{u_{smax}}{\omega L_q}\right)^2 \tag{B-15}$$

以 i_d和 i_q为横轴和纵轴，并假定 i_{smax}、u_{smax}、ω、L_d 和 L_q 固定，可得电流矢量的电流极限圆和电压极限椭圆，如图 B-8 所示。

如图 B-8 所示，电流矢量的电流极限圆的圆点为 O，半径为 i_{smax}；电压极限椭圆的焦点为$\left(-\frac{\psi_f}{L_d},\ 0\right)$，长轴为$\frac{u_{smax}}{\omega L_d}$，短轴为$\frac{u_{smax}}{\omega L_q}$，可见当 $\rho = L_q/L_d = 1$ 时，椭圆将变成圆。因此，对于表贴式永磁同步电机，电流极限和电压极限均为圆。

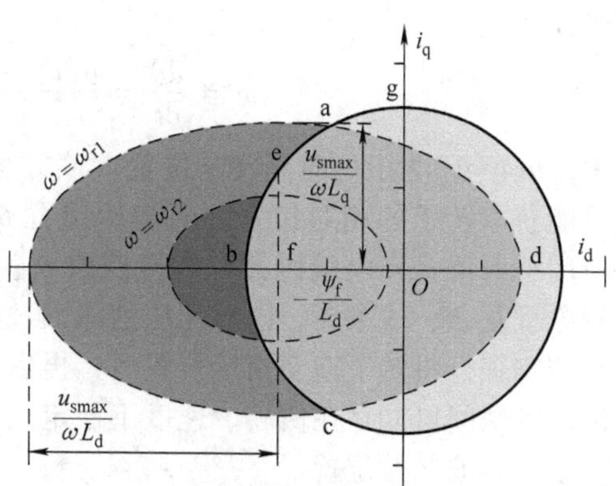

图 B-8　电流极限圆与电压极限椭圆

当 i_{smax}、u_{smax}、ω、L_d 和 L_q 固定时，实际的电流矢量（i_d，i_q）受电流极限与电压极限的双重限制，只能工作于两者的交集内。例如，当 $\omega = \omega_{r1}$时，电流矢量（i_d，i_q）被限制在 abcd 围成的区域内。

电机控制系统 i_{smax}和 u_{smax}有限。随着转速的增加，电压极限椭圆的长短轴逐渐减小。当采用 $i_d = 0$ 控制方式时，电压极限椭圆的右侧边界只能减小至 O 点处。此时可获得电机最高转速[1]为

$$\omega_{max} = \frac{u_{smax}}{\sqrt{(L_q i_q)^2 + \psi_f^2}} \tag{B-16}$$

因此，欲进一步增加转速，可将 i_d设置为负值，在定子电流的励磁分量上增加去磁电流，以削弱气隙磁场。公式上，根据式（B-15），i_d为负值时，公式左部可减小，以在同样的 i_q下获得更高的转速。

定子电压达到极限，进行弱磁控制时，电流矢量（i_d，i_q）将由图 B-8 中的 g 点移动到 e 点，再逼近到 f 点。

伴随着 i_d的减小，气隙磁场逐渐减弱，在 u_{smax}有限的情况下，转速便可进一步增加。但根据转矩方程（B-13），i_d的减小也使电机的最大输出转矩下降了，因此弱磁之后，电机呈现出如图 2-6 所示的恒功率特性。理想空载时 $i_q = 0$，电机电磁转矩为 0，可获得理论最高转速，即[1]

$$\omega_{lim} = \frac{u_{smax}}{\sqrt{(L_q i_q)^2 + (\psi_f + L_d i_d)^2}} = \frac{u_{smax}}{\sqrt{(\psi_f + L_d i_d)^2}} = \frac{u_{smax}}{\psi_f + L_d i_{smax}} \tag{B-17}$$

除弱磁升速目的外，在电流极限圆与电压极限椭圆交集内，可通过控制 i_d、i_q的比例，以实现最大转矩/电流比控制（Maximum Torque Per Ampere，MTPA）、效率最优控制等目的[4-8]。

（2）转子位置获取

转子位置是永磁同步电机矢量控制系统中的重要参数。通常可通过增量式光电编码器、旋转变压器等传感器获取实时位置 $\theta(t)$，并根据式（B-18）实时计

算当前转速。

$$\omega = \frac{\mathrm{d}\theta}{\mathrm{d}t} = \frac{\theta(t) - \theta(t-1)}{\Delta t} \tag{B-18}$$

式中，$\theta(t-1)$为上一时刻转子位置。该方法存在的主要问题是增量式光电编码器只能获取转子的相对位置，而初始位置 θ_0 通常难以获取。解决的方法包括：①使用绝对值式光电编码器，直接获取 θ_0。该方法的不足在于绝对值式光电编码器原理复杂、成本高，同时无法消除因长期机械磨损造成的位置偏移。②采用开环控制强行将转子拖至指定位置后，再启用矢量闭环控制。该方法的不足在于电机启动瞬间可能存在倒转、速度不稳定。③利用凸极效应，采用高频信号注入等方法，获取初始位置。

此外，为降低系统成本，同时避免编码器、旋转变压器等传感器受电磁干扰，反电势法、高频信号注入法等无传感器控制方法也得到了一定的应用[9-12]。

参考文献

[1] 袁登科，徐延东，李秀涛．永磁同步电动机变频调速系统及其控制［M］．北京：机械工业出版社，2015.

[2] 汤蕴璆．电机学［M］．5 版．北京：机械工业出版社，2014.

[3] 刘杰，宗长富．电动汽车电力电子技术应用［M］．北京：北京交通大学出版社，2018.

[4] 王成元，夏加宽，杨俊友，等．电机现代控制技术［M］．北京：机械工业出版社，2006.

[5] DIANOV A, TINAZZI F, CALLIGARO S, et al. Review and classification of MTPA control algorithms for synchronous motors［J］. IEEE Transactions on Power Electronics, 10.1109/TPEL.2021.3123062.

[6] UDDIN M N , RADWAN T S , RAHMAN M A . Performance of interior permanent magnet motor drive over wide speed range［J］. IEEE Power Engineering Review, 2007, 22 (2): 57 - 58.

[7] LIN F J , HUNG Y C, CHEN J M , et al. Sensorless IPMSM Drive System Using Saliency Back - EMF - Based Intelligent Torque Observer With MTPA Control［J］. IEEE Transactions on Industrial Informatics, 2014, 10 (2): 1226 - 1241.

[8] KWANG W, LEE SUNGIN, et al. A Seamless Transition Control of Sensorless PMSM Compressor Drives for Improving Efficiency Based on a Dual - Mode Operation［J］. IEEE Transactions on Power Electronics, 2014, 30 (3): 1446 - 1456.

[9] 申永鹏，刘安康，崔光照，等．扩展滑模观测器永磁同步电机无传感器矢量控制［J］．电机与控制学报，2020，24 (8)：51 - 57.

[10] 谷善茂，何凤有，谭国俊，等．永磁同步电动机无传感器控制技术现状与发展［J］．电工技术学报，2009，24 (11)：14 - 20.

[11] 李冉，赵光宙，徐绍娟．基于扩展滑模观测器的永磁同步电动机无传感器控制［J］．电工技术学报，2012，27 (03)：79 - 85.

[12] KIM H, SON J, LEE J. A. High - Speed Sliding - Mode Observer for the Sensorless Speed Control of a PMSM［J］. IEEE Transactions on Industrial Electronics, 2011, 58 (9): 4069.

附录 C 直流动力电源电路图

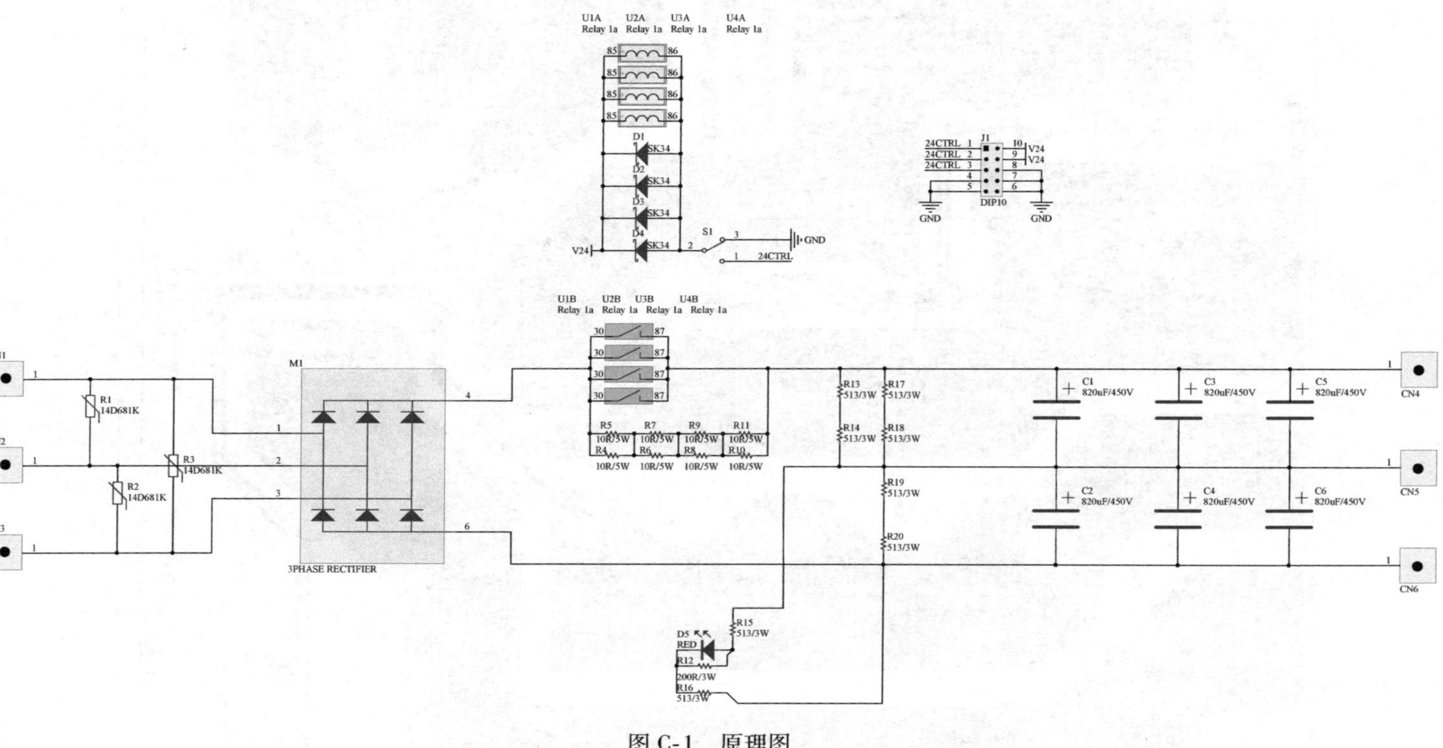

图 C-1 原理图

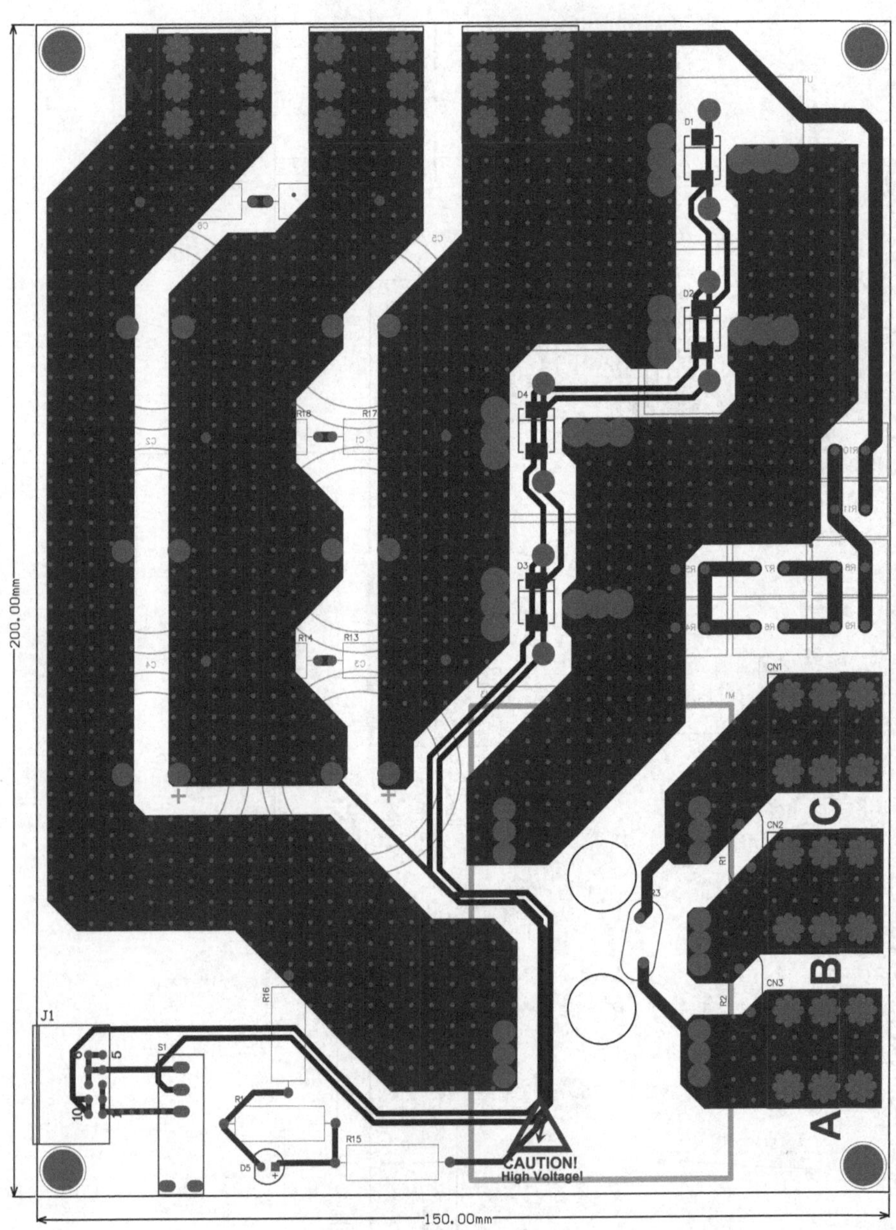

图 C-2 PCB图（彩图见插页）

附录 D　逆变主电路及其驱动保护单元电路图

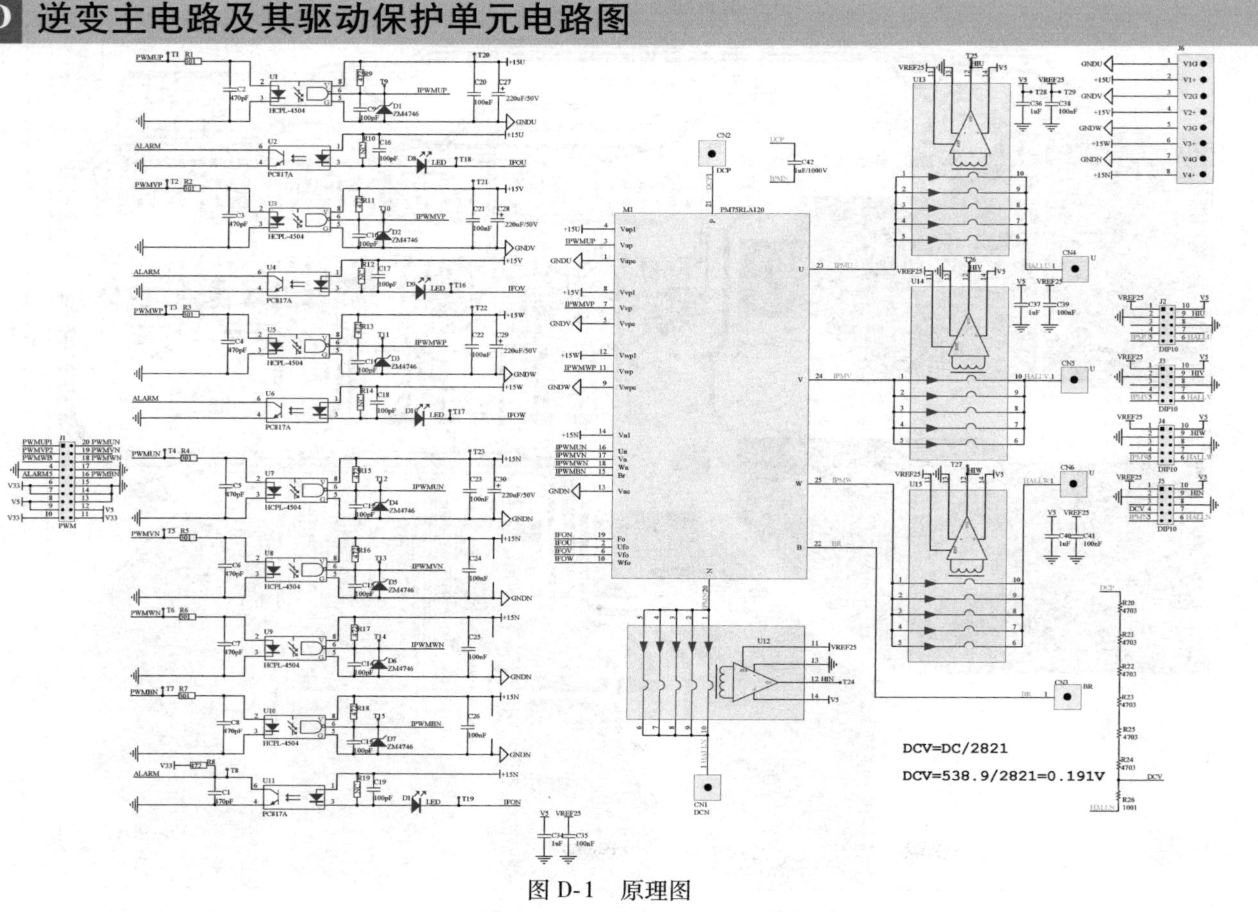

图 D-1　原理图

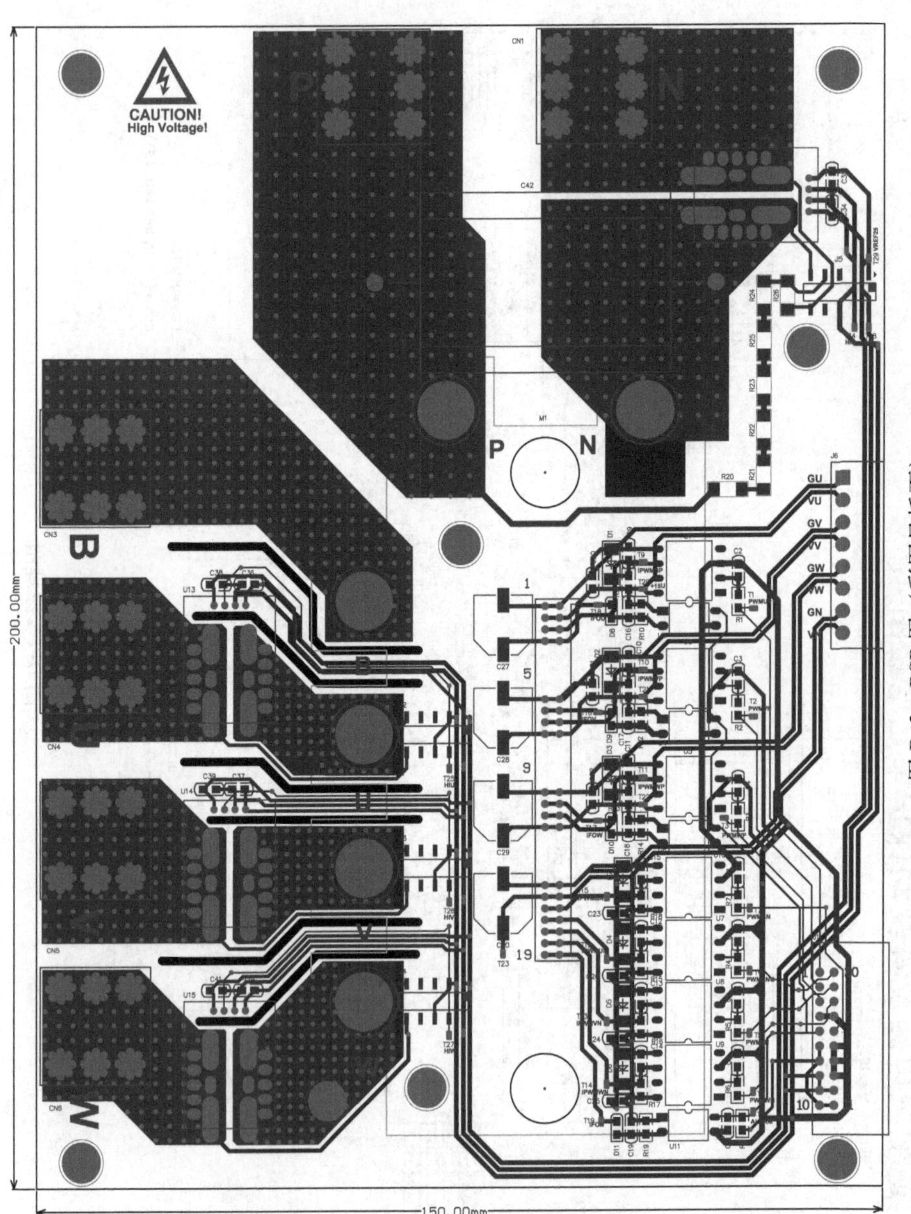

图 D-2　PCB 图（彩图见插页）

附录 E　母线及相电流采样与信号处理单元电路图

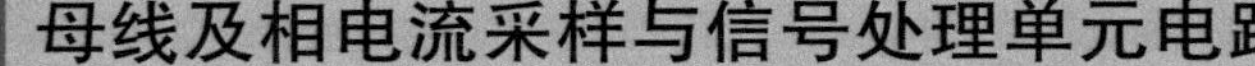

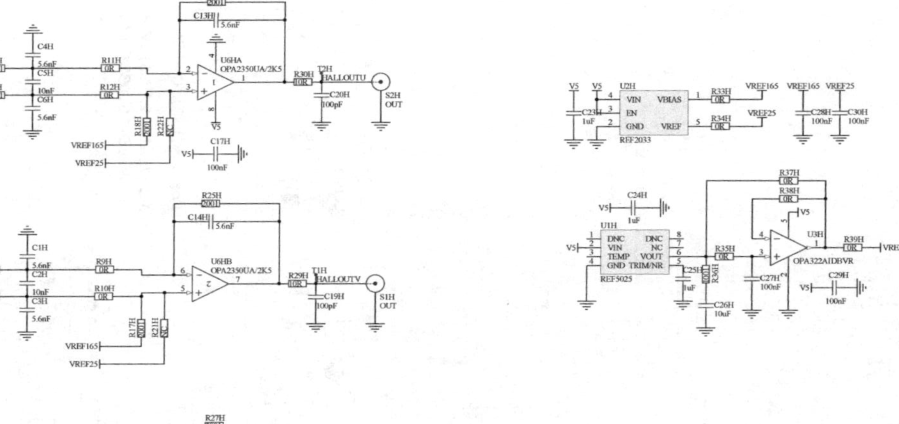

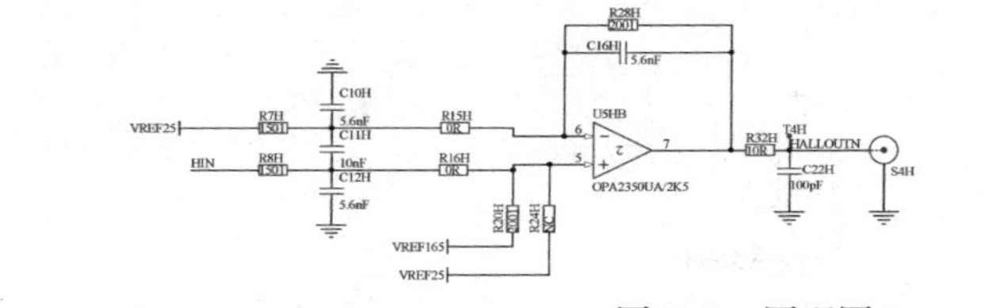

For CKSR 15-NP, G=0.04167

Vfluxgate=Vref+0.04167I

Vo=Vref+0.05556I

For CKSR 50-NP, G=0.0125

Vfluxgate=Vref+0.0125I

Vo=Vref+0.016667I

图 E-1　原理图 1

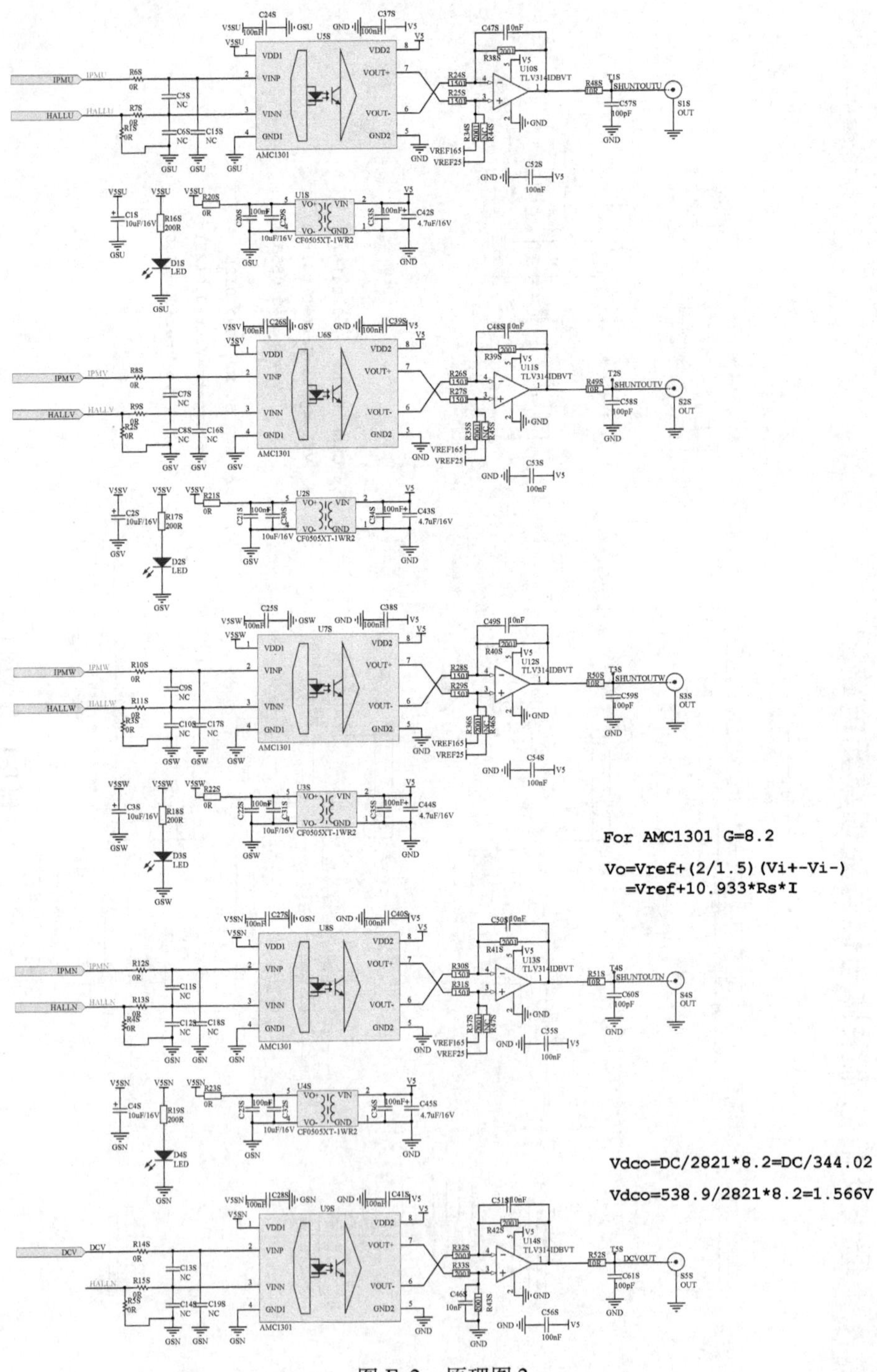
For AMC1301 G=8.2
Vo=Vref+(2/1.5)(Vi+-Vi-)
=Vref+10.933*Rs*I
Vdco=DC/2821*8.2=DC/344.02
Vdco=538.9/2821*8.2=1.566V

图 E-2 原理图 2

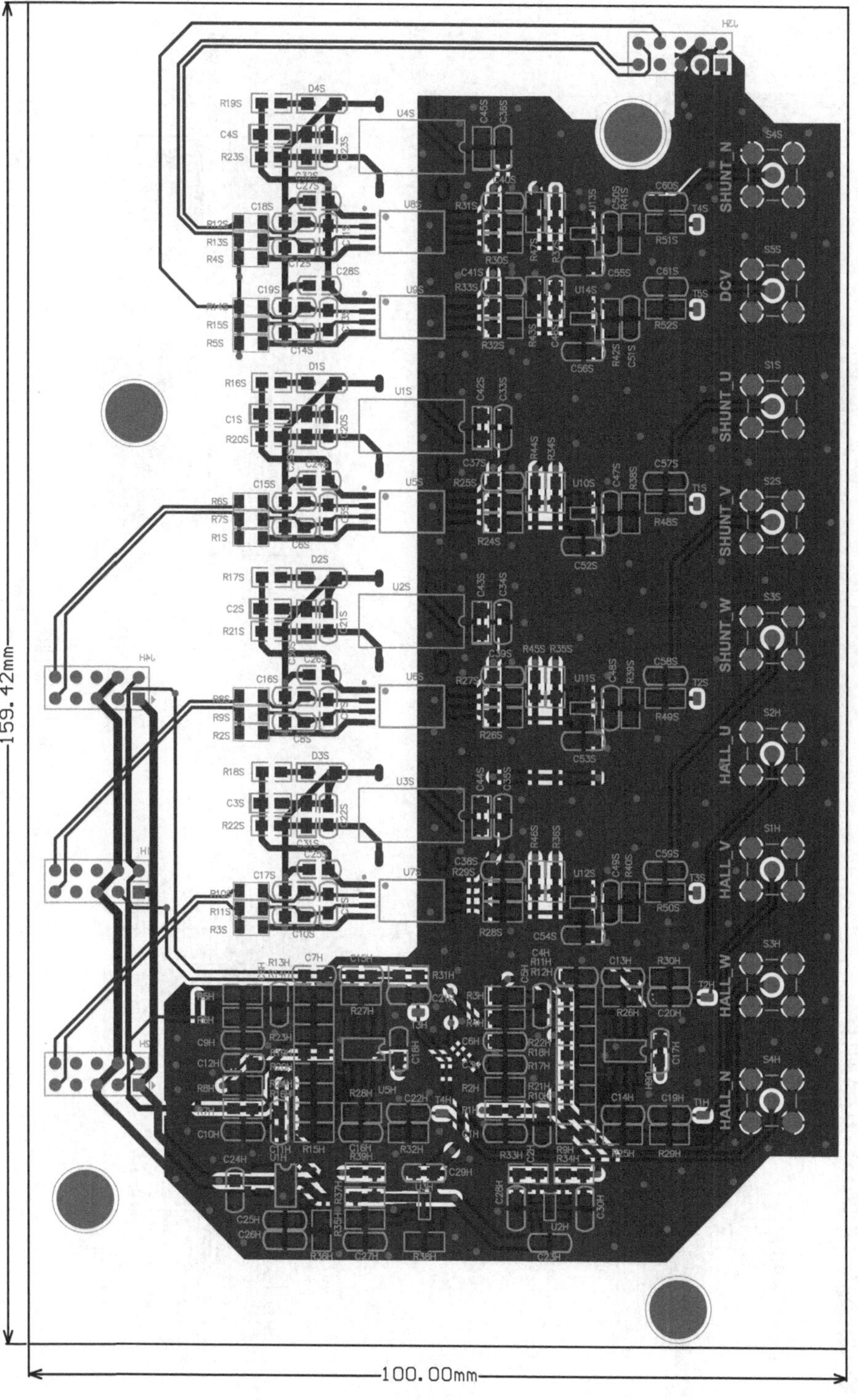

图 E-3　PCB 图（彩图见插页）

附录 F 控制单元电路图

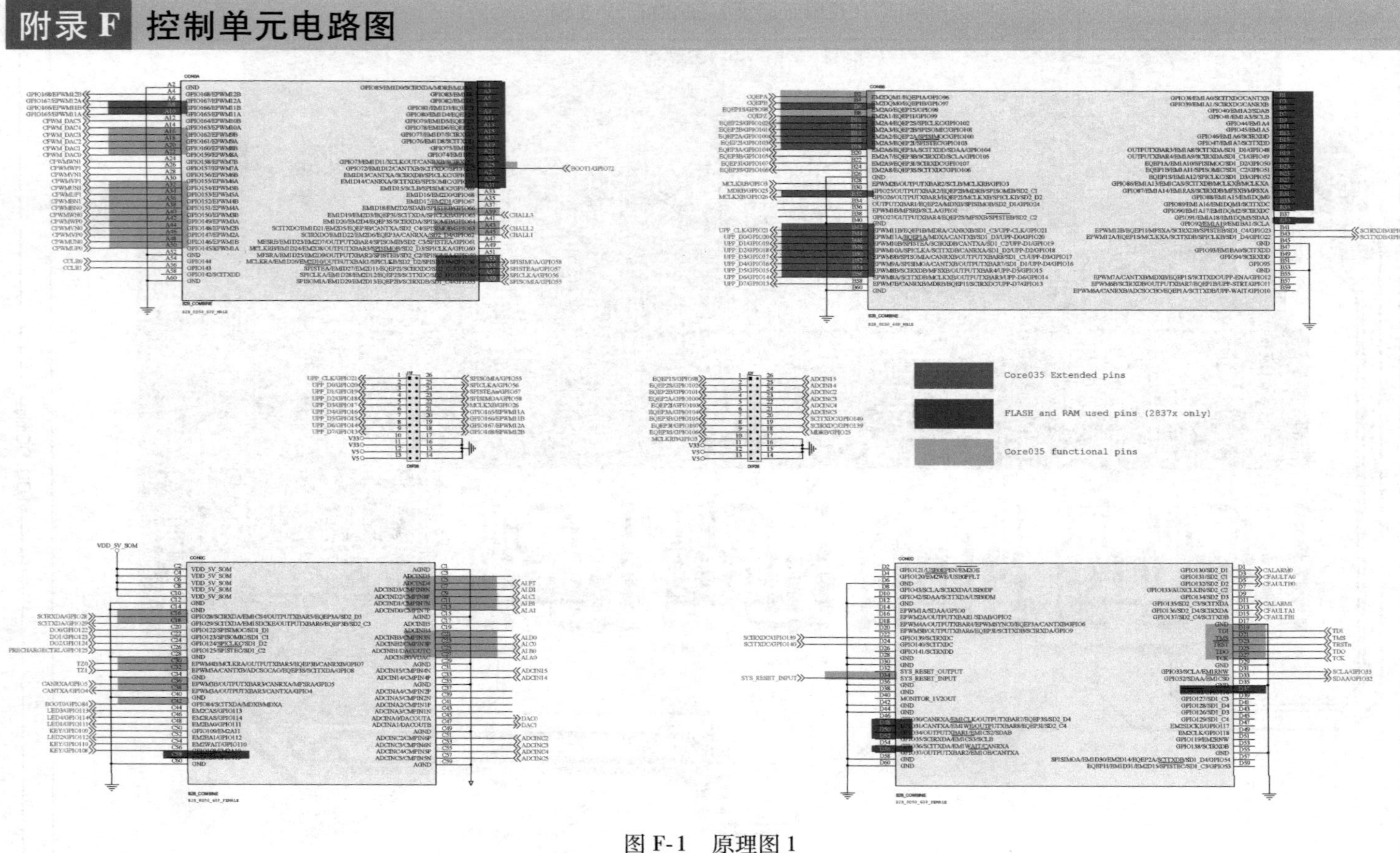

图 F-1 原理图 1

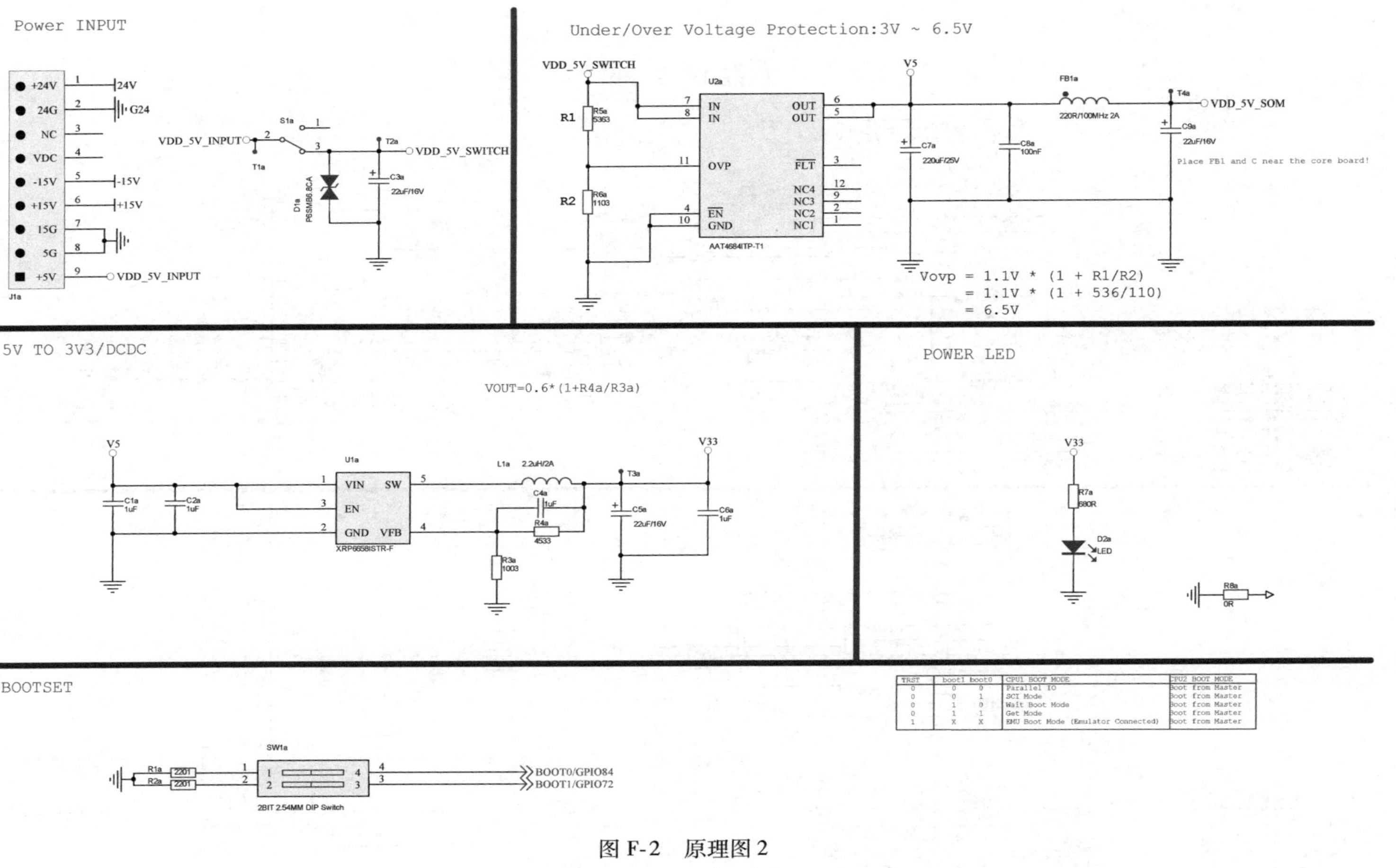

TRST	boot1	boot0	CPU1 BOOT MODE	CPU2 BOOT MODE
0	0	0	Parallel IO	Boot from Master
0	0	1	SCI Mode	Boot from Master
0	1	0	Wait Boot Mode	Boot from Master
0	1	1	Get Mode	Boot from Master
1	X	X	EMU Boot Mode (Emulator Connected)	Boot from Master

图 F-2 原理图2

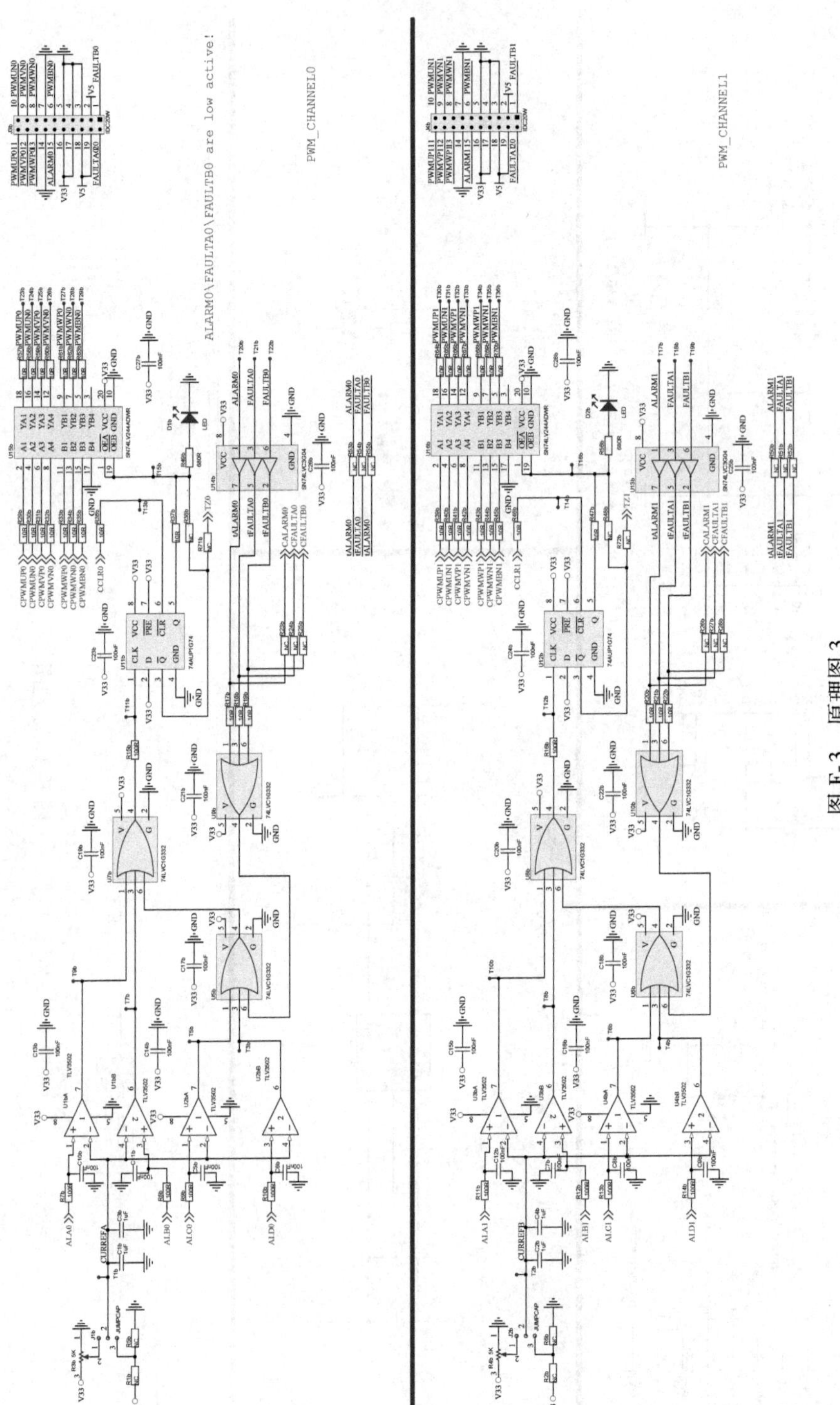
ALARM0\FAULTA0\FAULTB0 are low active!
PWM_CHANNEL0
PWM_CHANNEL1

图 F-3　原理图 3

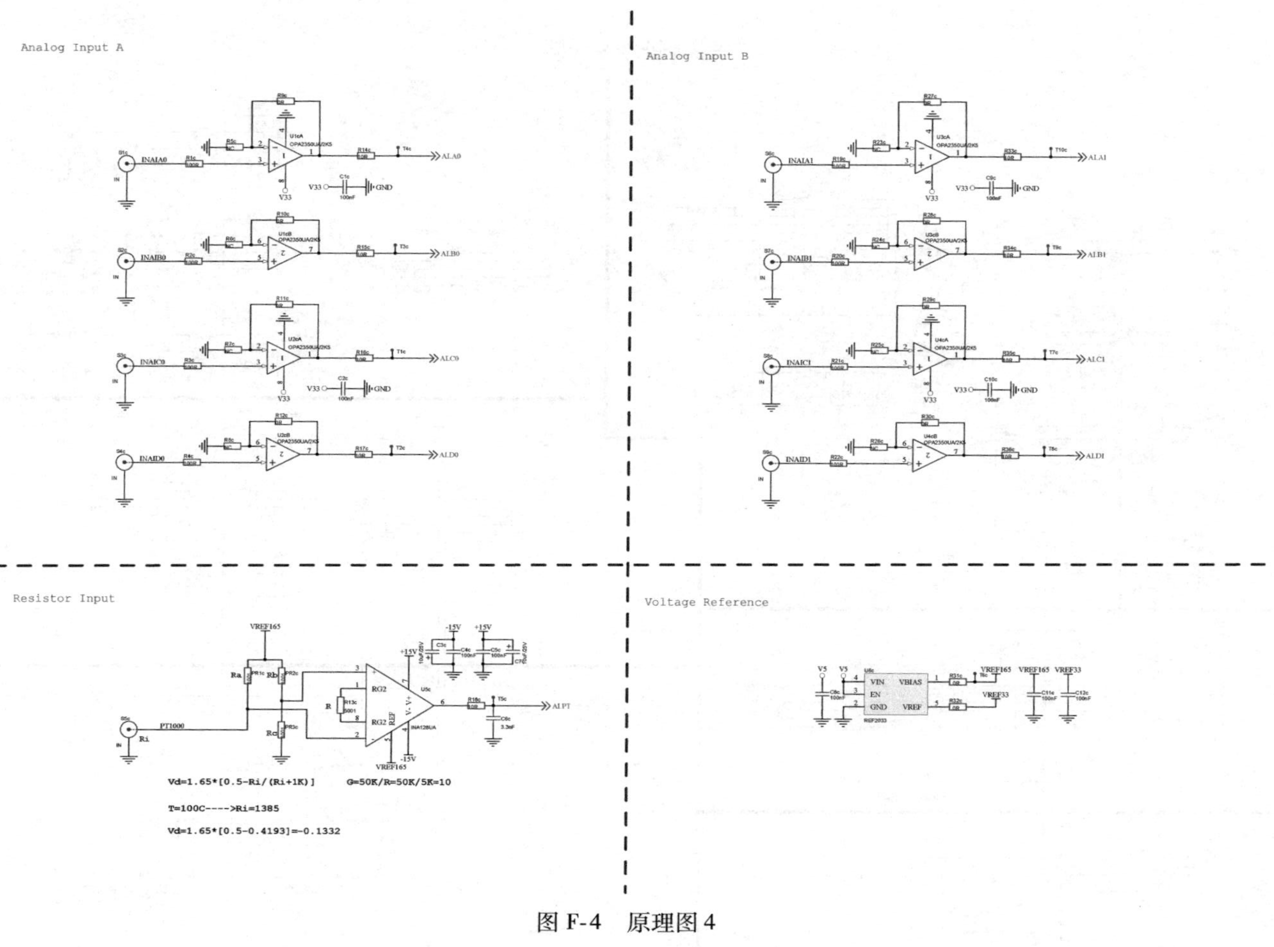
Analog Input A
Analog Input B
Resistor Input
Voltage Reference
Vd=1.65*[0.5-Ri/(Ri+1K)]
G=50K/R=50K/5K=10
T=100C---->Ri=1385
Vd=1.65*[0.5-0.4193]=-0.1332

图 F-4　原理图4

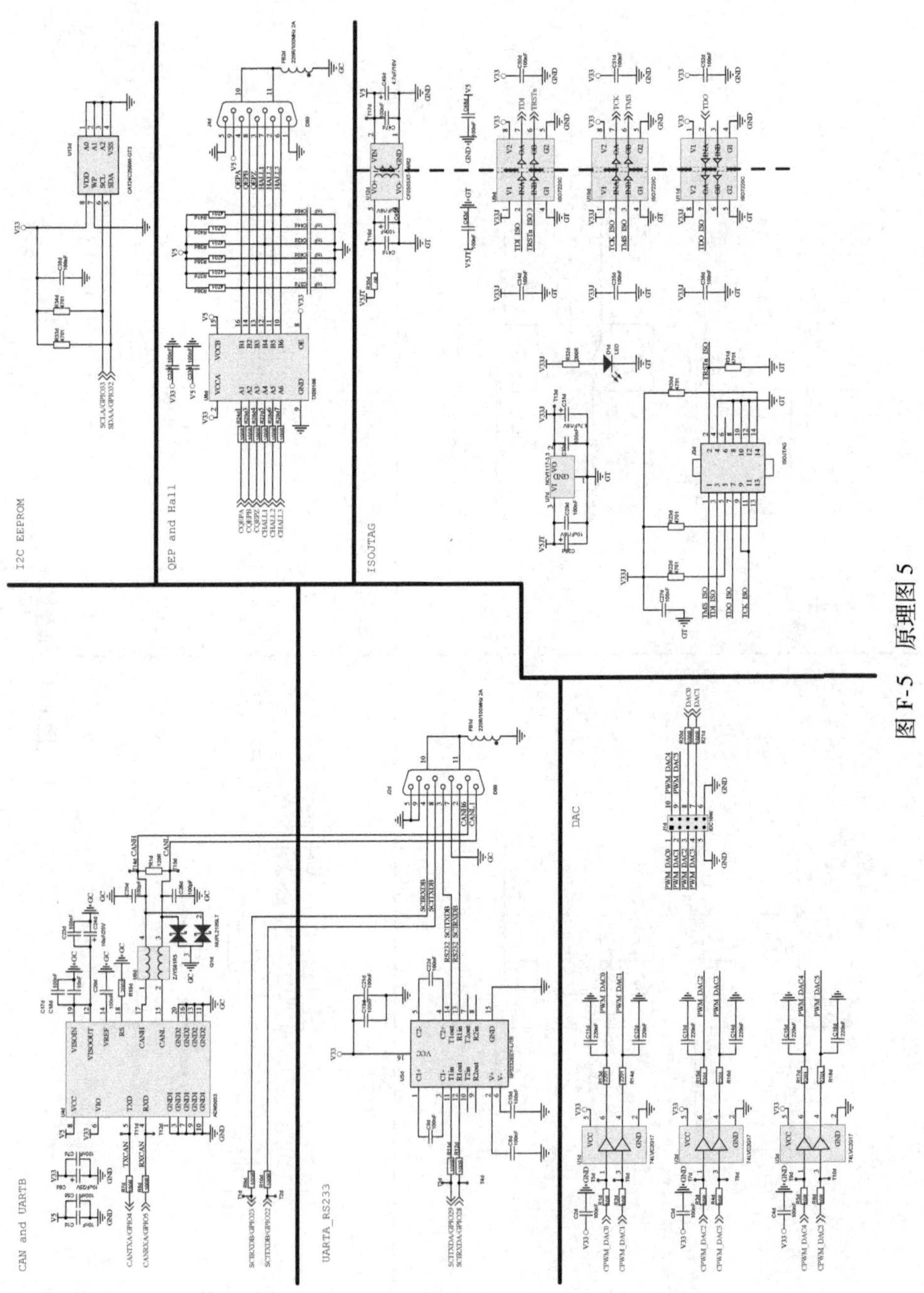
I2C EEPROM
QEP and Hall
ISOJTAG
CAN and UARTB
UARTA_RS233
DAC

图 F-5 原理图 5

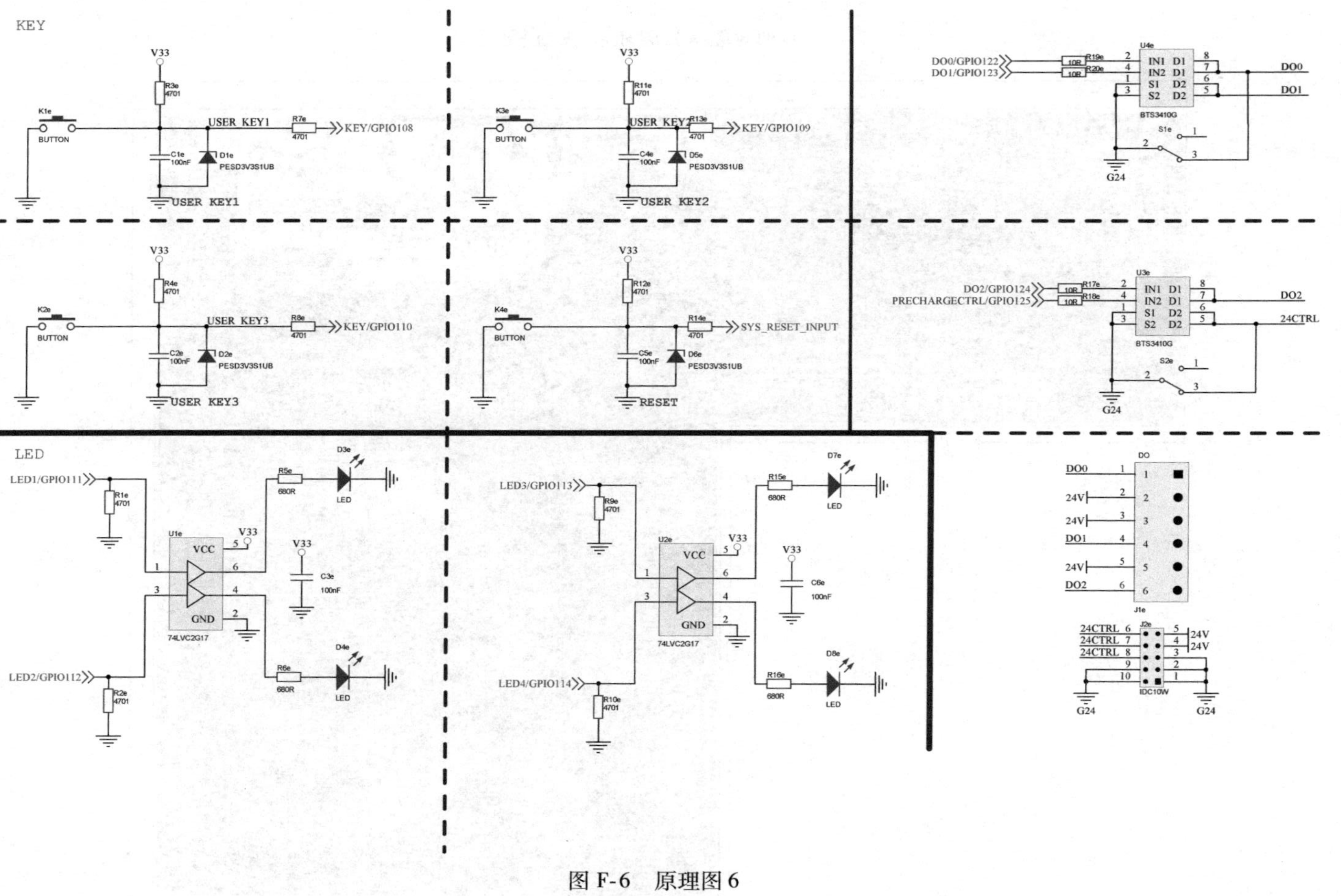
KEY
V33
BUTTON
USER KEY1
USER KEY2
USER KEY3
KEY/GPIO108
KEY/GPIO109
KEY/GPIO110
SYS_RESET_INPUT
RESET
PESD3V3S1UB
DO0/GPIO122
DO1/GPIO123
DO2/GPIO124
PRECHARGECTRL/GPIO125
BTS3410G
IN1 D1
IN2 D1
S1 D2
S2 D2
DO0
DO1
DO2
24CTRL
G24
LED
LED1/GPIO111
LED2/GPIO112
LED3/GPIO113
LED4/GPIO114
VCC
GND
74LVC2G17
680R
4701
100nF
24V
IDC10W

图 F-6　原理图 6

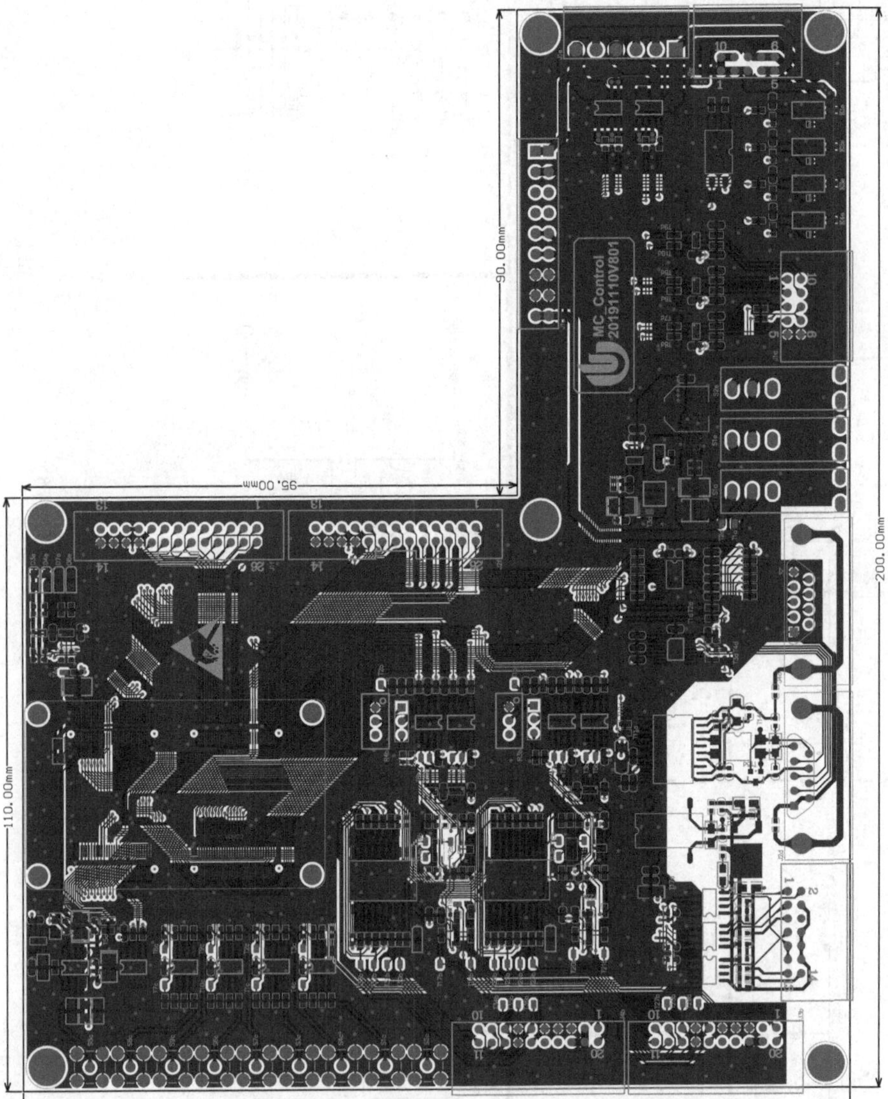

图 F-7 PCB图（彩图见插页）

附录 G SSVPWM 电流重构、PWM 寄存器和电流采样时刻更新的软件代码

```
/*********************************************************************************
* Name: SSVPWM_Current_Calculation(void)
* Func: current reconstruction
* In~~: null
* Out~: null
*********************************************************************************/
SSVPWM_Current_Calculation(void)
{
    Uint16 tmax_med=0;
    Uint16 tmin_med=0;
    union SSVPWMDUTY duty;

    duty.bytes[0]=_IQmpy(SSVPWM_TBPERIOD,svgen2.Ta)+SSVPWM_TBPERIOD;
    duty.bytes[1]=_IQmpy(SSVPWM_TBPERIOD,svgen2.Tb)+SSVPWM_TBPERIOD;
    duty.bytes[2]=_IQmpy(SSVPWM_TBPERIOD,svgen2.Tc)+SSVPWM_TBPERIOD;

    switch(svgen2.VecSector)
    {
        ////////////////////////////////////////////////////////////////////////
        case 1:
        {
            ////////////////////////////////////////////////////////////////////
            tmax_med=abs((int32)duty.bits.a-(int32)duty.bits.b);
            tmin_med=abs((int32)duty.bits.c-(int32)duty.bits.b);
            if((tmax_med<SSVPWM_RECONS_MINGAP)&&(tmin_med>SSVPWM_RECONS_MINGAP))
            {
                //current calculation//////////////////////////////////////////
                SSVPWM_Current.c=(SSVPWM_Current.fst)*-1;
                SSVPWM_Current.b=(SSVPWM_Current.sec)*-1;
                SSVPWM_Current.a=(SSVPWM_Current.c+SSVPWM_Current.b)*-1;
            }
            else if((tmax_med>SSVPWM_RECONS_MINGAP)&&(tmin_med<SSVPWM_RECONS_MINGAP))
            {
                //current calculation//////////////////////////////////////////
                SSVPWM_Current.a=(SSVPWM_Current.fst);
                SSVPWM_Current.c=(SSVPWM_Current.sec)*-1;
                SSVPWM_Current.b=(SSVPWM_Current.a+SSVPWM_Current.c)*-1;
            }
```

```
        else if((tmax_med>SSVPWM_RECONS_MINGAP)&&(tmin_med>SSVPWM_RECONS_MINGAP))
        {
            //current calculation/////////////////////////////////////////////
            SSVPWM_Current.a=(SSVPWM_Current.fst);
            SSVPWM_Current.c=(SSVPWM_Current.sec)*-1;
            SSVPWM_Current.b=(SSVPWM_Current.a+SSVPWM_Current.c)*-1;
        }
        else
        {
        }
        break;
    }
    //////////////////////////////////////////////////////////////////////////
    case 2:
    {
        //////////////////////////////////////////////////////////////////////
        tmax_med=abs((int32)duty.bits.b-(int32)duty.bits.a);
        tmin_med=abs((int32)duty.bits.c-(int32)duty.bits.a);
        if((tmax_med<SSVPWM_RECONS_MINGAP)&&(tmin_med>SSVPWM_RECONS_MINGAP))
        {
            //current calculation/////////////////////////////////////////////
            SSVPWM_Current.c=(SSVPWM_Current.fst)*-1;
            SSVPWM_Current.a=(SSVPWM_Current.sec)*-1;
            SSVPWM_Current.b=(SSVPWM_Current.c+SSVPWM_Current.a)*-1;
        }
        else if((tmax_med>SSVPWM_RECONS_MINGAP)&&(tmin_med<SSVPWM_RECONS_MINGAP))
        {
            //current calculation/////////////////////////////////////////////
            SSVPWM_Current.b=(SSVPWM_Current.fst);
            SSVPWM_Current.c=(SSVPWM_Current.sec)*-1;
            SSVPWM_Current.a=(SSVPWM_Current.b+SSVPWM_Current.c)*-1;
        }
        else if((tmax_med>SSVPWM_RECONS_MINGAP)&&(tmin_med>SSVPWM_RECONS_MINGAP))
        {
            //current calculation/////////////////////////////////////////////
            SSVPWM_Current.b=(SSVPWM_Current.fst);
            SSVPWM_Current.c=(SSVPWM_Current.sec)*-1;
            SSVPWM_Current.a=(SSVPWM_Current.b+SSVPWM_Current.c)*-1;
```

```
        }
        else
        {
        }
        break;
    }
    ////////////////////////////////////////////////////////////////////////
    case 3:
    {
        ////////////////////////////////////////////////////////////////////
        tmax_med=abs((int32)duty.bits.b-(int32)duty.bits.c);
        tmin_med=abs((int32)duty.bits.a-(int32)duty.bits.c);
        if((tmax_med<SSVPWM_RECONS_MINGAP)&&(tmin_med>SSVPWM_RECONS_MINGAP))
        {
            //current calculation////////////////////////////////////////////
            SSVPWM_Current.a=(SSVPWM_Current.fst)*-1;
            SSVPWM_Current.c=(SSVPWM_Current.sec)*-1;
            SSVPWM_Current.b=(SSVPWM_Current.a+SSVPWM_Current.c)*-1;
        }
        else if((tmax_med>SSVPWM_RECONS_MINGAP)&&(tmin_med<SSVPWM_RECONS_MINGAP))
        {
            //current calculation////////////////////////////////////////////
            SSVPWM_Current.b=(SSVPWM_Current.fst);
            SSVPWM_Current.a=(SSVPWM_Current.sec)*-1;
            SSVPWM_Current.c=(SSVPWM_Current.a+SSVPWM_Current.b)*-1;
        }
        else if((tmax_med>SSVPWM_RECONS_MINGAP)&&(tmin_med>SSVPWM_RECONS_MINGAP))
        {
            //current calculation////////////////////////////////////////////
            SSVPWM_Current.b=(SSVPWM_Current.fst);
            SSVPWM_Current.a=(SSVPWM_Current.sec)*-1;
            SSVPWM_Current.c=(SSVPWM_Current.a+SSVPWM_Current.b)*-1;
        }
        else
        {
        }
        break;
    }
```

```
        ///////////////////////////////////////////////////////////////////////////
        case 4:
        {
            ///////////////////////////////////////////////////////////////////////
            tmax_med=abs((int32)duty.bits.c-(int32)duty.bits.b);
            tmin_med=abs((int32)duty.bits.a-(int32)duty.bits.b);
            if((tmax_med<SSVPWM_RECONS_MINGAP)&&(tmin_med>SSVPWM_RECONS_MINGAP))
            {
                //current calculation//////////////////////////////////////////////
                SSVPWM_Current.a=(SSVPWM_Current.fst)*-1;
                SSVPWM_Current.b=(SSVPWM_Current.sec)*-1;
                SSVPWM_Current.c=(SSVPWM_Current.a+SSVPWM_Current.b)*-1;
            }
            else if((tmax_med>SSVPWM_RECONS_MINGAP)&&(tmin_med<SSVPWM_RECONS_MINGAP))
            {
                //current calculation//////////////////////////////////////////////
                SSVPWM_Current.c=(SSVPWM_Current.fst);
                SSVPWM_Current.a=(SSVPWM_Current.sec)*-1;
                SSVPWM_Current.b=(SSVPWM_Current.a+SSVPWM_Current.c)*-1;
            }
            else if((tmax_med>SSVPWM_RECONS_MINGAP)&&(tmin_med>SSVPWM_RECONS_MINGAP))
            {
                //current calculation//////////////////////////////////////////////
                SSVPWM_Current.c=(SSVPWM_Current.fst);
                SSVPWM_Current.a=(SSVPWM_Current.sec)*-1;
                SSVPWM_Current.b=(SSVPWM_Current.a+SSVPWM_Current.c)*-1;
            }
            else
            {
            }
            break;
        }
        ///////////////////////////////////////////////////////////////////////////
        case 5:
        {
            ///////////////////////////////////////////////////////////////////////
            tmax_med=abs((int32)duty.bits.c-(int32)duty.bits.a);
            tmin_med=abs((int32)duty.bits.b-(int32)duty.bits.a);
```

```
            if((tmax_med<SSVPWM_RECONS_MINGAP)&&(tmin_med>SSVPWM_RECONS_MINGAP))
            {
                //current calculation////////////////////////////////////////////
                SSVPWM_Current.b=(SSVPWM_Current.fst)*-1;
                SSVPWM_Current.a=(SSVPWM_Current.sec)*-1;
                SSVPWM_Current.c=(SSVPWM_Current.a+SSVPWM_Current.b)*-1;
            }
            else if((tmax_med>SSVPWM_RECONS_MINGAP)&&(tmin_med<SSVPWM_RECONS_MINGAP))
            {
                //current calculation////////////////////////////////////////////
                SSVPWM_Current.c=(SSVPWM_Current.fst);
                SSVPWM_Current.b=(SSVPWM_Current.sec)*-1;
                SSVPWM_Current.a=(SSVPWM_Current.b+SSVPWM_Current.c)*-1;
            }
            else if((tmax_med>SSVPWM_RECONS_MINGAP)&&(tmin_med>SSVPWM_RECONS_MINGAP))
            {
                //current calculation////////////////////////////////////////////
                SSVPWM_Current.c=(SSVPWM_Current.fst);
                SSVPWM_Current.b=(SSVPWM_Current.sec)*-1;
                SSVPWM_Current.a=(SSVPWM_Current.b+SSVPWM_Current.c)*-1;
            }
            else
            {
            }
            break;
        }
        ///////////////////////////////////////////////////////////////////////
        case 6:
        {
            ///////////////////////////////////////////////////////////////////
            tmax_med=abs((int32)duty.bits.a-(int32)duty.bits.c);
            tmin_med=abs((int32)duty.bits.b-(int32)duty.bits.c);
            if((tmax_med<SSVPWM_RECONS_MINGAP)&&(tmin_med>SSVPWM_RECONS_MINGAP))
            {
                //current calculation////////////////////////////////////////////
                SSVPWM_Current.b=(SSVPWM_Current.fst)*-1;
                SSVPWM_Current.c=(SSVPWM_Current.sec)*-1;
                SSVPWM_Current.a=(SSVPWM_Current.b+SSVPWM_Current.c)*-1;
```

```
            }
            else if((tmax_med>SSVPWM_RECONS_MINGAP)&&(tmin_med<SSVPWM_RECONS_MINGAP))
            {
                //current calculation//////////////////////////////////////////////
                SSVPWM_Current.a=(SSVPWM_Current.fst);
                SSVPWM_Current.b=(SSVPWM_Current.sec)*-1;
                SSVPWM_Current.c=(SSVPWM_Current.a+SSVPWM_Current.b)*-1;
            }
            else if((tmax_med>SSVPWM_RECONS_MINGAP)&&(tmin_med>SSVPWM_RECONS_MINGAP))
            {
                //current calculation//////////////////////////////////////////////
                SSVPWM_Current.a=(SSVPWM_Current.fst);
                SSVPWM_Current.b=(SSVPWM_Current.sec)*-1;
                SSVPWM_Current.c=(SSVPWM_Current.a+SSVPWM_Current.b)*-1;
            }
            else
            {
            }

            if (SSVPWM_Current.b<0)
            {
                 GpioDataRegs.GPATOGGLE.bit.GPIO22 = 1;
            }
            break;
        }
        default:
            break;
    }

}

/*******************************************************************************
* Name: SSVPWM_Reconstruct_Check(void)
* Func: check whether the PWM reconstruction is needed and update the COMPA/B value
* In~~: null
* Out~: null
*******************************************************************************/
SSVPWM_Reconstruct_Check(void)
```

```
{
    Uint16 tmax_med=0;
    Uint16 tmin_med=0;
    union SSVPWMDUTY duty;

    duty.bytes[0]=_IQmpy(SSVPWM_TBPERIOD,svgen1.Ta)+SSVPWM_TBPERIOD;
    duty.bytes[1]=_IQmpy(SSVPWM_TBPERIOD,svgen1.Tb)+SSVPWM_TBPERIOD;
    duty.bytes[2]=_IQmpy(SSVPWM_TBPERIOD,svgen1.Tc)+SSVPWM_TBPERIOD;

    switch(svgen1.VecSector)
    {
        ////////////////////////////////////////////////////////////////////////////
        case 1:
        {
            /////////////////////////////////////////////////////////////////////////
            tmax_med=abs((int32)duty.bits.a-(int32)duty.bits.b);
            tmin_med=abs((int32)duty.bits.c-(int32)duty.bits.b);
            if((tmax_med<SSVPWM_RECONS_MINGAP)&&(tmin_med>SSVPWM_RECONS_MINGAP))
            {
                //update sample time/////////////////////////////////////////////////
                SSVPWM_SampleTime.a=(duty.bits.a+duty.bits.c)/2-SSVPWM_SAMPLE_DELAY;
                SSVPWM_SampleTime.b=SSVPWM_EPWM4_CMPB_MIDDLE;
                //update duty ratio//////////////////////////////////////////////////
                SS_Comp.Acompa=svgen1.Ta;
                SS_Comp.Bcompa=svgen1.Tb+SSVPWM_DUTY_INCREMENT;
                SS_Comp.Ccompa=svgen1.Tc;
                SS_Comp.Acompb=0;
                SS_Comp.Bcompb=SSVPWM_DUTY_SUNKEN;
                SS_Comp.Ccompb=0;
            }
            else if((tmax_med>SSVPWM_RECONS_MINGAP)&&(tmin_med<SSVPWM_RECONS_MINGAP))
            {
                //update sample time/////////////////////////////////////////////////
                SSVPWM_SampleTime.a=(duty.bits.a+duty.bits.c)/2-SSVPWM_SAMPLE_DELAY;
                SSVPWM_SampleTime.b=SSVPWM_EPWM4_CMPB_MIDDLE;
                //update duty ratio//////////////////////////////////////////////////
                SS_Comp.Acompa=svgen1.Ta;
                SS_Comp.Bcompa=svgen1.Tb;
```

```
            SS_Comp.Ccompa=svgen1.Tc+SSVPWM_DUTY_INCREMENT;
            SS_Comp.Acompb=0;
            SS_Comp.Bcompb=0;
            SS_Comp.Ccompb=SSVPWM_DUTY_SUNKEN;
        }
        else if((tmax_med>SSVPWM_RECONS_MINGAP)&&(tmin_med>SSVPWM_RECONS_MINGAP))
        {
            //update sample time//////////////////////////////////////////////
            SSVPWM_SampleTime.a=(duty.bits.a+duty.bits.b)/2-SSVPWM_SAMPLE_DELAY;
            SSVPWM_SampleTime.b=(duty.bits.b+duty.bits.c)/2-SSVPWM_SAMPLE_DELAY;
            //update duty ratio//////////////////////////////////////////////
            SS_Comp.Acompa=svgen1.Ta;
            SS_Comp.Bcompa=svgen1.Tb;
            SS_Comp.Ccompa=svgen1.Tc;
            SS_Comp.Acompb=0;
            SS_Comp.Bcompb=0;
            SS_Comp.Ccompb=0;
        }
        else
        {
            //update duty ratio//////////////////////////////////////////////
            SS_Comp.Acompa=svgen1.Ta;
            SS_Comp.Bcompa=svgen1.Tb;
            SS_Comp.Ccompa=svgen1.Tc;
            SS_Comp.Acompb=0;
            SS_Comp.Bcompb=0;
            SS_Comp.Ccompb=0;
        }
        break;
    }
    //////////////////////////////////////////////////////////////////////
    case 2:
    {
        //////////////////////////////////////////////////////////////////
        tmax_med=abs((int32)duty.bits.b-(int32)duty.bits.a);
        tmin_med=abs((int32)duty.bits.c-(int32)duty.bits.a);
        if((tmax_med<SSVPWM_RECONS_MINGAP)&&(tmin_med>SSVPWM_RECONS_MINGAP))
        {
```

```
        //update sample time///////////////////////////////////////////////
        SSVPWM_SampleTime.a=(duty.bits.b+duty.bits.c)/2-SSVPWM_SAMPLE_DELAY;
        SSVPWM_SampleTime.b=SSVPWM_EPWM4_CMPB_MIDDLE;
        //update duty ratio////////////////////////////////////////////////
        SS_Comp.Acompa=svgen1.Ta+SSVPWM_DUTY_INCREMENT;
        SS_Comp.Bcompa=svgen1.Tb;
        SS_Comp.Ccompa=svgen1.Tc;
        SS_Comp.Acompb=SSVPWM_DUTY_SUNKEN;
        SS_Comp.Bcompb=0;
        SS_Comp.Ccompb=0;
    }
    else if((tmax_med>SSVPWM_RECONS_MINGAP)&&(tmin_med<SSVPWM_RECONS_MINGAP))
    {
        //update sample time///////////////////////////////////////////////
        SSVPWM_SampleTime.a=(duty.bits.b+duty.bits.c)/2-SSVPWM_SAMPLE_DELAY;
        SSVPWM_SampleTime.b=SSVPWM_EPWM4_CMPB_MIDDLE;
        //update duty ratio////////////////////////////////////////////////
        SS_Comp.Acompa=svgen1.Ta;
        SS_Comp.Bcompa=svgen1.Tb;
        SS_Comp.Ccompa=svgen1.Tc+SSVPWM_DUTY_INCREMENT;
        SS_Comp.Acompb=0;
        SS_Comp.Bcompb=0;
        SS_Comp.Ccompb=SSVPWM_DUTY_SUNKEN;
    }
    else if((tmax_med>SSVPWM_RECONS_MINGAP)&&(tmin_med>SSVPWM_RECONS_MINGAP))
    {
        //update sample time///////////////////////////////////////////////
        SSVPWM_SampleTime.a=(duty.bits.a+duty.bits.b)/2-SSVPWM_SAMPLE_DELAY;
        SSVPWM_SampleTime.b=(duty.bits.a+duty.bits.c)/2-SSVPWM_SAMPLE_DELAY;
        //update duty ratio////////////////////////////////////////////////
        SS_Comp.Acompa=svgen1.Ta;
        SS_Comp.Bcompa=svgen1.Tb;
        SS_Comp.Ccompa=svgen1.Tc;
        SS_Comp.Acompb=0;
        SS_Comp.Bcompb=0;
        SS_Comp.Ccompb=0;
    }
    else
```

```
            {
                //update duty ratio//////////////////////////////////////////////
                    SS_Comp.Acompa=svgen1.Ta;
                    SS_Comp.Bcompa=svgen1.Tb;
                    SS_Comp.Ccompa=svgen1.Tc;
                    SS_Comp.Acompb=0;
                    SS_Comp.Bcompb=0;
                    SS_Comp.Ccompb=0;
            }
            break;
        }
        //////////////////////////////////////////////////////////////////////
        case 3:
        {
            //////////////////////////////////////////////////////////////////
            tmax_med=abs((int32)duty.bits.b-(int32)duty.bits.c);
            tmin_med=abs((int32)duty.bits.a-(int32)duty.bits.c);
            if((tmax_med<SSVPWM_RECONS_MINGAP)&&(tmin_med>SSVPWM_RECONS_MINGAP))
            {
                //update sample time/////////////////////////////////////////////
                SSVPWM_SampleTime.a=(duty.bits.a+duty.bits.b)/2-SSVPWM_SAMPLE_DELAY;
                SSVPWM_SampleTime.b=SSVPWM_EPWM4_CMPB_MIDDLE;
                //update duty ratio//////////////////////////////////////////////
                SS_Comp.Acompa=svgen1.Ta;
                SS_Comp.Bcompa=svgen1.Tb;
                SS_Comp.Ccompa=svgen1.Tc+SSVPWM_DUTY_INCREMENT;
                SS_Comp.Acompb=0;
                SS_Comp.Bcompb=0;
                SS_Comp.Ccompb=SSVPWM_DUTY_SUNKEN;
            }
            else if((tmax_med>SSVPWM_RECONS_MINGAP)&&(tmin_med<SSVPWM_RECONS_MINGAP))
            {
                //update sample time/////////////////////////////////////////////
                SSVPWM_SampleTime.a=(duty.bits.b+duty.bits.c)/2-SSVPWM_SAMPLE_DELAY;
                SSVPWM_SampleTime.b=SSVPWM_EPWM4_CMPB_MIDDLE;
                //update duty ratio//////////////////////////////////////////////
                SS_Comp.Acompa=svgen1.Ta+SSVPWM_DUTY_INCREMENT;
                SS_Comp.Bcompa=svgen1.Tb;
```

```
                SS_Comp.Ccompa=svgen1.Tc;
                SS_Comp.Acompb=SSVPWM_DUTY_SUNKEN;
                SS_Comp.Bcompb=0;
                SS_Comp.Ccompb=0;
            }
            else if((tmax_med>SSVPWM_RECONS_MINGAP)&&(tmin_med>SSVPWM_RECONS_MINGAP))
            {
                //update sample time//////////////////////////////////////////////
                SSVPWM_SampleTime.a=(duty.bits.b+duty.bits.c)/2-SSVPWM_SAMPLE_DELAY;
                SSVPWM_SampleTime.b=(duty.bits.c+duty.bits.a)/2-SSVPWM_SAMPLE_DELAY;
                //update duty ratio//////////////////////////////////////////////
                SS_Comp.Acompa=svgen1.Ta;
                SS_Comp.Bcompa=svgen1.Tb;
                SS_Comp.Ccompa=svgen1.Tc;
                SS_Comp.Acompb=0;
                SS_Comp.Bcompb=0;
                SS_Comp.Ccompb=0;
            }
            else
            {
                //update duty ratio//////////////////////////////////////////////
                SS_Comp.Acompa=svgen1.Ta;
                SS_Comp.Bcompa=svgen1.Tb;
                SS_Comp.Ccompa=svgen1.Tc;
                SS_Comp.Acompb=0;
                SS_Comp.Bcompb=0;
                SS_Comp.Ccompb=0;
            }
            break;
        }
        //////////////////////////////////////////////////////////////////////
        case 4:
        {
            //////////////////////////////////////////////////////////////////
            tmax_med=abs((int32)duty.bits.c-(int32)duty.bits.b);
            tmin_med=abs((int32)duty.bits.a-(int32)duty.bits.b);
            if((tmax_med<SSVPWM_RECONS_MINGAP)&&(tmin_med>SSVPWM_RECONS_MINGAP))
            {
```

```
            //update sample time////////////////////////////////////////////////
            SSVPWM_SampleTime.a=(duty.bits.a+duty.bits.c)/2-SSVPWM_SAMPLE_DELAY;
            SSVPWM_SampleTime.b=SSVPWM_EPWM4_CMPB_MIDDLE;
            //update duty ratio////////////////////////////////////////////////
            SS_Comp.Acompa=svgen1.Ta;
            SS_Comp.Bcompa=svgen1.Tb+SSVPWM_DUTY_INCREMENT;
            SS_Comp.Ccompa=svgen1.Tc;
            SS_Comp.Acompb=0;
            SS_Comp.Bcompb=SSVPWM_DUTY_SUNKEN;
            SS_Comp.Ccompb=0;
        }
        else if((tmax_med>SSVPWM_RECONS_MINGAP)&&(tmin_med<SSVPWM_RECONS_MINGAP))
        {
            //update sample time////////////////////////////////////////////////
            SSVPWM_SampleTime.a=(duty.bits.b+duty.bits.c)/2-SSVPWM_SAMPLE_DELAY;
            SSVPWM_SampleTime.b=SSVPWM_EPWM4_CMPB_MIDDLE;
            //update duty ratio////////////////////////////////////////////////
            SS_Comp.Acompa=svgen1.Ta+SSVPWM_DUTY_INCREMENT;
            SS_Comp.Bcompa=svgen1.Tb;
            SS_Comp.Ccompa=svgen1.Tc;
            SS_Comp.Acompb=SSVPWM_DUTY_SUNKEN;
            SS_Comp.Bcompb=0;
            SS_Comp.Ccompb=0;
        }
        else if((tmax_med>SSVPWM_RECONS_MINGAP)&&(tmin_med>SSVPWM_RECONS_MINGAP))
        {
            //update sample time////////////////////////////////////////////////
            SSVPWM_SampleTime.a=(duty.bits.b+duty.bits.c)/2-SSVPWM_SAMPLE_DELAY;
            SSVPWM_SampleTime.b=(duty.bits.a+duty.bits.b)/2-SSVPWM_SAMPLE_DELAY;
            //update duty ratio////////////////////////////////////////////////
            SS_Comp.Acompa=svgen1.Ta;
            SS_Comp.Bcompa=svgen1.Tb;
            SS_Comp.Ccompa=svgen1.Tc;
            SS_Comp.Acompb=0;
            SS_Comp.Bcompb=0;
            SS_Comp.Ccompb=0;
        }
        else
```

```
            {
                //update duty ratio//////////////////////////////////////////////
                SS_Comp.Acompa=svgen1.Ta;
                SS_Comp.Bcompa=svgen1.Tb;
                SS_Comp.Ccompa=svgen1.Tc;
                SS_Comp.Acompb=0;
                SS_Comp.Bcompb=0;
                SS_Comp.Ccompb=0;
            }
            break;
        }
        ////////////////////////////////////////////////////////////////////////
        case 5:
        {
            ////////////////////////////////////////////////////////////////////
            tmax_med=abs((int32)duty.bits.c-(int32)duty.bits.a);
            tmin_med=abs((int32)duty.bits.b-(int32)duty.bits.a);
            if((tmax_med<SSVPWM_RECONS_MINGAP)&&(tmin_med>SSVPWM_RECONS_MINGAP))
            {
                //update sample time/////////////////////////////////////////////
                SSVPWM_SampleTime.a=(duty.bits.b+duty.bits.c)/2-SSVPWM_SAMPLE_DELAY;
                SSVPWM_SampleTime.b=SSVPWM_EPWM4_CMPB_MIDDLE;
                //update duty ratio//////////////////////////////////////////////
                SS_Comp.Acompa=svgen1.Ta+SSVPWM_DUTY_INCREMENT;
                SS_Comp.Bcompa=svgen1.Tb;
                SS_Comp.Ccompa=svgen1.Tc;
                SS_Comp.Acompb=SSVPWM_DUTY_SUNKEN;
                SS_Comp.Bcompb=0;
                SS_Comp.Ccompb=0;
            }
            else if((tmax_med>SSVPWM_RECONS_MINGAP)&&(tmin_med<SSVPWM_RECONS_MINGAP))
            {
                //update sample time/////////////////////////////////////////////
                SSVPWM_SampleTime.a=(duty.bits.a+duty.bits.c)/2-SSVPWM_SAMPLE_DELAY;
                SSVPWM_SampleTime.b=SSVPWM_EPWM4_CMPB_MIDDLE;
                //update duty ratio//////////////////////////////////////////////
                SS_Comp.Acompa=svgen1.Ta;
                SS_Comp.Bcompa=svgen1.Tb+SSVPWM_DUTY_INCREMENT;
```

```
            SS_Comp.Ccompa=svgen1.Tc;
            SS_Comp.Acompb=0;
            SS_Comp.Bcompb=SSVPWM_DUTY_SUNKEN;
            SS_Comp.Ccompb=0;
        }
        else if((tmax_med>SSVPWM_RECONS_MINGAP)&&(tmin_med>SSVPWM_RECONS_MINGAP))
        {
            //update sample time////////////////////////////////////////////////
            SSVPWM_SampleTime.a=(duty.bits.c+duty.bits.a)/2-SSVPWM_SAMPLE_DELAY;
            SSVPWM_SampleTime.b=(duty.bits.a+duty.bits.b)/2-SSVPWM_SAMPLE_DELAY;
            //update duty ratio/////////////////////////////////////////////////
            SS_Comp.Acompa=svgen1.Ta;
            SS_Comp.Bcompa=svgen1.Tb;
            SS_Comp.Ccompa=svgen1.Tc;
            SS_Comp.Acompb=0;
            SS_Comp.Bcompb=0;
            SS_Comp.Ccompb=0;
        }
        else
        {
            //update duty ratio/////////////////////////////////////////////////
            SS_Comp.Acompa=svgen1.Ta;
            SS_Comp.Bcompa=svgen1.Tb;
            SS_Comp.Ccompa=svgen1.Tc;
            SS_Comp.Acompb=0;
            SS_Comp.Bcompb=0;
            SS_Comp.Ccompb=0;
        }
        break;

    }
    ////////////////////////////////////////////////////////////////////////////
    case 6:
    {
        ////////////////////////////////////////////////////////////////////////
        tmax_med=abs((int32)duty.bits.a-(int32)duty.bits.c);
        tmin_med=abs((int32)duty.bits.b-(int32)duty.bits.c);
        if((tmax_med<SSVPWM_RECONS_MINGAP)&&(tmin_med>SSVPWM_RECONS_MINGAP))
```

```
        {
            //update sample time////////////////////////////////////////////////
            SSVPWM_SampleTime.a=(duty.bits.a+duty.bits.b)/2-SSVPWM_SAMPLE_DELAY;
            SSVPWM_SampleTime.b=SSVPWM_EPWM4_CMPB_MIDDLE;
            //update duty ratio////////////////////////////////////////////////
            SS_Comp.Acompa=svgen1.Ta;
            SS_Comp.Bcompa=svgen1.Tb;
            SS_Comp.Ccompa=svgen1.Tc+SSVPWM_DUTY_INCREMENT;
            SS_Comp.Acompb=0;
            SS_Comp.Bcompb=0;
            SS_Comp.Ccompb=SSVPWM_DUTY_SUNKEN;
        }
        else if((tmax_med>SSVPWM_RECONS_MINGAP)&&(tmin_med<SSVPWM_RECONS_MINGAP))
        {
            //update sample time////////////////////////////////////////////////
            SSVPWM_SampleTime.a=(duty.bits.a+duty.bits.c)/2-SSVPWM_SAMPLE_DELAY;
            SSVPWM_SampleTime.b=SSVPWM_EPWM4_CMPB_MIDDLE;
            //update duty ratio////////////////////////////////////////////////
            SS_Comp.Acompa=svgen1.Ta;
            SS_Comp.Bcompa=svgen1.Tb+SSVPWM_DUTY_INCREMENT;
            SS_Comp.Ccompa=svgen1.Tc;
            SS_Comp.Acompb=0;
            SS_Comp.Bcompb=SSVPWM_DUTY_SUNKEN;
            SS_Comp.Ccompb=0;
        }
        else if((tmax_med>SSVPWM_RECONS_MINGAP)&&(tmin_med>SSVPWM_RECONS_MINGAP))
        {
            //update sample time////////////////////////////////////////////////
            SSVPWM_SampleTime.a=(duty.bits.a+duty.bits.c)/2-SSVPWM_SAMPLE_DELAY;
            SSVPWM_SampleTime.b=(duty.bits.c+duty.bits.b)/2-SSVPWM_SAMPLE_DELAY;
            //update duty ratio////////////////////////////////////////////////
            SS_Comp.Acompa=svgen1.Ta;
            SS_Comp.Bcompa=svgen1.Tb;
            SS_Comp.Ccompa=svgen1.Tc;
            SS_Comp.Acompb=0;
            SS_Comp.Bcompb=0;
            SS_Comp.Ccompb=0;
        }
```

```
            else
            {
                //update duty ratio//////////////////////////////////////////////
                SS_Comp.Acompa=svgen1.Ta;
                SS_Comp.Bcompa=svgen1.Tb;
                SS_Comp.Ccompa=svgen1.Tc;
                SS_Comp.Acompb=0;
                SS_Comp.Bcompb=0;
                SS_Comp.Ccompb=0;
            }
            break;
        }
        default:
            break;
    }
}
```